国家重点基础研究发展计划（973）资助（2005CB724205）

Optimization and Management for
Urban Transportation Environmental System

城市交通环境系统优化与管理

郭怀成　王　真　郁亚娟　等编著

U0141043

化学工业出版社

·北京·

本书从交通带来的大气、噪声、土地利用等问题出发，按照"模拟-预测-分析-优化-管理"的思路，建立了城市交通环境的系统动力学模拟与预测模型，对案例城市北京市的交通环境进行了模拟和预测，对交通环境的外部性做出定量研究，同时对交通一体化、便捷性及交通和土地的相互影响做出量化评价，识别出城市交通环境的调控关键因子。最后，分别基于出行和机动车保有量结构，建立了综合的交通优化管理模型。

本书可作为城市交通系统研究、交通环境管理等研究方向的学者、研究生的参考书。

图书在版编目（CIP）数据

城市交通环境系统优化与管理/郭怀成，王真，郁亚娟编著．
北京：化学工业出版社，2011.5
ISBN 978-7-122-10745-9

Ⅰ．城… Ⅱ．①郭…②王…③郁… Ⅲ．城市交通-环境污染-污染控制 Ⅳ．X734

中国版本图书馆 CIP 数据核字（2011）第 041670 号

责任编辑：王　斌　　　　　　　　　文字编辑：汲永臻
责任校对：蒋　宇　　　　　　　　　装帧设计：关　飞

出版发行：化学工业出版社（北京市东城区青年湖南街 13 号　邮政编码 100011）
印　　装：北京云浩印刷有限责任公司
710mm×1000mm　1/16　印张 13　字数 259 千字　2011 年 6 月北京第 1 版第 1 次印刷

购书咨询：010-64518888（传真：010-64519686）　　售后服务：010-64518899
网　　址：http://www.cip.com.cn
凡购买本书，如有缺损质量问题，本社销售中心负责调换。

定　　价：58.00 元

前　言

我国正处在城市化的加速进程中，城市人口膨胀、经济活动频繁，日益增长的交通需求与相对不足的交通服务设施之间存在着较大矛盾，引发了大气和噪声污染、能源紧张、交通拥挤、土地紧张等一系列问题，成为我国城市可持续发展面临的主要问题之一。传统从土地利用和机动车流上对城市交通的管理对环境问题的关注程度严重不足，交通建设与环境保护之间缺乏有机的关联，无法为交通环境保护提供有效的支撑。为了应对严峻的城市交通环境问题，我国在《公路水路交通"十一五"发展规划》中提出了坚持全面协调和可持续发展的原则，并把交通资源节约和环境保护研究作为今后研究和发展的重点内容之一。本质上，交通问题与人口、大气、土地、能源等因素之间存在着内在关联，单纯研究交通系统无法适应当前城市交通管理的需求。由于我国城市交通发展有其自身特点，与国外外延式发展存在明显的不同，国外成功的经验并不一定适用于我国情况，迫切需要对我国的城市交通问题开展系统性研究，从而满足城市环境保护和可持续发展的战略需求。本书试图从环境保护和交通环境优化的角度，分析城市交通系统的环境属性，探索克服城市交通环境问题的政策管理措施，为城市管理提供科学的决策依据，从而达到交通管理的环境导向目标，最终实现城市的可持续发展。

为了综合考虑基于城市复合生态系统理论的交通问题，本书从城市可持续交通概念出发，融合环境科学、城市生态学、系统科学、可持续发展论等基本理论，紧紧围绕交通环境问题的优化与管理这条主线，力图建立科学的交通环境管理研究方法与政策体系，解决我国交通快速发展带来的一系列环境问题，主要内容涵盖交通环境可持续管理的基本理论、系统模拟与分析、外部性影响以及政策的制定与实施。

可持续交通环境管理是作为一个全新的领域，需要在理论、方法和实证三方面开展研究，并充分运用城市生态调控和城市生态学的相关理论和方法。本书作者完成了如下的研究和创新：①从内涵、特征、理论基础、理论体系等方面，在国内外首次系统地对城市可持续交通优化管理的概念和理论体系进行了界定和系统阐述；②针对城市交通系统的复杂性、不确定性等特征，以973项目为依托，运用多学科方法，将交通系统模拟与仿真、不确定性分析、综合评价等方面的研究结合，围绕两个核心概念建立了系统的研究方法体系，包括交通状态变化与趋势模拟，交通环境的外部性分析，可持续交通综合评价，可持续交通管理策略的提出与优化四部分，并将不确定性分析贯穿研究的全过程，实现了不同模型间的关联和数据共享；③将提出的理论体系与研究方法应用于所承担的"城市生命体承载系统的健康识别和调控理论与方法研究"中，以北京市交通为案例进行实证分析，研究成果已经提交到北京市政府参事室，得到北京市政府的高度重视，部分建议已在交通管理措施中得到体现，取得了良好的社会、经济和环境效应。

可持续交通管理与优化研究是一个全新的领域，其在国内外仍处于起步阶段，研究范围广，方法新，希望本书能够推动我国在该领域的理论、方法和实证的广泛研究，促进相关问题的提出、探讨和解决，并为解决我国在快速城市化中遇到的城市交通环境问题提供有益的参考。

参加本书编写的人员有郭怀成、王真、郁亚娟、何成杰、姜玉梅、刀谞、刘慧、徐志新、詹歆晔、刘永、周丰、阳平坚、王金凤、李娜、杨永辉、盛虎，全书由郭怀成、王真、郁亚娟负责修改定稿。

本书内容是国家重点基础研究发展计划（973）：现代城市"病"的系统识别理论与生态调控机理项目之课题 5 "城市生命体承载系统的健康识别和调控理论与方法研究"（2005CB724205）的部分研究成果。该课题研究自始至终得到项目首席科学家黄国和教授的大力指导、支持与帮助；得到课题组协作单位严新平教授、吴超仲教授全力支持与协助；研究也得到项目其他课题组同行专家、学者的帮助与指导。在此一并表示诚挚的感谢！

编者
2011 年 1 月于燕园

目　录

1 城市可持续交通概述

1.1 城市可持续交通的概念、组成与特征

1.1.1 城市可持续交通的概念

1987 年可持续发展（WCED，1987）提出后，联合国人居中心（The UN Centre for Human Settlements）提出可持续交通必须满足：a. 生态可持续，交通相关的污染水平低于人类安全耐受范围和环境承载力；b. 系统必须经济可持续，不能以超过使用者支付能力的经济代价来控制和维持系统运行；c. 系统必须社会可持续，为社会每一成员提供获得基本的社会、文化、教育和经济服务的出行方式（Birk and Zegras，1993）。可持续交通不仅包含社会和经济的可持续性，还包括能源的理性利用和环境保护（Lin and Song，2002）。Anders Roth 和 Tomas Käberger（2002）为可持续给出判定标准：a. 岩石圈内提取的物质不能在生物圈内积累；b. 社会生产的物质不能在生物圈内积累；c. 生物圈生产和多样性的物理环境不能恶化；d. 资源利用必须有效且仅用于满足人类需要。陆化普等（2006，2007）认为可持续交通的主要特征是：安全、畅通、高效、舒适、环保、节能、高效率和高可达性，可持续的交通系统是以较小的资源投入、较小的环境代价、最大程度地满足社会经济发展和人民生活质量提高所产生的交通需求的城市交通系统。Intikhab 和 Lu（2007）认为可持续交通基础设施和出行政策应适应经济发展、环境责任和社会公平多种目标，有目的的优化配置和利用可以实现经济及相关的社会、环境目标，且不损害后代达到同样目标的能力。此后，在可持续交通的概念基础上进一步发展环境导向式交通、生态交通和环境可持续交通三类延伸概念。

(1) 环境导向式交通　可持续交通的含义覆盖面广，在指导实际交通规划管理时不具备针对性。因此王智慧等人（2000）年提出了面向环境的城市交通（Environment-Oriented Urban Transportation，EOUT），又称为环境导向式交通。Beltran 等（2006）在第 21 届欧洲运筹学大会上也论述了环境导向式交通政策，他们将环境约束与交通路径、频率和模式选择相联系，建立了交通网络分配模型。王智慧、Beltran 等并没有给出 EOUT 的确切定义，仅建立了环境约束的交通需求预测数学模型，并应用到实际的交通规划与政策制定过程中去。本书认为 EOUT 的核心是城市交通，要求从环境系统论的角度来研究交通问题，是动态可调控的，探讨了环境导向式交通系统的特征，并在此基础上建立了复合模型。

(2) 生态交通　生态交通是近年来掀起生态城市建设热潮后提出的概念。它是以生态学为理论基础，考虑生态极限的约束和满足交通需求的前提下，在城市交通规划与建设中，最大程度地降低因交通系统造成的环境污染和资源消耗，形成生态化演化的城市交通系统（李晓燕和陈红，2006），实际应用上它按照生态学和城市科学原理，将住宅、交通、基础设施及其他活动与自然生态系统融为一体，提高人类对城市生态系统的自我调控能力（王京元等，2006）。理论上生态交通与可持续交通较为接近，但生态交通一方面强调交通系统的动态发展，一方面将城市交通与交通相关的其他要素结合，强调交通系统的生态可调控。从应用上来看，生态交通也主要集中于城市交通的生态评价（姜玉梅，2007a；2007b）以及城市交通的生态调控（李晓燕和陈红，2006）。

(3) 环境可持续交通　环境可持续交通是经合组织（OECD，2000）提出的，旨在建立新型可持续交通的概念。其概念基础来自于可持续发展（WCED，1987）。1998 年经合组织成员国的环境部长共同呼吁制订环境可持续的交通导则，它致力于在不导致非正常死亡、负面环境影响和过度消耗有限资源的前提下，强化经济发展和个人福利，包含一系列的重要的可量化环境指标。OECD 认为可持续交通：①为人、地点、货物和服务提供安全、经济可行的和社会可接受的可达性；②满足健康和环境质量目标，如世界卫生组织（World Health Organization，WHO）制定的空气质量和噪声标准；③保护生态系统，防止对生态系统完整性造成过度压力；④不导致全球环境恶化，如气候变化、臭氧层破坏和持续性有机污染物迁移。为了与可持续发展的定义相一致，环境可持续交通被定义为：交通运输不危及公共健康或生态系统，并且满足可达性需求和（a）可再生资源的消耗速度低于它们的再生速度；（b）不可再生资源的消耗速度低于开发可再生的替代资源的速度。该定义被 WHO、欧盟、UNECE 等国际组织一致认可（OECD，2000a）。Friedl 和 Steininger（2002）认为 OECD 的关于 EST 中生态系统完整性的定义不能量化，他们将前述环境可持续交通含义中的③改为生态系统完整性没有受到严重危害。

由此，环境可持续交通的发展应该以环境和经济可承受的发展方式满足人们的出行和物流需求，同时不影响下一代享有相同甚至更加优质的交通服务的权利。环境可承受是指交通发展不以破坏环境为代价，满足基本的环境标准和健康需求；经济可承受是不过分超前发展，超出城市发展规模，亦不成为城市发展的瓶颈，成为限制城市发展的关键因素，而是与城市发展的规模相一致，并为城市提供高质量的可达性，满足城市出行需求。环境可持续交通强调加强当代和后代的健康和可达性质量，为交通发展提供了新的前景。因此环境可持续交通要求城市社会和经济子系统的活动进行深刻的变革，从一提出就强调应用调控和政策工具（OECD，2000a）对目前不可持续交通发展趋势进行变革，并与倒推法结合建立了环境可持续交通计划的基本框架。

以上四个相似定义侧重点有所不同，其应用领域也略有差距，环境导向式交通更多地应用在交通规划中；环境可持续交通相对于其他三种定义，关注健康、环境资源影响、可达性三方面的内容，特别强调了健康标准，进一步明确了可持续交通中较为模糊的定义，在应用上环境可持续交通与生态交通接近，但有所不同，生态交通更加强调系统间的协同调控，更多用于交通系统的评价与诊断，而环境可持续交通着眼于政策制定与实施，更加强调对交通环境管理的指导。以上四个定义的区别总结如表 1-1。

表 1-1　常见交通概念的辨析

	内　涵	核　心	应用重点
可持续交通	交通使用与发展满足当代人的需求，但不损害后代的需求	交通可达性，交通安全，交通的环境影响，资源利用，能源利用效率，社会公平，社会责任等	
环境导向式交通	在交通发展中引入环境约束，交通发展不超过环境容量限制	交通规划的环境约束	交通规划
生态交通	生态极限约束和交通需求约束下，交通发展满足生态演化的规律	土地、住宅、基础设施等与交通的动态影响过程，能量与资源的利用	交通的生态调控、生态评价
环境可持续交通	交通不危害公共健康与生态系统，满足可达性需求和资源可持续利用	交通可达性，交通环境影响，资源的可持续利用和健康	制定详细的政策过程

1.1.2　城市可持续交通系统组成

城市交通系统由以下几个基本元素组成：①道路，是最基本的构成元素，是城市交通的承载体系；②节点，是道路网络和不同交通类型的连接点，如十字路口、公交换乘站等；③交通工具，如机动车、自行车、地铁等；④交通活动，如客货运出行。

城市可持续交通系统是交通与社会、经济与环境组成的复合嵌套系统，不仅应该包含上述传统定义的交通系统内涵，还应该包括对交通产生驱动和交通对其产生的影响的其他方面，具体而言包括：①人口与社会发展子系统，人是交通活动的主体，也是交通活动的需求者，没有人就没有交通活动；②城市经济发展子系统，经济水平是交通的直接驱动力（刀谓等，2008）；③城市交通子系统，即传统定义的交通活动及完成交通活动的其他要素；④资源环境子系统，这是城市可持续交通核心内容之一，是确立城市可持续交通优化管理的约束系统；⑤政策管理子系统，该系统是以上四个子系统的反馈和控制中枢，其作用是保证交通沿城市可持续方向发展。它们之间的关系如图 1-1。

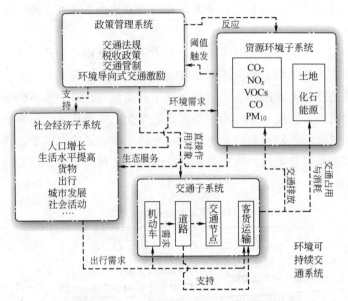

图 1-1　城市可持续交通系统组成及其相互关系

1.1.3　城市可持续交通的系统特征与功能

城市可持续交通系统除了满足前述的基本需求和一般系统的整体性、层级性等基本特征外，还具有其自身特有的特征与功能，如模糊的边界、嵌套性、有限承载下的服务功能、不确定性、自组织和健康持续发展特征。理解城市可持续交通系统的这些特性，为管理目标的设定、管理对象识别、动力学模拟、健康评价和管理策略制定等具有重要的意义。

(1) 边界模糊特性　城市可持续交通系统边界的模糊特性表现在：通常情况下，因为交通活动与城市社会经济活动的重叠，其边界一般以城市区划或城市中心区为边界，但由于道路可以无限延伸，城市居民出行活动、货物运输和服务可能超出城市的范围，沿城际高速公路、国道等发散型道路向外扩展；城市交通排放的污染物随着大气活动的迁移转化，有可能造成远距离输移。在交通活动主要集中于城市活动中心区，且城市中心区远离城市边界时，由于边界上的交通活动强度远低于城市中心区的活动强度，可以忽略行政边界造成的误差，但在城市中心区靠近城市行政边界时，可能会有大部分交通活动"溢出"到城市边界之外，此时城市可持续交通系统的边界必须重新划定，包括区域主要的交通活动才具有代表性。

(2) 嵌套性　尽管交通活动与城市社会、经济活动之间具有较为明显的区别，城市可持续交通系统与社会经济系统、环境系统的研究对象和范围均有不同，但城市交通活动由社会经济活动驱动、受环境系统制约，因而城市可持续交通系统不能脱离社会经济和环境系统独立存在，在优化调控过程中也必须将交通系统与社会经济和环境系统调控相结合。

（3）有限承载下的服务功能　城市可持续交通系统中组成元素如道路、土地、大气环境为人类提供了多种多样的服务功能（郑猛和张晓东，2008）。在一定的社会和技术发展水平下，停车场、道路、大气环境等对交通活动的承载具有最大的限度（詹歆晔等，2007），在承载力范围内增大交通活动强度不会对系统的稳定和恢复造成不可逆的影响，若超出承载力范围，将产生交通拥挤甚至交通瘫痪，停车用地挤占其他类型用地，大气环境恶化造成人体身心健康不可逆的损伤。因此城市可持续交通系统的优化管理任务之一就是确定各种限制因素的承载力，将交通发展控制在承载力范围内。

（4）不确定性　城市可持续交通系统是复杂的巨系统，目前为止，关于交通、交通与环境、交通与土地相互作用关系的机理尚未清晰。首先社会、经济系统中的多数现象具有不可重复性，社会与经济的理论难以用重复试验证明其有效性，社会现象的数学化表述目前也存在难题；其次，交通系统本身是一个包括随机性、模糊性和灰色性等多种不确定性的系统，信息调查的不完备、人们的认识能力局限等都会造成对系统的理解偏差。

（5）自组织　城市交通系统作为城市复合生态系统的一部分，是一个开放的、远离平衡态的耗散系统（柴蕾，2005），具有自发性，以维持自身结构的稳定。在一定限度范围内，城市可持续交通系统可以自发调整以适应新的形势，如交通拥堵时，部分车流会自动绕行。在优化调控中充分考虑交通系统的自组织性，将降低政策成本，提高调控效率。

（6）健康持续发展特征　城市可持续交通系统强调环境对交通的约束，并以环境阈值作为信号自发通过管理系统进行调控，城市可持续交通系统还是一个动态的概念，随着人们对交通基本规律认识的提升，将增加新的内涵。以城市可持续交通为发展目标的管理过程，也是促进交通向健康、可持续发展的过程。

城市可持续交通系统的功能除了一般交通系统提供的可达性功能（Liu and Zhu，2004），即提供通畅、快捷、舒适、安全的交通服务以外，还应该达到以下三个功能：①最大限度地减少对环境的污染和破坏，使整个交通排放和其他系统的污染物排放总体不超过城市大气环境容量；②节约资源，减少不可再生的化石能源使用，提高土地的利用效率，推动发展集约型经济；③提高人类的生活质量，保障经济发展战略的实现，促进城市空间优化和社会进步。城市可持续交通系统的功能也是一般交通系统优化管理的目标，交通优化管理就是一个动态的目标与功能的相互促进过程。

1.1.4　城市可持续交通研究的关键问题

根据交通系统的特点及其管理要求，在实践中存在三个关键问题：①交通系统与社会经济环境之间的嵌套特性；②交通系统对环境、资源影响的关键因素识别；③管理中的不确定性。

(1) 交通系统与其他系统之间的嵌套　与其他系统管理，如流域管理不同的是，交通系统通常作为复合城市生态系统的一个非独立的子系统，嵌套在城市社会、经济和环境系统中。因此分析城市交通系统与社会、经济、环境系统之间的关联极为重要。首先，交通是人们生活的一部分，人们在城市中的活动几乎都涉及区位选择，如上下班、上学、购物、休闲等，因此出行是交通系统与社会系统（主要由人口、就业等构成）之间的关键中间变量。其次，交通既是经济部门的一个组成部分，是一种经济活动，产生经济价值，又是其他经济部门活动的承载体之一（黄国和，2006），经济与交通之间具有显著的正相关关系（刁谓等，2007）；最后，交通与城市环境息息相关，是城市大气污染物和噪声的主要排放源，交通系统的变化必然引起城市环境系统的改变。

基于上述关系，本书需要从以下两个方面进行分析：a. 交通的驱动因子及其分析，通过相关分析、因子分析和多元回归法确定交通系统的变化，如机动车保有量变化的社会经济驱动因子，并分析其在未来可能趋势，为模型预测奠定基础；b. 交通对环境的外部性输出，通过机动车类型与保有量、行驶里程、排放因子等模拟和预测交通的污染物排放，对交通流与噪声相关关系进行定量分析。

(2) 交通的资源环境影响的关键因素识别　交通是具有巨大外部性的一种活动，作为城市公共部门，应充分发挥其正外部性，促进经济发展，促进土地、房地产增值，减少对资源和环境的负外部性。交通环境系统优化管理的主要任务即为减少环境、资源的负外部性。根据本书中的外部性分析，本书认为行驶中的机动车会对大气环境质量和噪声环境造成影响，并且消耗化石能源，而停泊中的机动车造成土地占用。因此机动车的运行与否与污染物浓度、能源消耗、停车占用之间存在紧密关系。

对于上述影响，本书从三个方面对其进行分析：①污染物的负荷及其评价，本书使用污染物消除的经济评价、污染物的健康经济评价等，统一污染物的度量，找出各类污染物中的首要污染物；②建立生态城市与交通可持续综合评价模型，对城市发展及交通发展存在的问题进行甄别；③提出在驶量和在驶量承载力概念，研究在驶量承载力算法，通过在驶量承载力综合评价确定在驶量承载力关键限制性因子。

(3) 优化管理中的不确定性　交通系统优化管理的不确定性主要来源于：①数据的不确定性，由于交通的复杂性和动态性，数据测度、转换不可能完全反映真实的交通状况，产生测度的不确定性；②模型的不确定性，主要表现在模型本身、参数、预测和传递上的不确定性；③决策者的不确定性，包括认知能力和对事物真实了解、决策偏好、模型解释、执行等不确定性。

对于以上提到的各种不确定性，本书认为经典的随机、灰色和模糊数学方法可以解决数据的不确定性，敏感性分析、情景分析、可靠性分析等分析方法可以解决模型不确定性，群体决策、研讨、风险分析等可以降低决策者的不确定性，各类不确定性的解决方法如表 1-2。本书将不确定性分析贯穿于全书的方法学和案例研究中。

表 1-2　不确定性研究内容及其研究方法

主　要　内　容		常见研究方法
数据的不确定性（uncertainties of data）	事件和行为的随机（randomicity of events and activities）	经典误差理论（classic error theory）、空间统计学方法（spatial statistical methods）、随机模拟（stochastic simulation）、灰色理论（grey theory）
	信息缺失（lack of information）	空间插值法（spatial interpolation method）、重复采样（repetitive sampling），灰色理论（grey theory）
	信息转换与解译（information transformation and explanation）	模糊逻辑转换（fuzzy logic transformation）
模型不确定性（uncertainties of models）	模型选择的不确定性（uncertainty of model choice）	可靠性评价（reliability assessment），对比分析（comparative analysis）
	模型参数的不确定性（uncertainty of parameters）	蒙特卡罗（Monte Carlo method）、拉丁超立方（Latin hypercube method）、稳定性分析（reliability analysis）、敏感性分析（sensitivity analysis），灰色理论（grey analysis）
	模型预测的不确定性（uncertainty of forecasting）	情景分析方法（scenario analysis）、最优化方法（operational methods）
	模型不确定性的传递（propagation of uncertainties）	蒙特卡罗（Monte Carlo method）、敏感性分析（sensitivity analysis）
决策者不确定（uncertainties of decision makers）	认知不确定性（uncertainty of recognization）	讨论（disscusion）、专家咨询（specialized consulting）
	决策偏好不确定（uncertainty of decision preference）	群体多属性决策方法（Group multi-attribute decision making）
	模型解释的不确定性（paraphrase uncertainty of model）	—
	政策制定、执行的不确定性（uncertainties of policy making and executing）	风险分析方法（risk analysis method）

1.2　城市可持续交通的基础问题

城市是一种重要的社会组织形态，在人类社会发展过程中具有举足轻重的作用。随着社会生产力的发展，城市规模不断扩大，城市对人类社会生产和生活的影响日益显著。从 2000 年到 2025 年，全球城市化水平将由 47% 升至 61%，城市人口将由 24 亿猛增至 50 亿（吴良镛等，2004）。城市化的加速和城市人口的爆炸式增长，将主要集中在发展中国家，其中我国城市化水平将会由 1999 年的 31% 提高到 2025 年的 55% 左右，城市化规模和速度居世界首位。

城市化的快速发展，使发达国家近百年的城市环境问题在我国近 20 年内集中爆发（刘鸿亮，2005）。我国正面临着世界上最为严重的现代城市病问题：水资源短缺、能源匮乏、水质恶化、大气污染、垃圾肆虐、生态破坏、交通拥挤、噪声扰民、人居环境恶化、食品安全受到威胁、居民健康水平下降等（段小梅，2001；黄国和等，2006；Hezri，2006）。这些问题已对我国的社会经济发展产生了一系列触目惊心的惩罚性影响。由于城市化速度加快，交通运输以及相应的基础设施、服务手段远远落后于城市的实际需求，再加上交通配置的不合理等问题，导致了我国各大城市饱受交通问题的困扰，因此亟须以城市化进程为背景，针对我国特色的城市交通问题，结合环境系统识别理论与生态调控机理，大力开展城市交通问题的基础性研究，以便为改善和解决城市交通问题，提出相应的政策性科学决策建议，实现城市社会经济环境的可持续发展。

我国城市交通拥挤问题普遍存在，致使城市全局性的效率低下，造成巨大经济损失，其中特大城市问题尤为突出。北京老城区道路用地率为 9.5%，三环以内道路网密度为 3km/km^2，道路用地率为 8.7%，而东京和伦敦中心区则为高达 23.9% 和 24.8%（张敬淦，2004）。近年北京的交通拥堵现象更为严重，早晚流量高峰期间城区内道路 90% 以上处于饱和或超饱和状态（王鸿春等，2006）。我国城市人均交通道路面积少，仅为发达国家的 1/3，而轿车拥有量却以每年 20% 的速度增长（许光清，2006；赵玉肖等，2006），这进一步加剧了交通拥挤。交通拥挤也带来一系列的环境问题，如车辆的低速/急速行驶会增加尾气排放，破坏城市大气环境质量。

我国汽车工业发展迅速，机动车保有量以每年 11%～16% 的速率增长，2004 年底我国机动车保有量达到 1.07 亿辆。我国机动车尾气排放的主要污染物 CO、HC 和 NO$_x$ 的排放因子大大高于发达国家，如 CO 排放因子约为发达国家的 10 倍或更高。交通拥堵严重、机动车维护保养不当，以及许多车辆为了获得较好的行驶性能而采用富油状态运行等因素增加了机动车的油耗和污染物排放量。在大城市，机动车尾气污染已经成为空气污染的一个主要来源，机动车排放的 NO$_x$ 占总排放量的 50% 以上，CO 约占 85%（柴发合等，2006）。

目前我国城市的大气污染主要来自工业、交通和生活等，其中交通污染源对大气中污染物的总量和浓度贡献均较大，如北京市 2001 年交通污染源对于大气中 CO 排放的分担率达到了 90%，HC 达到了 60%～75%，NO$_x$ 达到了 74%。交通源已成为我国城市大气污染的首要因素。表 1-3 列举了国内外部分城市的汽车污染源分担率（贺克斌等，1996；黄肇义，2000；李铁柱，2001）。

表 1-3　国内外部分城市汽车污染源的分担率

地区/城市	CO/%	HC/%	NO$_x$/%	地区/城市	CO/%	HC/%	NO$_x$/%
全国	85	—	40	香港	93	—	47
北京(全市)	48～64	60～74	10～22	马尼拉	93	82	73
北京(城区)	90	60～75	74	新德里	90	85	59
上海	69	37	—	慕尼黑	83	—	69
沈阳	27～38	—	45～53	巴黎	—	72	8
济南	28	—	46	伦敦	99	97	76
杭州	24～70	—	—	澳大利亚城市	79～88	41～50	50～80
乌鲁木齐	12～50	—	—	芝加哥	94	81	35
广州	70	—	43	欧盟城市	约75	约39	约62

资料来源：贺克斌等，1996；李铁柱，2001；黄肇义，2000。

目前对于城市交通与城市环境的交叉研究，主要集中在交通结构优化（沈未、陆化普，2005）、交通尾气排放与治理（凌玲等，2001；Deng，2006）、尾气污染的毒性风险评价（刘文彪等，2002；USEPA，1999）、汽车尾气排放与土地利用之间的关系（Frank *et al.*，2000）、交通与人口的关系（Marshall *et al.*，2005）、交通拥堵损失估算（韩小亮等，2006）、交通事故预测分析（韦丽琴等，2004；Xie *et al.*，2007）、交通噪声预测（Gündoğdu *et al.*，2005）、私人汽车增长预测（朱松丽，2005）等方面。当前的主要问题是分散研究较多，但缺乏系统性、综合性的研究，另外对于系统不确定性的考虑也较少，还有就是没有把城市这一复合生态系统与交通之间的相互作用作为研究交通问题的基本出发点。针对上述存在的问题，本研究拟重点解决的关键问题主要有以下 4 个方面。

① 系统性。把握和反映城市交通问题的复杂性，既需要研究城市交通及其环境问题的形成机理，还要探索城市交通问题从量变到质变的内在过程。也就是说，需要对城市交通环境问题开展系统性的评价、诊断、防治、调控及政策反馈研究。然而，无论国内还是国际，过去对城市交通系统的系统性研究是不足的，仅局限于单个子系统或部分子系统的组合，缺乏全方位的综合考虑。

② 综合性。城市是一个复杂大系统，交通作为城市中的一个子系统，它不是独立发展的，它必然受到社会、经济、政策、资源、文化、环境等诸多子系统的影响，反过来交通对它们也会有影响。这些子系统各自包含多个层次与组分，而且交通子系统与其他各子系统之间及其内部组分之间存在错综复杂的互动关系，呈现出时间和空间上的动态变化。因此，研究城市交通问题时，必须对这些与交通有关的系统进行综合性考虑和分析。

③ 不确定性。不确定性是城市系统的一个重要特征，城市交通作为城市的一个方面，也具有明显的不确定性。其一，随着社会经济的发展，交通的结构和规模

必然随时间和空间的变异而发生演变，这种不确定性又反馈影响城市的土地利用、居住点分布、大气环境质量等，由此带来各种社会经济和环境要素的不确定性；其二，交通系统中物质和能量的输入、输出也包含巨大的不确定性。这些不确定性信息，是自始至终伴随着城市交通而存在的。

④ 多目标协调。当前的研究是针对尾气减排、降低噪声等单一目标展开的，而没有把城市交通问题纳入一个有机的、多层次、全方位目标体系，没有针对交通的环境外部性特征，综合协调保护大气环境、减少交通拥堵等多个目标。因此，如何深入研究城市交通病症的各个方面，并确保纳入环境目标，确立多目标协调的优化方案，并定量的分析它们之间的互动关系及其对整体城市系统的多方面影响，这是迫切需要解决的问题。

1.2.1　城市交通-土地模拟

1.2.1.1　交通-土地模拟建模的方法学

城市交通-土地一体化建模是基于城市生态系统的演化模型而展开的。从动力学角度来看，城市生态系统是一个动态平衡状态的系统，也是一个与周围市郊及有关区域紧密联系的开放系统，它不仅涉及城市的自然生态系统，如空气、水体、土地、绿地、动植物、能源等，也涉及城市的人工环境系统，如经济系统、社会系统等，是一个以人的行为为主导，自然环境为依托，资源流动为命脉，社会体制为经络的社会-经济-自然的复合系统（王如松等，2000a）。

城市生态系统内各个子系统的演化表现为一系列演化状态的集合，其中，交通-土地的演化也是体现在不同状态的连续转移过程，这是一个系统的复杂演化过程（Finco，2001）。城市交通-土地一体化的演化过程，与高度非均匀的城市空间结构、时间序列特征与其高度有序的动力学过程紧密耦合。因此，要对城市交通-土地一体化进程进行建模，就需要综合考虑这一特殊生态系统的各个方面，并对它的各变量本身与变量之间相互作用的参数进行理论方面和操作层面的研究。

从 19 世纪以来，人们从不同角度建立了许多模型来揭示城市交通-土地的扩展、演化的动态机制。由于模型类型众多，模型发展的时间尺度也较长，而且，不同国家、不同学科的研究者们关注的重点和研究的切入点也不尽相同（Leitmann，1999），根据模型是否考虑了生态环境因素作为分界点，可以将模型划分为早期的一般模型阶段和当代的融合了生态系统动力学的新型模型阶段。

(1) 城市交通-土地一体化演化模型阶段（20 世纪初到 20 世纪 60 年代）　1915年英国生态学家 Geddes 出版《进化中的城市》，标志着人类对城市动力学演化研究的开端。1920 年代芝加哥 Burgess 等研究城市的演替、空间分布、社会结构和调控机理（Burgess，1925），已经将城市的演化即城市的动力学演化特征作为城市问题研究的重点。格瑞-劳利模型是城市空间相互作用模型中的典型代表（Shvetsov，2003）。但是，格瑞-劳利模型只考虑了居住地、服务地、人口分布、经济、服务市场等因素，没有将生态和环境（Folke *et al.*，1997）因素单独考虑进去，而且没有考虑时间轴因子（Wolman，1965）。韦格勒（Wagener，1994）将交通、人口、雇员等城市子系统模型联系起来，建立了 Dortmund 模型，具有时间维特征，但模型中的时间因子是离散的时间阶段概念，不是连续的时间序列。

严格说来，这一阶段的交通-土地一体化模型都只能称为动力学演化模型，而不是生态系统动力学演化模型，因为它们普遍关注土地利用和人口特征，却忽略了城市交通-土地一体化系统是基于城市复合生态系统这一显著特点，这和环境科学发展的时代背景也是有关的（Miller *et al.*，1999）。上述模型对于生态环境因素的考虑不足是限于当时的时代背景，而对时间序列的忽视或考虑不周，客观上也是由于当时的计算机发展水平所限。

（2）城市交通-土地一体化生态系统动力学演化模型阶段（1960 年到目前）
1960 年开始，随着环境科学的发展，人们开始关注城市交通-土地一体化演化的生态系统动力学特点，并进行了一系列有益的尝试，建立了一些兼容了城市土地利用、生态影响因子、环境变化因子等子系统。如对深圳的土地利用/覆盖变化与生态安全的分析（史培军等，1999），探讨了环境污染特征与城镇用地比例的相关关系，并得到了显著性水平为 0.001 的结论；Grove 从社会生态学的角度，揭示了美国马里兰州的 Baltimore 市 20 世纪 20～90 年代的社会文化和生态特征的时空异质性（Grove *et al.*，1997）。Nijkamp 将城市的交通系统发展与演变同城市环境问题相结合考虑（Nijkamp *et al.*，1997），分析了交通对于城市空间组织结构的影响以及经济因子、社会因子与城市空间的相互作用，并采用基于专家战略的情景分析法，讨论交通发展对于城市演化的影响。随着辅助研究手段的改进，城市交通-土地一体化生态系统动力学模型逐渐呈现出综合化、集成化、大尺度、复杂化的趋势。

城市土地利用和交通需求特性的关系，Deal 和 Schunk（2004）构建了一个土地利用演化与影响评价模型（Land Use Evolution and Impact Assessment Modeling，LEAM），来分析土地演化对于城市发展的影响效果。他的模拟对象包括：经济、人口、社会、地理、交通、开放空间、邻里关系、随机性等。

此外，部分学者也根据案例城市的特点，初步构建了城市宏观交通模拟仿真模型，所研究的案例城市有中国北京、泰国曼谷等（Chawalit *et al.*，2005；刘智丽等，2006），这些模型大多还处在概念模型阶段，研究者们提出了模型的步骤、出行选择算法等，但由于交通系统的动态性和复杂性，目前在动态、实时的宏观模拟与全局出行优化的结合方面，尚未达到能够微观指导人们出行选择的应用层次。

1.2.1.2　模型建立的方法和软件

（1）一般方法

① 数理模型。传统的数理模型在城市交通-土地一体化模型方面具有简单、抽象、易于构建等特点。统计建模的类型有：一元回归、多元回归、模糊建模、灰色

建模、Markov 模型等。数理模型在城市交通-土地一体化模型中的应用，从开始的描述城市交通和土地利用演化的某些特征的简单方程，到更为真实地反映城市系统综合过程的复杂方程，再到随机化模型、系统模型、系统仿真模型等，得到了不断改进和广泛应用。由于软件的成熟和视窗软件的普及，研究者可以通过视图界面完成建模，并模拟城市交通-土地一体化的生态系统演化复杂过程。

虽然数理模型对于模拟和预测城市的某些子系统具有较大的优势，如建立城市水资源的供需模型、城市污染物的预测、城市环境质量的评价等（阎水玉，2001），但是由于它是由刚性系统衍生出来的，因此它在基于城市生态系统这样兼有柔性和灰色系统特征的交通-土地一体化综合研究中，就有一些不足。如何将城市生态系统的柔性和灰色特征、系统内部的复杂反馈机制、动力学特征、系统内部和外部的扰动特征、城市的时空动态演化特征等综合完善于一个集成化的数理模型，是数理模型与城市生态系统动力学模型结合发展的前提。

② 控制论和灵敏度模型。基于反馈机制的生态/生物控制论分析法（eco-cybernetics），可以解释和评价城市系统复杂的动力学行为。德国 F. Vester 提出的 8 条生物控制论的基本原理，在此基础上可以建立城市生态系统灵敏度模型。灵敏度模型将系统学、生态学及城市规划综合为一体，较好地模拟和评价了城市交通-土地一体化的生态系统演化动力学行为（Vester *et al.*，1980）。它可以帮助分析城市的自然地理和社会经济条件对城市交通-土地一体化演化的促进或制约作用，分析系统结构的稳定性、系统适应能力、不可逆的变化趋势、系统瓦解的风险或突变的可能性，使城市管理的政策实验成为可能。

生物控制论被引入到国内的研究时，与我国的复合生态系统模型相结合，发展为生态控制论方法，形成了一类城市交通-土地一体化可持续发展的复合生态模型。城市生态系统调控方法以生态控制论为基础理论之一，突出强调城市内部人的宏观调控作用，构建城市交通-土地一体化的生态系统演化动力学模型，模拟城市交通和土地利用的生态演化进程，预测多种发展情景，通过各种生态规划策略的实施，达到人对城市交通功能进行调控的目标。

③ 系统动力学模型。系统动力学（system dynamics，SD）是由美国麻省理工学院（MIT）的福瑞斯特（Jay. W. Forrester）教授于 1956 年创立。SD 理论与方法以反馈控制理论为基础，建立系统动态模型，借助计算机进行仿真试验（王其藩等，1995）。其突出特点是擅长处理非线性具有多重反馈结构的时变复杂系统，这正符合了城市生态系统的特征要求。运用该方法可实现如下功能：a. 建立城市生态系统的简化模型，探讨城市发展与生态环境演变之间的关系；b. 构造多个发展模式，模拟不同情况下的政策实施背景，依据仿真结果为制定政策提供决策支持；c. 识别城市生态系统的潜在问题，并提出对策。

系统动力学模型能较好地体现城市土地-交通一体化的非线性复杂反馈过程，而且它的软件、程序发展已较为成熟，对研究者的计算机编程能力要求不高，因此在城市土地-交通一体化的生态系统演化建模研究中便于推广。但 SD 模型也有不足，即它的空间表达性能较差，目前还没有开发出 SD 软件与地理信息系统的数据共享操作平台，因此，SD 对于城市土地-交通一体化的生态系统演化模拟也只能体现在数据和图表的形式，暂时无法直接显示到具体的城市空间图形上。

④ 其他。生态足迹（ecological footprint，EF）可以按空间面积计量的支持城市生态系统的经济和人口的物质、能源消费、废弃物处理所要求的土地和水等自然资本的数量（Rees *et al.*，1996），因此用 EF 建立的城市土地-交通一体化的生态系统动力学模型可以很直观的体现系统的动力学特征（Holden，2004），而且 EF 把城市生态系统的诸多方面都转化到同一个尺度，即土地占用的测度下，有利于对不同时空下的系统动力学特征进行比较（Bergh *et al.*，1999）。

情景分析法（Scenario Analysis，SA），包括趋势外推、目标反演、替代方案和对照遴选等（Hugues *et al.*，2000），对于城市土地-交通一体化演化的动力学预测和决策辅助也很有帮助。如预计英国 2030 年的城市交通对于土地利用的关系（Chatterjee *et al.*，2006），对荷兰到 2030 年的土地利用进行模拟和预测（Nijs *et al.*，2004），并进行情景分析，能够帮助决策者进行政策评估。

城市复合生态系统设计的四因子（功能、结构、行为和内部关系）模型认为，能流物流变化、生境群落演替、营养结构及纵横等级关系变化等生态过程，会影响城市土地-交通一体化形态的演化，因此可以从时空尺度上评价和分析人类活动影响下的城市土地-交通演化过程（王如松等，2003）。

也有学者将物理化学的熵值分析引用到城市土地-交通一体化的生态系统动力学演化模型中，提出了基于信息熵的城市演化分析，用“代谢”过程描述城市的演化过程，并且表明：用氧化、还原等物化定义可以清晰地描述城市的时间轴动力学特征（Miyano，2001），熵值分析的优点是对于时间序列的分析简单明了，易于被决策者理解和接受，它的缺点是不能很好地体现城市土地-交通一体化演化的空间特征。

还有一种表征城市动力学演化的方法，是建立能流物流（刘耀林等，1999）模型，仿照人体吸收、代谢的规律，把城市活动分为两大类：生产和生活，这个系统需要输入燃料、矿产、粮食等基础资源和能源，同时生产出各种产品和建筑物、道路等基础设施，也排放“三废”污染物。能流物流模型能够比较清晰的显示出城市的能量、物质循环特征，但是该模型不擅长处理城市的土地-交通一体化空间演化特征，而且它本身需要的基础数据量较大。

（2）常用模型和软件 早期的城市生态系统动力学模型主要是随着城市土地利用规划、城市交通规划的需求而开发的，因此，目前比较成熟的城市生态演化专业软件主要是城市交通与城市土地利用的模型和软件，城市交通与城市土地利用关系问题是城市生态系统演化的表现最为突出层面之一。常用的交通与土地利用的一体化耦合模型有：CURBA（Landis，1994），Markov（Philip，1995），METROSIM

（Alex，1998），SAM-IM/LAM（Miller，1999），Smart Places（Kaiser，1995），UGrow（Nilson，1995），CUF-1（Landis，1995），CUF-2（Landis，1998），GSM（Orfield，1997），MEPLAN（Parsons，1999），SLEUTH（Silva，2002），Smart Growth INDEX®（http://www.sgli.org/downloads/others/smartpolitics.pdf），TRANUS（Barra，1989），UPLAN（Rusk，1999），UrbanSim（Waddell，2002），What if?（Weitz，1998），DELTA（DSCMODE）（Hunt，1993），DRAM（EMPAL）（Kockelman，2003），INDEX®（http://www.crit.com），IRPUD（Dortmund）（Wagner，1994），LTM（Pijanowski，2002），LUCAS（Hazen，1997）等。模型描述见表1-4❶，其中，DRAM（EMPAL）是空间交互模型，TRANUS 和 MEPLAN 是空间输入-输出模型，CUF 系列模型是以 GIS 为平台的。

随着计算机科学的发展，此类专业软件不但能模拟土地利用和交通需求、空气质量、水供给/需求和基础设施成本的综合作用等方面，还能协调土地利用规划、交通运输规划和环境保护等多重关系，并预测城市动力学演化过程中可能出现的问题。而它们与 GIS 的 Arcinfo、Arcview、Map GIS 等软件的嵌套结合，更具有广泛的应用前景，对于未来开发城市生态系统的复合演化动力学模型具有重要意义。

除了上述常见的模型之外，城市生态系统动力学演化模型还可以基于一些常用软件来开发需要的模型。研究者可以从管理学、数理统计学等学科借用到城市生态系统动力学模型中，如系统动力学的 VENSIM、STELLA、DYNAMO 等软件，灵敏度模型等，以及 MATLAB 软件的 simulink 工具，都可以在城市生态系统动力学演化模型中得到良好的应用。Odum（2000）和 Vester（1980）等分别采用系统动力学与灵敏度模型，以世界部分地区和城市为案例进行了分析，揭示了城市发展与其环境演变的交互作用机理。STELLA 模型是在 Forrester 用图像和注记来表示模型结构的系统动力学语言基础上发展而来的动态模拟软件，强调各个变量间的相互作用和反馈，然后通过这些指标与城市空间发展的相关关系来推演城市空间变化。用此类软件构建城市生态系统的动力学演化模型时，要求建模者掌握充分的城市生态专业知识，并对系统内部及各子系统之间的关系做出正确的分析。应用一般软件建模的优点在于，得到的模型具有开放性，便于不同的研究者之间进行交流。

尽管各种类型的城市生态系统动力学模型取得了良好效果，为城市发展的决策者提供了决策支持，但是，传统的城市系统动力学模型基本上都是基于单纯的"黑箱"策略，如何表征城市演化的时空特征、耦合特征是比较困难的。目前，城市生态系统动力学模型主要存在以下不足（童明，1997）：①费用过高，开发调整和使用城市生态系统动力学模型需要很高的成本，而资料收集和整理也需要很高的费用；②一般是静态模型或者离散的阶段模型，忽略了时间维和空间维的耦合和集

---

❶ USEPA：Projecting Land-Use Change：A Summary of Models for Assessing the Effects of Community Growth and Change on Land-Use Patterns.（EPA/600/R-00/098）. 2000. 30-144.

表 1-4 常见城市演化模型描述与比较

模型 Model	主要开发者	城市/非城市土地类型数	文本支持	网页支持	专业技能需求	可移植性	模型描述
CUF-1	John Landis	1/6	√	×	S	√	模拟政策对城市发展的影响
CUF-2	John Landis	5/6	√	×	S	√	目标同上,修正了上一版的漏洞
CURBA	John Landis	0/6	√	×	N	√	评价各类城市发展政策对生物多样性和自然生境的影响
DELTA	David Simmonds	5/0	√	√	E	√	模拟城市区域内社区、人口、就业、房地产的变化
DRAM/EM-PAL	S. H. Putman	4/6	√	√	E	√	反映在一定的地理条件下就业与居住的关系
GSM	Joe Tassone	5/6	√	×	S	√	反映在不同情形下人口与经济发展对土地覆盖变化的作用
INDEX®	Criterion Plan./Eng.,Inc.	5/6	√	√	E	√	衡量土地利用规划与城市设计与社区规划目标和政策的关系
IRPUD	Michael Wegener	5/3	√	√	E	√	模拟长期发展对居住、交通、公共政策、土地及基础设施的作用
LTM	Dr. Bryan C. Pijanowski	1/5	√	√	E	√	对影响土地利用的多个驱动因子进行集成分析
LUCAS	Michael W. Berry	2/6	√	√	E	√	检验人类活动对土地利用、环境以及自然资源可持续性的影响
Markov	Philip Emmi	1/0	√	×	N	√	分析社区内居住需求的变化
MEPLAN	Ian Williams	5/6	√	√	S	√	对土地利用和交通发展的不同政策进行比较和分析
METROSIM	Alex Anas	5/6	√	×	N	×	对交通和土地利用系统的经济和政策进行相关关系分析
SAM-IM/LAM	Planning Tech.,LLC.	5/6	√	√	N	×	对各种规划理念下的未来土地利用进行情景分析和政策判断
SLEUTH	Keith C. Clarke	5/6	√	√	S	√	分析城市化进程及其新兴城区对土地利用和自然环境的影响
Smart Growth INDEX®	Criterion Plan./Eng.,Inc.	5/6	√	√	S	×	评估交通和土地利用替代方案,评价它们对出行需求、土地消耗、住宅与就业密度、污染排放的影响
Smart Places	Paul Radcliffe	5/6	√	√	N	√	以环境效益指标对土地利用和交通发展替代方案进行模拟和评价
TRANUS	Modelistica	5/6	√	√	S	×	综合分析土地利用与交通政策及土地市场各种行为的混合效应
UGrow	Wilson W. Orr	5/6	×	√	N	√	分析交通财政政策的长期效应
UPLAN	Robert Johnston	5/6	√	√	S	√	各种财政条件的发展情景分析
UrbanSim	Paul Waddell	5/6	√	√	S	√	描述土地利用、交通、公共政策的相互作用对自然、社会的影响
What if?	Dr. Richard E. Klosterman	5/6	√	√	S	√	计算未来土地利用的需求与容量,社区规划的土地适用性分析

注释:N:none,不需要;S:some,部分需要;E:extensive,需要全面的技能;√:是;×:否。

成；③对城市扩展过程的复杂性无法完全表征，只能截取某些子系统作为模拟对象；④对模型开发者和使用者的数学、计算机基础和专业技能要求较高，使得模型推广困难；⑤由于基础数据的不足，通常将空间简化理解为均质空间或进行简单的功能分区；⑥基于传统的数理方法建立的动力学模型是连续过程，而 GIS 环境下的数据却是离散的，因此接口比较困难；⑦对城市演化的不确定性考虑不充分，不符合城市扩展过程的随机性、模糊性特点，模型中许多不确定的变量使得模型很难操作；⑧由于人们对模型的期望值高于模型的发展速度，使得人们对于模型方法能够迅速成为一种规划分析、预测、决策支持的技术感到信心不足，因此也影响了模型的开发、研究、应用和推广。

1.2.1.3 现有研究及存在问题

(1) 国际研究述评 国际上，在城市交通管理与土地利用的研究方面，近年来的工作主要集中在对可持续性城市交通和土地利用的评价方法与规划管理模式的探索，包括土地利用与交通建模研究（Kalnay et al.，2003）、城市扩展状态下的交通可达性分析（Olvera et al.，2004）、交通需求与行为分析研究（Abdulhai et al.，2002）、基于简单优化技术的交通供给与交通政策研究（Choo et al.，2005）、交通设施与交通服务研究（Anderson et al.，2004）、传统和步行邻里的开发（O'Hara et al.，2001）以及交通引导的土地开发模式研究（Swenson et al.，2004）。

美国城市地理学家诺瑟姆（Northam）概括了城市化的生长理论曲线（Logistic Curve），城市化进程呈现一种 S 形曲线的形状（王华春，2006）。诺瑟姆曲线指出，当城市化达到 30％以上时，是城市化的加速发展时期，会出现一系列城市问题，土地利用的集约程度不高，并可能伴生出诸多的城市病问题，如交通混乱、居民点分布不合理等；当城市经济进一步发展，城市化率达到 70％以上时，通过生态调控等宏观、微观调控手段的有力实施，土地集约利用的效率得到提高，可以减少城市病的发生（包红玉等，2005）。

(2) 国内研究述评 国内在城市交通与用地研究方面，一些新技术新方法的开发和应用正逐渐得到重视。城市交通系统与土地利用互动关系的研究，包括城市交通影响评价体系的构建（徐望国等，2000）、土地开发交通影响模型的开发（耿敏修，2000）、居民出行与土地利用关系的统计模拟（邓毛颖等，2000）、快速轨道交通空间布局模式的探索（过秀成等，2001）以及交通影响评价信息系统的研制（李宗华，2002）等。

城市土地利用与交通系统互动关系的定量研究，包括城市子区的土地利用与交通规划的关系分析（钱林波等，2000；阚叔愚、陈峰，2001）和交通系统需求预测与优化决策（林彰平，2001）等。城市交通系统与土地利用协调性发展研究，包括基于可达性分析的交通与土地利用规划（王霞等，2000；魏后凯，2001；陈艳艳等，2001)、公共交通导向的土地利用规划（李朝阳等，2001；周江评，2001)以及城市交通控制的优化（周溪召，2003；梁勇等，2004)等方面。

由于城市用地与交通具有密不可分的关系，因此有学者提出了以快速公交为核心的城市发展体系，即以公交站点为核心，将居住、零售、办公和公共空间组织在一个社区步行环境中，社区的中心部位设有商业设施，人们可以通过公交到达其他社区或城市中心，各社区之间都保留大量的绿化开敞空间（吴胜隆，2006)。若干个这样的社区由公共快速交通系统组织形成合理的城市区域发展框架。这一理论的最大优点在于通过改善城市的空间布局，从源头上减少了人们对交通的需求。

(3) 存在问题　在城市交通与土地利用研究方面，过去主要从宏观、实证和静态的角度出发，缺乏对系统动态性和连续性的定量研究；同时，多学科交叉研究不足 (Troy et al.，2006)，尤其在与环境和生态因子的耦合方面，有必要将城市视为有机整体，并在此基础上展开综合的城市环境与交通-土地等互动关系研究（郁亚娟等，2006)。对模拟优化模型系统的开发也往往过于简化，无论时空分布上还是系统规模上都难以有效反映城市系统的复杂性 (Du，2000；Liu et al.，2004)。

国内对于城市交通与土地利用研究方面，多数研究仅限于传统的交通和土地规划，缺乏与环境和生态因子的耦合研究；同时，相关新技术的开发和应用虽然逐渐得到重视，但在数据、技术与人员配备支持及相关参数的验证等方面的研究还相当缺乏（何宁，2005)。最主要的问题是，没有将城市复合生态系统的基本理论与城市的交通与土地利用一体化研究相结合，没有充分考虑这两者的相关作用（李宗华等，2002；Arampatzis et al.，2004)，以致得到的研究结果对实际工作的指导意义不明显。

1.2.2　城市交通的环境导向

1.2.2.1　国外环境导向式城市交通研究实例

目前，将城市交通与环境污染作为一个大系统的研究还不多。国外在 20 世纪 60～70 年代就对城市交通引起的环境问题进行研究，在城市交通规划中考虑交通对环境的影响。1963 年巴查南交通研究报告中强调道路的环境容量；Zerbe (1975) 研究美国减少交通污染的各项交通规划方法；Kageson (1995) 研究了欧洲交通部门大气污染的控制技术；Miller (1999) 将土地利用、交通和环保指标运用到城市交通规划理论中。

Kieran 提出了城市交通动态网络中主要通勤走廊的交通量、设计通行能力、路面状况特征关系模型 (Kieran et al.，1998)，同时也描述了与机动车排放相关的机动车行驶里程 VMT 和挥发性有机化合物 VOC 的关系。主要是用来决定何时、何地、采取何种措施来达到规划目标的最优化控制，即交通需求管理、车道加宽、快速路维护措施的最优组合，缓解高峰期阻塞，减少车辆行驶里程 (Vehicle-Miles of Travel，VMT)，降低挥发性有机物 (Volatile Organic Chemicals，VOCs) 排放水平。Nagurney 等建立了城市交通拥堵网络的基于路段排放许可的系统动力学模型（Nagurney and Zhang，2001）。上述模型基本上是给予城市交通网络的某一路段为研究对象，还没有从城市交通与环境污染相互作用的大系统角度研究。USEPA 的研究报告也阐述了土地利用、交通与环境质量的关系（USEPA，2001）。

目前从环境保护的角度来研究交通问题时，国外学者们普遍关注的是交通的大气污染问题（Stansfeld and Matheson，2003；Houston *et al.*，2004）和交通噪声问题（Fogari *et al.*，1994；Desarnaulds *et al.*，2004），并分析交通尾气污染和噪声污染对人体健康的影响。

对于交通的大气污染，国外学者主要关注大气对人的健康效应，尤其是对儿童白血病、哮喘、新生儿健康方面的研究较多；另外，分析交通流量、车辆密度、距主干道的距离等因素与健康影响之间的关系，也是研究的热点之一。表1-5列出了国外一些代表性的交通大气污染风险研究及其相应的健康效应结论。

1.2.2.2 国内城市交通环境研究实例

我国学者申金升（申金升，1996、1997b）等提出了城市可持续交通系统的动力学机制模型，着眼于交通的可持续发展，通过引入交通环境容量、交通环境承载力（李晓燕，2003）等概念作为现实的约束，对交通、环境、经济三者之间的关系进行系统分析和整体设计，以实现三者的协调发展。

我国城市交通规划界已将未来交通规划的重点转向与环境保护战略相结合。1995年北京宣言中已明确将环境的可持续性和制定减少机动车空气、噪声污染作为城市交通发展和规划的四项标准和八项行动（北京宣言，1996）；李晓江呼吁把城市交通的重点转向合理的交通容量和交通结构分析（李晓江等，1997）；申金升等提出了将交通环境承载力作为一种现实的约束条件，应用到城市交通规划中去（申金升等，1997a）；陆化普等尝试建立可持续发展的主动引导型交通规划理论体系（陆化普和高嵩，1999）；王智慧等提出了面向环境的城市交通规划方法（王智慧等，2000）；王炜研究了城市交通系统的可持续发展规划框架（王炜，2001）。李铁柱构建了城市交通环境污染及能源系统模型结构，表示了城市经济发展水平、人口、土地利用、交通基础设施、交通政策、交通管理与控制等与交通环境及能源消耗的相互关系（李铁柱，2001）。陈峰提出了一种集成的土地利用和运输分析模型，它基本上勾画出了土地利用和交通相互关系的轮廓（陈峰等，2001）。

不论是发达国家还是发展中国家，城市交通的发展过程几乎都是一个不断满足机动化发展要求的过程（李晓江，1997），发达国家的经验已经证明，立足于供给的思维形成了供给与需求的非良性循环，造成了种种经济、社会、环境和文化的巨大副作用。因此，我国学者认为，改善交通的关键在于平衡交通服务和需求之间的关系。城市交通需要从理论和观念上进行更新，我国学者从可持续发展的角度出发，认为21世纪的优良城市交通系统应该具备以下四项基本特征（胡小军，2003）：

表 1-5　国外部分交通大气污染健康效应实例

序号	研究者	健康影响	研究描述	结　论	地　点
1	Hoek, et al., 2002	缩短预期寿命	500 个成年人的长期交通污染暴露效应	居住在干道附近的人患心肺疾病致死的概率是远离道路的人的 2 倍,前者的其他致死原因是后者的 1.4 倍	丹麦
2	Pearson et al., 2000	儿童癌症	交通密度、车流量和各种儿童癌症的关系	住在每天经过 2 万辆机动车的马路 250 码(1 码＝0.9144 米)以内的儿童,其患癌的可能性是一般儿童的 6 倍,得白血病的可能性是 8 倍	美国丹佛 1979 和 1990
3	Knox and Gilman,1997	儿童癌症	22458 个儿童白血病或其他原因死亡案例	距离马路、机场和发电厂 3 英里(1 英里＝1.609 千米)之内的癌症发生率较高,最大危险源是距离马路几百码内	英国 1953～1980
4	Nordlinder and Jarvholm, 1997	白血病	0～24 岁人的机动车暴露和癌症发生率之间的关系	骨髓白血病和机车密度有关,车密度＞20 辆/km² 时发生概率为 5.5 人/(百万人·年),车密度＜5 辆/km² 时这个数字为 3.4 人/(百万人·年)	瑞典 1975～1985
5	Wilhelm and Ritz,2003	降低新生儿体重	早产儿和新生儿体重过轻与交通密度之间的关系	妇女居住靠近交通干道时,会引起大约 10％～20％的早产儿和新生儿体重过轻的风险	美国洛杉矶 1994～1996
6	Edwards et al.,1994	哮喘急诊	儿童哮喘急诊与交通密度的关系	交通污染是儿童哮喘急诊的最主要因素	英国伯明翰
7	Lin et al., 2002	儿童哮喘住院	0～14 岁儿童哮喘住院与居住靠近繁忙马路的关系	住宅在交通繁忙路段 200m 以内的儿童哮喘住院的概率偏高	美国纽约 Erie 县(不含布法罗)
8	Venn et al., 2001	哮喘发病	控制采样 6147 个小学生,随机采样 3709 个中学生	呼吸困难包括哮喘与儿童居住靠近主干道有关,尤其靠近马路 90m 以内的风险最大	英国诺丁汉
9	Duhme et al.,1996	哮喘症状	对 3703 个学生的调查问卷	12 个月的研究发现呼吸疾病和过敏性皮炎与高密度卡车交通是正相关的	德国 Munster, 1994～1995
10	van Vliet et al.,1997	哮喘和呼吸器官症状	对 1498 个儿童的调查	哮喘、呼吸困难、咳嗽、流鼻水在距道路居住 100m 以内的儿童中较为常见,呼吸器官的疾病与靠近主干道和卡车数量成正比	荷兰南部
11	Brauer et al., 2002	呼吸器官症状	室外交通大气污染浓度与哮喘和呼吸器官感染的关系	2 岁婴儿暴露在高浓度交通大气污染下可能出现呼吸器官疾病(呼吸困难、耳/鼻/喉感染)和哮喘、流感等	荷兰
12	Brunekreef et al.,1997	肺功能退化	儿童肺功能与交通暴露的关系	当暴露于交通污染时,尤其是柴油机排放的颗粒物,可能导致肺功能下降	荷兰

与城市规划有机结合；满足人和物的必要流动；流动模式应该是有效率的和环境友好的；充分体现社会公平性。目前，降低交通污染、合理分配交通量等问题，在我国已经受到重视，我国部分城市的交通环境研究实例、研究重点见表1-6。

表1-6 我国部分城市交通环境研究实例

序号	城市	研究者	时间	研究对象	研究重点			
					No.1	No.2	No.3	No.4
1	吉林	邵立国	2006	交通规划环境影响评价	SD-GIS模型	城市交通规划预测	系统数据库设计	有无对比
2	长春	许野	2006	交通规划环境影响评价/替代方案	规划环境影响评价	交通规划	可拓学	替代方案
3	南京/苏州	李铁柱	2001	交通大气环境影响评价与预测	CO、NO$_x$和HC的污染	MOBILE5模型，美国	机动车排放因子	曲线拟合
4	哈尔滨	张莉	2002	交通环境的关联性	NO$_x$	噪声	关联	道路断面
5	西安	李晓燕	2003	交通环境承载力/生态交通理论	资源承载力	污染承载力	生态交通规划	生态交通规划理论
6	襄樊	杨日辉	2006	基于交通环境承载力的路网交通量预测	CO、NO$_x$和HC的污染	公路网	交通环境承载力	交通环境容量
7	上海	戴懿	2005	城市交通环境可持续发展指标体系	指标体系	ECM模型	层次分析法	综合指数
8	北京	房小怡	2002	交通环境污染的数值模拟	城区污染物本底浓度	主要交通干道机动车污染	数值模拟	城市边界层
9	广州	孙艳军	2006	交通环境承载力变化	经济社会压力	主成分分析	驱动因子	回归预测
10	南京	范颖玲	2002	交通环境影响灰色评估	模糊	AHP	多级灰色评估模型	灰色聚类
11	大连	陆化普	2004	基于能源消耗的城市交通结构优化	能源消耗	燃油效率	出行周转量	CO、NO$_x$、CO$_2$、NMHC
12	大连	沈未	2005	基于可持续发展的城市交通结构优化模型	机动性	可达型	外部性	结构优化
13	兰州	王媛媛	2004	基于可持续发展的土地利用与交通结构组合模型	出行阻抗	结构优化	可达性	机动性
14	澳门	Tang U W	2007	城市形态与交通噪声/大气污染之间的关系	城市形态/GIS	交通引发噪声	空气污染	车辆超速

1.2.2.3 交通污染扩散模型

"国际能源机构"（IEA）提出了 ASIF 方程，以一种具有普遍性（因而也是更全面）的方式来反映运输行业的影响（Schipper，1999，2000，2001）：

$$G=A\times S_i\times I_i\times F_{i,j}$$

式中，G 是按排放源（模式）i 汇总的任何一种污染物的排放量；A 是以乘客公里数（或对货物而言的吨-公里数）计算的包括各种旅行模式的总旅行活动；S 是按旅行模式从总乘客（或货物）旅行转换为车辆旅行；I 是每一种模式的能量强度（按每一乘客或吨公里的燃料消耗算），与车辆的实际效率的倒数有关，但也依赖于车辆的重量、马力，当然还与驾驶员的行为和交通状况有关；F 是模式 i 下的燃料类型 j（黄琼，2003）。表 1-7 总结了常用的基于高斯模式的机动车污染扩散模型（王文等，2004）。

表 1-7   常用的基于高斯模式的机动车排放污染扩散模型

序	模型名称	开发者/国家地区	短　　评
1	HIWAY	Zimmerman, Thompson 美国	1975 年开发，将公路排放视为一系列有限线源 1980 年推出 HIWAY-2(Pertersen)，能够对交通路口情况进行模拟
2	CALINE	Beaton 美国	1972 年开发，适用于加州；1975 年基于第一版推出 CALINE-2(Ward)；1979 年基于高斯烟羽线源模式推出 CALINE-3(Beason)；1984 年基于列线图表推出 CALINE-4(Beason)
3	GM	Chock 美国	1978 年基于 CM 扩散研究的实验数据得到，用无限长线源取代传统高斯模式中的点源假设
4	AIRPOL-4	Carpenter, Clemana 美国	1975 年在对高斯积分进行适当数值分解的基础上开发，使用了道路坐标系统和采样点坐标系统
5	IMM	美国环保局（EPA）	1978 年开发，扩散分析使用 HIWAY 线源模型，用以计算交通路口的 CO 扩散
6	EGAMA	Egan，美国	1973 年开发，用实验数据对高斯模式进行修正
7	GFLSM	Luhar，Patil 印度	1989 年开发，适用于所有风向
8	OMG	Kono，Ito 日本	1990 年开发，高斯模式的解析解
9	DMRB	Transportation and Road Research Lab 英国	1992 年基于经验数据对高斯模式进行适当修改开发得到
10	CAL3QHC	美国环保局（EPA）	1990 年开发，扩散分析使用 CALINE-3 线源模型，被广泛用来模拟接近饱和或过饱和的交通路口

1. 2. 2. 4　交通污染定量模型

排放因子是反映机动车排放状况的最基本的参数，也是确定机动车污染物排放总量及其环境影响的重要依据。目前用来计算机动车排放因子的模式主要有美国加州空气资源局的 EMFAC 模式（California Air Resource Board，2002）、欧洲共同体的 COPERT 模式、美国 EPA 的 MOBILE 系列模式（霍红等，2006）以及其他一些相关的模型。

(1) MOBILE 模型　MOBILE 模型是一个预测小轿车、卡车、摩托车等车型在各种工况下的综合排放因子的软件，计算的排放因子主要包括：HC、CO、NO_x、CO_2、PM、HAPs 等，有害空气污染物 HAPs (hazardous air pollutants or toxics）是 USEPA 确定地 189 种来自污染源一次污染物或者通过大气反应形成的二次污染物。美国环保局的 MOBILE 模型最早发布于 1978 年，该系列模型主要用于评估当前和将来机动车辆尾气排放因子 MOBILE 模型由于考虑了车辆不同车型、自重发动机类型、车辆维修保养情况以及车辆的行驶里程、道路类型、油品、温湿度、司机开车行为、行驶的速度等不同客观条件，因此它的结果具有比较好的代表性和可比较性，同时由于其良好的可移植性，在全世界得到了广泛的应用（USEPA，2002）。

（2）NONROAD 模型　NONROAD 模型是一个非道路移动源在各种工况下的综合排放因子的软件，计算的排放因子主要包括：HC、CO、NO_x 和 SO_4^{2-}（硫酸盐）等。

（3）NMIN 模型　NMIN（National Mobile Inventory Model）是 USEPA 开发的计算道路移动源和非道路移动源现在和未来的排放因子（总量）的软件，NMIN 基于最新的 MOBILE6 和 NONROAD 计算排放清单（总量），根据输入的综合的情景，该模型可以输出国家、州或者城市的排放因子。

（4）MOVES 模型　近年来，USEPA 着手准备开发适用于多种尺度研究的机动车排放模型系统 MOVES（Koupal and Cumberworth，2002）。MOVES（MOtor Vehicle Emission Simulator）是 USEPA 开发的新一代计算道路移动源和非道路移动源排放因子的模型，它将围绕所有的污染物包括 HC、CO、NO_x、CO_2、PM、HAPs 和移动源展开，为扩散模型提供基础数据。

（5）COPERT3 模型　COPERT 模式是欧洲环保局开发的用于计算道路交通排放的计算机程序，它对污染物的评估是在一个比较大的空间范围内进行的，可以评估的因子包括：CO、HC、NO_x、颗粒物和各种重金属（Leonidas，2000）等。

（6）CMEM 模型　CMEM 模式（Comprehensive Modal Emissions Model）是由美国加州大学的研究人员开发的微观排放模型。"Comprehensive"表示其可以预测各种轻型车辆在不同操作条件下的排放因子，该模型可以瞬态计算各种车辆从排气尾管的排放和燃油消耗（Matthew，2000）。

（7）ATEI 模型　美国环保局开发的 ATEI 模型（Air Toxic Emission Inventory Model），是基于其开发的以燃油质量来评估挥发性有机物（VOC）、有毒空气污染物（TAP）和氮氧化物的排放因子的"复杂"模式（Complex Model）来计算该地区的排放负荷。其中的有毒空气污染物包括：苯、1,3-丁二烯、多环有机物（POM）、甲醛和乙醛五种。

（8）UCDrive 模型　UCDrive 模式是美国加州大学 Davis 分校开发的基于网格的移动源排放模型。该模式采用的是简化了的扩散算法和三维点源模型。该模型假设排放源位于路面上宽 3m 高 2.5m 的空间范围内，并把这个空间看作一个排放的"体积源"。经过类似有限元的网格划分，将计算空间离散化。UCDrive 模型的前处理器读取由 EMFAC 输出的数据，经过前处理以后，每一类排放因子的数据按每小时分别进行计算，最后得到整个地区的排放清单。

（9）Caline4 模型　Caline4 是系列模式中最新的版本，它于 1989 年由加州交通学院开发。Caline 是一种高斯模型，主要用于预测 CO、NO_2 和空气中的悬浮颗粒，或者其他一些不发生化学反应的气体的浓度。该模型与 UCDrive 不同，是一种线源模型，它将道路划分为一系列有限线源排放单元，每个单元中气体的浓度通过上风向单元和此单元类气体源所产生的气体浓度相叠加。

（10）MicroFacCO 模型　MicroFacCO（Micro-scale Emission Factor Model for CO）模式是用于评估机动车辆 CO 排放因子的模式，比较适合于实时评估靠近道路附近的行人所处的空间中的排放因子。该模式的算法也被用来计算其他尾气排放因子，比如 NO_x、HC、PM_{10} 和 $PM_{2.5}$。MicroFacCO 模式将机动车辆分为 31 类，轻型车 11 类（其中汽油机 6 类，包括摩托车，柴油机 5 类），重型车 20 类（其中汽油机 10 类，柴油机 10 类）。

（11）VT-Micro 模型　VT-Micro 模型（Virginia Tech Microscopic Energy and Emission Model）主要用于交通工程对环境影响的评估，它是一种多项式拟合速度、加速度的回归模型。速度和加速度的 4 次项系数由 Oak Ridge 国家实验室从底盘测功机上所采集，数据包括了 60 种类型的轻型汽车和卡车。

1.2.3　城市交通及生态调控

1.2.3.1　城市交通环境的调控与管理

早期的交通调控由于认识的局限性，强调技术的革新。在交通需求快速增长的条件下，技术上的进步，包括高效低噪的发动机技术、接触反应器、替代能源、电动汽车等，并不能从根本上解决负面的环境影响（Bielli et al.，1998）。当前国际上常见的调控方法基于土地利用和交通相互关系，通过合理布局土地利用性质、交通基础设施建设控制出行需求和出行方式（Short and Kopp，2005；Waddell et al.，2007），如交通导向式发展（TOD）理论指导下的社区交通规划，强调土地利用的多样化和内部公交、自行车与人行道线路的人性化设计，是目前适用范围最广泛的土地和交通一体化规划思想（USTRB，2002）。管理政策上，燃油税（Norland et al.，2006）、排污权交易、公路收费（Yang and Bell，1997；Bose and Srinivasachary，1997）、停车收费（Bose and Srinivasachary，1997）、拥堵收费（Kunchornrat et al.，2007）、公交优先（Norland et al.，2006；Potter and Enoch，1997）、污染物排放标准等成为当前控制交通需求，减少污染物排放和降低交通环境的影响的主要手段。

为弥补环境方面的不足，战略环境评价（SEA）常作为交通调控的环境补充程序（Hildén et al.，2004），作为政策制定过程的一部分，但作为规划前评价存在非常大的难度，容易导致 SEA 过度关注公众参与而忽略了规划的科学性（Jansson，1999）。OECD 的 EST 计划使用二氧化碳、氮氧化物、VOCs、粉尘、噪声和土地利用 6 个指标描述地方、区域和全球环境，利用倒推规划法评估和合理安排各类政策，提供了长期可持续交通战略制订的可行方案（OECD，2000a；Friedl and Steininger，2002），但系统诊断、分析能力较弱，缺少完善的理论与方法框架体系。

规划层次上，郁亚娟（2008）认为，城市交通系统的调控包含：动力学模拟、土地生态功能分区、交通问题的生态反馈和优化调控四个部分，并利用系统动力学，不确定多目标规划等方法系统研究了北京市交通系统的管理对策。李晓燕等（2008）认为城市生态交通系统是向生态化方向演化的交通系统，应以交通环境承载力作为刚性约束对交通系统进行规划，最终全面考虑城市交通全过程对环境系统的影响，包括土地占用、能源消耗、矿产资源利用以及环境污染。景国胜（2000）根据可持续发展含义提出包含网络规划、基础设施、交通环境影响、需求管理、工程优化等方面的综合性交通改善规划。

管理层次上，史绍熙等（1996）在总结发达国家机动车排放法规的现状和发展的基础上，提出了建立国家级车辆排放实验室，车辆排放法规机制及排放法规的执行与监督体制，促进了我国在管理、政策上对交通环境的调控措施出台。杨立峰（2002）研究了我国实施交通拥挤收费的可行性，上海的理论研究证明交通拥挤收费可降低 1%～20% 的交通流量，提高 5%～30% 的车行速度。袁剑波和张起森（2002）研究了公路收费标准，但没有考虑交通收费的环境外部性。此外，车型控制、无铅汽油等清洁能源、尾气净化装置、公交优先等管理方法已经在国内开始实施（王志国等，1999）。

通过国内外交通优化调控研究的比较可以看出，两者对象、方法和手段上存在相同之处，主要表现在：a. 国内外已认识到交通环境调控的必要性，从规划和管理政策上都开始探索以交通环境改善为目的的调控方法和手段，但都只关注交通与某一特定环境领域的关系，尚未形成完备的、成熟的理论与方法体系；b. 在调控方法上都突出了交通规划的重要作用，开始探索将资源与环境约束作为交通规划的刚性约束，体现了可持续发展的思维方式；c. 在调控手段上，经济手段、排放标准、车型控制等方法受到国内外研究的重视；d. 相对于传统的土地利用与供给调控方式，环境调控方法还处于探索阶段。

国内外在交通调控领域的上也存在明显的分歧。

① 国外研究者多数是从事特定领域的专业研究者，例如交通与土地利用相互关系、交通大气的环境影响、交通噪声控制等，在方法上注重专业领域研究向管理的扩展，利用特定深入的模型为交通调控制订针对性的策略，研究思路多数是从微观到宏观，从特定领域转向综合管理，例如传统交通土地利用模型向环境控制与管理领域的发展。而国内研究者除少数研究者以外（李本纲等，1999），多采用运筹学模型，考虑环境资源的约束，从城市生态学等角度，在城市生态调控的总体背景下对交通提出总体性措施，实施自上而下的宏观管理。

② 国外的调控政策制订与执行更加注重科学性与公平性，政策制订过程中综合 SEA、倒推规划等手段，并且注重公众参与。国内调控政策以政府主导，更加注重效率、整体性和系统性，并通过专家评审、公示等制度以保障科学性与公平性。

总体上说，国外研究交通调控比国内约早 30 年，因此在规划方法、管理政策上的先进性和科学性值得国内借鉴与学习，国内研究的宏观视野也为交通调控的和谐发展开辟新的领域，国内外学者已经普遍认识到交通调控的重要性和必要性，在该领域的研究殊途同归，以实现城市可持续交通为共同目标。

1.2.3.2　城市生态调控的基本概念

城市生态问题具有逻辑和结构上的复杂性，主要表现在：生态因子的时空交错性、城市资源外在依赖性、污染物代谢不畅、生态系统结构和功能耗散性、经济和生态关系上的城市社会行为冲突失调等。为探索解决城市生态问题，国内外学者进行了不懈的努力，提出了城市生态调控的理论和方法，为协调快速城市化和复杂城市生态问题的矛盾提供了一个有意义的途径。

城市生态系统（urban ecosystem），是指在城市空间范围内，居民与自然环境系统和人工建造的社会环境系统相互作用而形成的统一体（杨小波等，2002），是根据人类自身的愿望，改造城市环境所建立的人工生态系统，是生命系统（人类）与环境系统在城市这个特定空间的组合，是一个规模庞大、组成及结构十分复杂、功能综合的社会-经济-自然复合生态系统。城市生态调控，可以译为 urban ecological regulation/adjustment/countermeasures（Figge and Hahn，2004；Kessler *et al.*，1998）等。在我国，城市生态调控也可以叫做城市生态控制/生态对策（伊武军，2005），就是依照生态学原理、社会经济学原理和管理学原理，依据复合生态系统理论，充分应用现代科学技术对城市的生态结构和生态过程进行合理的调控，增强城市的生态调节功能，包括资源的持续供给能力、环境的持续容纳能力、自然的持续缓冲能力及人类社会的自组织与调节能力，促进城市生态系统的良性循环，以达到经济效益和生态效益的统一，实现城市的生态平衡和城市建设与发展的可持续性。

综上所述，城市生态调控是根据复合生态系统理论、城市自组织理论和生态调控论，对城市复合生态系统进行生态过程和生态功能的调控，以增强城市系统的功能稳定性，达到城市可持续发展的目标。

关于城市交通-土地问题的生态调控的模型和方法有很多，如生态学的生态足迹方法、地理学的城市引力模型、控制论的系统动力学模型，以及经济学的投入产出模型等，它们分别从各自学科领域出发，为城市交通-土地的生态调控提供方法学的支持。但是，这些方法也有其局限性，其一是地理学、经济学、环境学、社会学等多个学科之间的协同研究不足，其二是应用数学和计算机软件的新方法应用不足。

一般来说，对城市交通系统进行生态调控时，主要包含四个方面的内容，按照在城市生态调控实现的顺序，依次是：①城市交通系统的生态系统动力学模拟；②城市土地利用格局的生态功能分区；③城市交通问题的生态反馈控制；④城市交通系统的集成优化调控。集成优化是指在城市交通问题的生态调控过程中，集成系统动力学模拟、多目标优化模型、不确定性分析、情景分析等多种方法，协调这些方法的优势功能，使最终得到的城市交通系统的生态调控方案不但是最优化的，而且对城市管理的政策等因素还具有反馈控制的功能，为实现城市交通系统调控的集成优化提供计算机辅助支持等。

1.2.3.3 国内外生态调控实例

国外对于城市生态调控的基础研究首先是进行模拟城市化的动态过程，描述城市的社会经济要素对城市演化的影响（Wang and Zhang，2001）；也有从生态学的角度研究城市的贫民和城市移民问题，研究城市贫民社区的人类生态学问题（Jessica *et al.*，2002），为城市人口的阶级分布和城市生态调控提供背景研究。

根据生态调控实施对象的不同，城市生态调控措施可以划分为：城市绿化调控（Ong，2003）、城市结构调控（Kessler *et al.*，1998）、城市交通污染调控（Fredrik *et al.*，2005）等类型。如英国运用政策手段，对城市的交通污染排放问题进行调控（Fredrik *et al.*，2005）；Yang应用城市生态调控原理对新加坡Jurong岛的工业布局进行调控（Yang，2004），日本东京大学的学者在进行城市人行道的设计时，充分考虑了城市生态空间的人性化，对生态调控的可持续性进行了考量，还比较了东西方在生态设计概念上的差异（Iderlina *et al.*，2005）。

Figge在对城市生态对策的评述中，加入了可持续价值（sustainable value）的定量研究（Figge and Hahn，2004），他给出了可以同时计算城市的社会效益、环境效益和经济效益的概念性公式。Luc在分析城市的可持续性时，引用了模糊逻辑推理和灵敏度分析（Andriantiatsaholiniaina *et al.*，2004）方法，列举了约80个指标来评价调控对策，包括环境整体性指标、经济有效性指标、社会财富评价指标、人类驱动力指标、生态指标和整体可持续性指标等类型。此外，Joanna（2004）提出用Bellagio法则评价可持续发展，这些研究均为城市生态调控的定量评价提供了有效手段。

我国学者对于城市生态调控的研究方兴未艾，提出了若干操作性较强的理论和实证研究方法，而且，随着各城市地方政府的参与，城市生态调控研究在我国取得了较大的进展。在进行城市生态调控的理论基础研究的同时，也对各个层次的生态调控区域进行实例研究，研究对象的范围，包括绿色建筑、生态社区、生态县、生态市，乃至生态省等各个层次。

目前，我国的城市生态调控方法，主要集中在：生态产业结构完善和循环经济建设、人居生态环境改造和区域生态工程等三大前沿领域。进行城市生态调控探索的城市不仅包括北京、上海、广州等大城市，也包括青岛、湛江、扬州等东部或沿海城市，以及贵阳、玉溪等西部城市。这些城市开展的城市可持续发展的行为调控规划与实践，从技术、革新、体制改革和行为诱导入手，调节系统的主导性与多样性、开放性与自组织性，使资源得以高效利用，人与自然高度和谐（李建中，2006），城市生态系统能够自组织地有序运转。国内部分学者提出的城市生态调控方法见表1-8。

表1-8 国内学者提出的城市生态调控方法

研 究 者	调 控 方 法	时间
王如松(2000b)	以产业生态学为指导，变负为正，以经济效益解决环境问题，合纵连横，以生态建设促进产业发展	2000
郎林杰(1996)	生态过程的调节；生态结构和功能的最优化；生态意识的普及和提高	1996
伊武军(2005)	生态规划、生态工程、生态管理	2005
韩新辉(2004)	城镇体系空间结构的调控；基础设施的空间布局调控；产业结构布局的调控	2004
段宁(2004)	城市生态系统物质代谢的调控手段从大类上可以分为法律手段、经济手段和政策手段等	2004
周华荣(2001)	环境控制工程、生物控制工程、景观生态建设和生态管理调控四类方法	2001
李锋(2003)	完善城镇体系规模；保护生物多样性和生态安全；发展循环经济；加强生态文化建设；加强生态规划和生态管理	2003
黎伟聪(Lai,2002)	(香港)土地利用发展和工业结构调整，城市规划和经济规划的宏观和微观双重层面	2002
李天宏(Li,2004)	基于一个改进的水土流失模型，在GIS支持下进行的城市土地利用调控	2004

通过国内外对于城市生态调控研究的比较可以看出，两者对于城市生态调控研究的对象尺度、分析方法和评价方法之间存在一些相同之处：①目前国内外对于城市生态调控的基础理论、调控方法等都处于摸索阶段，尚未形成完备、成熟的理论和方法体系；②虽然城市生态调控的研究开展兴起的时间不长，但它自一开始就与现代化的计算机软件、编程、数据库等技术手段紧密结合，地理信息系统、应用数学等手段已经被采纳；③虽然研究的空间尺度、模型方法等存在差异，但是，国内外学者已经普遍认识到了城市生态调控的重要性，这方面的研究方兴未艾。

国内外对于城市生态调控的研究也存在一些不同之处，如：

① 国外对于城市生态调控的细节分析较为深入，注重对城市生态系统某一方面的调控进行详细的研究，而国内研究则更注重整体性和系统性，将城市的社会经济发展与环境保护紧密地结合在一起；

② 我国学者多从城市生态学、景观生态学、生态功能区等角度，对城市生态调控提出总体性的措施，而国外学者研究的出发点可能是人类生态学、城市心理学

等，因此调控措施的实施对象也存在差异；

③ 国外研究范围的尺度与国内不同。国内城市生态调控的对象主要是城市，而且与各级省、市政府紧密联系，很多调控研究是高校等研究机构在地方政府的资助下进行的，并受到国家环保部的指导，如生态省、生态城市群、生态市、生态示范区的建设过程中的城市生态调控。而国外虽然也有以城市为对象的研究，但是更倾向于宏观化或微观化的两极发展，宏观化即从国家尺度和范围（Judith and Michael，2005；Fredrik et al.，2005）对城市进行生态调控，微观化即从居住社区、道路交通、人行道建设（Iderlina et al.，2005）等小尺度进行研究。

1.2.3.4　多目标模型在交通生态调控中的应用

多目标规划又称为"连续多准则决策"，是解决具有多个矛盾的、不可公度的目标函数的优化问题的方法。而城市生态系统的动力学优化目标就具有这样的特征，如希望达到经济发展最大化、环境污染最小化、生态环境最优化、社会进步最大化、投入资金最小化等（郭怀成等，2006）。因此，建立多目标（multi-objective programme，MOP）模型并求解，可以获取敏感点最优解的集合，再针对具体情况设计模拟运行方案，与决策者进行人-机交互辅助决策，取得系统发展的优化规划方案。

随着 MOP 的研究深入，一系列的衍生模型也得到了开发，并应用于城市交通-土地一体化的生态系统动力学演化模型过程中。从不确定理论出发，引入灰色系统、模糊系统、不确定性等概念，有 IMOP、FMOP、IFMOP 等 MOP 的拓展模型类型（Wang et al.，2004）。从演替思想出发，Simon 提出了无最终目标规划的观点，认为规划实施的每一步都是下一步规划的出发点，据此我国王如松提出了辨识-模拟-调控的生态规划方法和泛目标规划方法（鲁敏等，2002）。

MOP 以及衍生模型在城市生态系统演化动力学建模方面已经有较多成功应用的实例（张雪花等，2002），而且可以预见，随着计算机技术的发展，各种智能算法逐渐被应用到 MOP 的求解中，而求解途径的拓宽使得 MOP 模型在城市生态演化方面的应用会越来越多。但 MOP 模型也有不足之处，同 SD 模型一样，MOP 与 GIS 的耦合也较为困难，因此构建 MOP-GIS 耦合平台是今后研究的重点之一。

在城市交通系统的生态调控管理决策过程中，一般是以交通服务和交通环境的优化为最终目标，构造一个有约束条件的多目标函数。根据社会-经济-自然复合生态系统理论，构建的可持续城市交通环境系统调控模型的目标函数，应该包括：交通出行结构的最优化、生态环境质量的最优化、环境污染的最小化、交通服务等社会福利的最大化和交通对城市经济发展的支持力最优化等多个子目标；而它的约束条件也是与此相对应。由于城市交通系统的生态调控模型是一个不确定多目标函数，因此采用人-机交互的方法可以生成一系列帕累托最优方案，然后对这些方案进行筛选辨识和集成。

情景分析目前多应用于政策领域，如将 MOP 与情景分析相结合，有利于设计

MOP 优化的结果和多种情景，并对其进行定量描述和分析，这样就把 MOP 的定量化优势和情景分析的政策分析优势相结合，有利于提出既符合环境导向又满足交通目标的方案优选建议。将情景分析和预测、优化的 MOP 模型方法相结合，是更密切反映实际情况的迫切需要（朱一中等，2004；刘永等，2005）。针对城市机动车污染严重、机动车排放控制涉及的方面较多、解决起来较为复杂的特点，可以对大城市的未来机动车污染控制的若干情景进行分析和比较，验证一些交通政策的可行性和有效性，如新排放标准、采用车辆定期报废制度等，检验它们对控制交通污染的作用（申威等，2001），从而实现科学管理。

1.2.4　城市交通环境管理的不确定性

不确定性是客观世界的固有特征，具有普遍性和现实性（王劲峰等，2006），来源于事件和行为固有的随机性、决策者不同的偏好、缺少信息、变量的解译困难、模型参数设计等（郁亚娟，2007；Krishnamurthy and Kockelman，2002）。由于不确定产生的条件不同，可以把不确定性分为四种（王清印等，2001）：

① 随机不确定性，来源于观察结果的偶然性，通常多次重复实验仅能提高真实事件的均值准确率，但不能消除随机性；

② 模糊不确定性，来源于事物特性界限的不分明，不能给出确定性的描述和评价；

③ 灰色不确定性，主要来自于个人和设备的能力限制，只能获得事物的部分信息或其大致范围；

④ 未确知不确定性，是我国工程院院士王关远教授提出的，主要是来自于主观认识上限制，对事物信息的掌握不足。其中，前三种不确定性的研究较为广泛。这四种不确定性的数学描述方法分别是概率论与数理统计、模糊数学、灰色（区间）数学和未确知数学。

在交通系统不确定性研究上，国内外对模型的研究相对较多，文献研究表明，多数交通相关的模型研究中使用模糊数学解决不确定性的文献报道数约为使用其他方法的文献数的 4 倍（Serrano and Cuena，2008）。国际上对交通土地的不确定性分析主要利用 Monte Carlo、Latin Hypercube、Sensitivity Analysis 方法对 IT-LUP、UrbanSim 等模型进行研究（Pradhan and Kockelman，2002a；Pradhan and Kockelman，2002b；Yong and Kockelman，2002；Kockelman and Sriram，2003；Michael and Robert，2005）。交通大气领域的不确定性主要采用定性分析（Panis *et al.*，2001），少数研究者使用了统计学误差估计（Kühlwein and Friedrich，2000）、概率分析（Frey and Zheng，2002）、敏感性分析（Gaudioso *et al.*，1994；Kapparos *et al.*，2004）研究排放模型以及多环芳烃暴露对人体的危害（Vardou-lakis *et al.*，2008）等的不确定性。交通噪声领域常见的方法为模型模糊化（Ver-keyn *et al.*，2001）、统计分布（Wszolek and Klaczyński，2008）。

2 城市可持续交通管理的理论基础

2.1 城市复合生态系统论

2.1.1 复合生态系统论

城市生态系统的生存与发展取决于其生命支持系统的活力，包括区域生态基础设施（光、热、水、气候、土壤、生物）的承载能力及生态服务功能的强弱，城乡物质代谢链的闭合与代谢程度，以及景观生态的时、空、量、构、序的整合性。城市是一类以人类的技术和社会行为为主导，生态代谢过程为经络，受自然生命支持系统所供养的"社会-经济-自然复合生态系统"（马世骏，王如松，1984，1993）。城市可持续能力的维系有赖于对城市环境、经济、社会和文化因子间复杂的人类生态关系的深刻理解、综合规划及系统管理（王如松，欧阳志云，1996）。城市社会-经济-自然复合生态系统理论目前已被各国同行所采用，并得到好评（Mitsch，1993）。

复合生态系统理论（马世骏，1984）认为，城市是一个社会-经济-自然的复合生态系统，这三者是相互联系、相互影响的（Finco，2001）。该理论为城市生态调控提供了社会、经济、环境融为一体的合理建构框架（Grosskurth，2005）。根据城市复合生态系统理论，城市生态调控包含以下主要内容：

① 城市生态系统的结构调控，如城市能流物流结构的调控、城市景观生态和环境问题的调控、城市文化教育的调控等（景星蓉，2004）。城市交通结构与物流、道路景观等紧密相关，城市交通的结构调控是城市生态系统调控的重要组成部分之一。

② 城市生态系统的过程调控，即城市生态系统的平衡反馈过程、生态演替过程和社会经济运作过程的调控等。城市交通的过程，负载了城市的客流、物流等重要过程，因此城市交通的过程调控也是城市生态系统调控的重要组成部分之一。

③ 城市生态系统的功能调控，即城市作为一个人工生态系统，它的生产、流通、消费、还原等基础功能的调控，以及城市环境功能的调控。与此相联系的可持续交通系统，承担了流通的功能，同时对城市环境具有重要作用，因此城市交通系统的功能调控，也是属于城市生态系统调控的重要组成部分之一。

2.1.2 城市自组织特点

自组织系统是指由于内部诸要素之间的相互作用，其有序度即组织程度随着时间的推移而自发地提高和增长的系统。城市复合生态系统是一个开放系统，而且是一个远离平衡态的耗散系统（柴蕾，2005），它内部的自然、经济与社会三个子系统之间及各系统内部存在着相互作用力，所以它也是一个自组织系统。

城市生态系统的一个突出特征在于城市有序的宏观结构具有自发性，城市的演化是多个管理部门以及城市各类居民共同作用而产生的，通过各个局域的"理性决策"最终产生了城市看似"无序"的全局行为。例如，车流监测部门通过电子眼等设备发现某路段的拥堵，继而通过交通广播等形式将信息传递给驾驶人员，由此部分司机可提前做好绕行准备，从而客观上减轻了该路段的拥堵程度。这一过程中，监测者、广播、司机等三个主体的行为都是理性的，但是，道路是否继续拥堵、何时解除拥堵，表现出来的却是一个难以准确预计的、无序的情况，这体现了系统自组织的特点。

城市生态系统的另一个特征是，尽管城市生态系统各组成部分之间只有局域性相互作用，但最终城市生态系统却能够展现宏观结构的演化特征。例如，城市中每个居民的出行行为看似没有特定的规律，但是在统计学意义上，全体居民的出行却能体现出一定的周期性和方向性等特点。这一微观与宏观之间的内在联系，体现了城市交通的自组织特点，从而为本书在城市宏观尺度上研究交通、建立交通与环境模拟模型提供了可能。

2.1.3 城市生态控制论

生态控制论以信息反馈调节为基础（Vester，1980），强调系统的自我组织、自我完善的动力学机制和调控手段，从一个生态系统的高效和协调来讲，其分别表述为循环再生原则、以柔克刚的机巧原则、共生原则和负反馈的相生相克原则、系统内部增长服从整体功能的原则、决策的最小风险原则等（颜京松，2001）。城市生态系统是一个高度人工化的生态系统，人类是这个系统内部最关键的因素。生态控制论的提出，为人类进行城市生态调控提供了基本的方法学依据（王如松，2000c）。

基于生态控制论的城市生态调控方法，就是运用生态控制论原理，以城市生态系统的功能行为为目标，通过功能模拟、黑箱方法和信息反馈等作用，使城市生态系统减熵增序，达到系统全局目标最优化的目标。从国内外城市生态调控的案例可以看出，遵循生态控制论的原则和方法是调控取得成功的关键。在对城市交通系统进行生态调控时，要用到生态控制论的观点，准确分析交通系统与城市的社会、经济及生态环境因素之间的关系。

由于城市生态系统的演化（evolution）过程是非线性的，而可持续交通作为城市生态系统的一部分，同样具有非线性的特征，因此它的优化函数不像线性方程只有唯一或一组确定的解，而是存在解的无数可能性（刘文英，2005）。可持续交通的未来发展怎样才能符合最优化目标？因为它要受到演化过程中各个层面的影响，因此是难以完全准确预测的。充分分析社会-经济-自然三要素的交互作用是对可持续交通实施城市生态调控的基础。

2.2　城市生态系统健康理论

2.2.1　生态系统健康理论

生态系统健康是 20 世纪 80 年代末提出的，目前已成为生态学领域的研究热点之一。对于生态系统健康的概念，目前还有不同的理解，比较公认的是指一个生态系统具有稳定性和可持续性，即在时间上具有维持其组织结构、自我调节和对胁迫的恢复能力，它可以通过活力、组织结构和恢复力 3 个特征进行定义（Costanza，1992；Rapport，1997；Xu *et al.*，2001）。生态系统健康的研究重点是：生态系统内部以及自然生态系统、社会系统、经济系统和人类系统间的健康作用机制、健康标准及其评价方法。

目前国内外一些专家学者对生态系统健康进行了大量研究（Dan，2003），但大部分研究主要集中在湖泊/流域生态系统健康评价、森林生态系统健康长期监测、农业生态系统健康评价等方面，对城市生态系统健康的深入研究尚不多见，多停留在理论研究阶段。代表性的理论有：

① 自然和人类引起的驱动力、社会生态系统结构和组成的概念模型，包括过程/压力因子、结构/组成、土地管理和保护目标等（Muñoz-Erickson *et al.*，2003）。

② 整体性生态系统健康指标（holistic ecosystem health indicator，HEHI）模型，主要包含 3 个部分：生态学指标、社会性指标及交互作用指标，如土地利用或退化等（Aguilar，1999）。

③ 城市生态系统健康与人类健康关系矩阵，纵列是驱动力-压力-状态-暴露-影响（driving force-pressure-state-exposure-effect，DPSEE），横列是社会财富、建筑环境、居住区环境质量、生物群落、生态足迹（Spiegel *et al.*，1999）。

④ WHO 提出的驱动力-压力-状态-暴露-影响-反应理论（driving force-pressure-state-exposure-effects-action，DPSEEA），包括社会环境、健康影响、生活方

式、环境卫生、居住条件等方面（Yassi *et al.*，1999）。

2.2.2　城市生态系统健康论

城市生态系统是受人类活动干扰最强烈的地区，它已经演化为一种高度人工化的自然-社会-经济复合的生态系统（官冬杰等，2006）。它最大特点是不仅强调从生态学角度出发的生态系统结构合理、功能高效与完整，而且更加强调生态系统能维持对人类的服务功能，以及人类自身健康及社会经济健康不受损害（郭秀锐等，2002；李锋等，2003）。

由此，城市生态系统健康应是在由自然-经济-社会复合而成的生态系统内，生产生活和周围环境之间的物质循环和能量流动未受到损害，关键生态组分和有机组织被保存完整并无疾病，对长期或突发的自然或人为扰动能保持弹性和稳定性，整体功能表现出多样性、复杂性、活力和相应的生产率，其发展的理想状态是生态整合性（张志诚等，2005；肖风劲等，2002）。

IDRC（加拿大国际发展研究中心）项目探讨了城市生态系统健康的概念及评价指标体系建立的理论、方法，但没有完整应用于实践研究。郭秀锐等（2002）从活力、组织结构、恢复力、生态系统功能的维持、人群健康状况等方面构建了完整的城市生态系统健康评价指标体系，并采用模糊数学方法建立了评价模型，并对广州、北京、上海3个城市的总体健康状况进行了比较分析。曾勇等（2005）用压力-状态-响应机制建立了评价指标体系，并用模糊优选模型对上海市城市生态系统健康进行了时间序列评价。但是，上述两种评价方法均难以识别城市子系统的相对健康水平。胡廷兰等（2005）从城市亚系统发展水平和协调度两方面出发，构建了城市生态系统健康评价模型，并应用于宁波市的生态系统健康评价，但其研究中存在评价标准的客观性问题。针对目前研究中存在的不足，本书在详细分析城市生态系统健康概念的基础上，构建了城市生态系统健康综合评价模型。该模型可以清晰地辨识城市整体健康状况和各子系统的相对健康状况。

城市生态系统是由自然子系统、经济子系统、社会子系统构成的三维结构复合系统，而且其每一子系统都是一个多维空间。城市生态系统健康主要包括3个方面（桑燕鸿等，2006）：a. 组成城市生态系统的各子系统—自然、经济、社会子系统的健康，即各子系统有活力，结构合理，有能力满足城市居民的合理需求，具有一定的抵抗外界干扰的能力；b. 各子系统之间的协调统一，不以危害某个子系统的健康为代价谋取其他子系统更高的健康水平；c. 城市生态系统是适宜人类居住的，城市健康的一个必要条件是必须保障城市居民的健康，以及与此有关的环境、居住、能源、交通、城市规划等（Moore *et al.*，2003）。

2.2.3　城市生命体与健康诊断理论

国家重点基础研究发展973计划项目《现代城市"病"的系统识别理论与生态

调控机理》，将城市复合生态系统定义为城市生命体，从生物哲学和复杂系统学说出发，辨识城市发展中出现的城市"病"现象。该理论认为，城市作为一个高度复杂的综合系统，它与自然生命体一样，具有类似的发展演化规律。从宏观角度看，城市化 S 曲线与生物生长 S 曲线非常相似。因此，提出"城市生命体"的概念，以期应对城市研究中遇到的综合性、复杂性和不确定性等特征。

城市生命体（图 2-1）是指由土地、交通、建筑、人口、能源、资源等组分组成，能通过与生物体相类似的自养或异养的新陈代谢方式进行能量转换、物质循环和废物排泄，具有在时间和空间上的生长、消亡及自我更新的自然演化过程，并能进行适当的调控并实现自我繁殖的复杂物质系统（黄国和等，2006）。

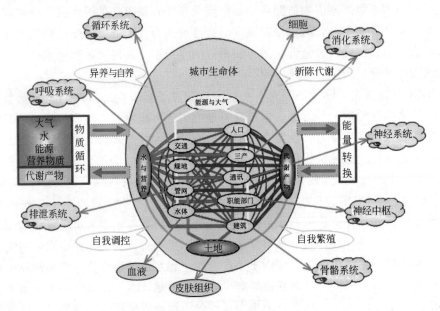

图 2-1　城市生命体示意图

将生命体概念引入城市科学研究中[1]，将有助于对城市系统的组成、结构、演变以及物质与能量循环进行全方位综合分析，从而从本质上把握城市系统运行的内在规律，为从根本上解决现代城市"病"问题提供有效的理论基础和方法体系。

基于城市生命体理论为研究可持续交通提供了应对系统复杂性和不确定性的理论基础。它从生命科学的角度，将城市视作一个有机的生命体，而交通则被视为承载和连接系统中多个对象的骨骼和动脉。由此，将城市交通称为城市生命体承载系统，如图 2-2 所示。

具体而言，基于城市生命体承载系统概念的可持续交通具有以下科学意义：

---

❶ 资料来源：国家重点基础研究发展计划（2005CB724205）资助课题《现代城市"病"的系统识别理论与生态调控机理》任务书，2005.

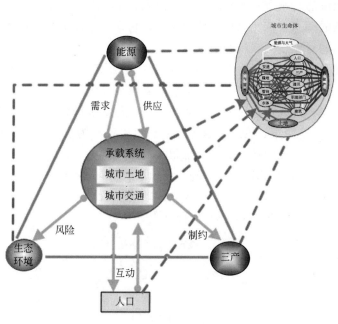

图 2-2　城市生命体承载系统示意图

① 城市生命体承载系统是城市生命体的重要组成之一，它与城市的经济、社会、人口、能源、资源、环境 6 大驱动力之间存在动态关联的关系。同时，它可以体现城市健康的动态响应关系，承载系统的健康状态是城市生命体健康状态的表现之一。

② 通过城市"病"的系统识别理论与生态调控方法的建立，有效反映城市生命体系统的各种复杂性及相应的特征与规律。从可持续交通的角度，探索城市生命体承载系统的不确定性及其内部关系的复杂性，将有助于开发一系列量化、识别、评价与调控方法体系，从而指导城市交通问题的风险评价和决策分析。

2.3　城市交通与土地相互作用

2.3.1　城市道路的功能

城市形态与交通、土地利用是相互作用和相互影响的，在研究城市交通问题时，离不开城市形态和城市的土地利用问题。因此，在探讨城市的交通问题时，不仅要考虑交通，还要充分考虑与城市形态和城市土地利用的关系，否则交通问题就无法得到实质的解决（石京，2006）。城市功能空间的分离，导致城市产生了除了居住、工作、游憩以外的第 4 个功能，即"交通"的产生。国内外城市的发展史，充分说明了城市与交通之间互相促进的关系。新的卫星城和开发区域往往是沿着主要交通干道形成的。城市交通系统是一个由人、车、道路、公交系统，以及环境组成的相当复杂的动态系统。根据系统学原理，它是一个复杂的、开放的系统。城市交通系统输送的对象包括客流和物流。

城市交通具有如下特点（石京，2006）：①近距离交通为主；②具有每日周期性和每周周期性；③城市中心和交通枢纽具有聚集效应；④方向性，呈现面向城市中心的向心形态；⑤人员出行的交通方式较多，包括步行、自行车、摩托车、小汽车（含出租车）、公交车、轨道交通等；⑥物流以汽车为主，摩托车和自行车也有应用；⑦各种交通方式的运送能力差别很大；⑧具有量大、密集的特点。城市道路不仅是城市中最基本的基础设施，而且对于城市的形成具有非常重要的作用。道路的功能可以分为交通功能（traffic）和空间功能（石京，2006），前者又可以划分为通行（transit）和进出（access）功能（表2-1）。

表 2-1　城市道路的功能分析

功　能		效　果
交通功能	(1)通行功能 为汽车、自行车、行人等的通行提供服务	确保道路安全 缩短时间距离 缓和交通拥堵 降低运输成本 减轻交通公害 节约能源
交通功能	(2)进出功能 为进出道路沿途的土地、建筑物、各种设施进行服务	地域开发的基础设施建设 扩充生活基础设施 促进土地利用
空间功能	形成城市的骨骼,形成城市的景观 确保良好的城市环境 防灾 收容公共公益设施 形成社区	形成城市轮廓及其印象,形成城市景观 绿化、通风、采光 避难通路,消防活动,防止延烧 收容电力、电话、煤气、上下水道、地铁等 促进邻里的交往

文献来源：石京，2006.

2.3.2　交通与土地利用

如同生产力发展到一定阶段就要求生产关系发生变革一样，城市交通发展到一定程度就必然要求交通结构、运输结构和道路结构进行变革，不但要求发展新的交通工具，修建新的道路，而且还要求合理而高效率地组织交通。为了充分发挥各种交通工具和道路设施的效率，就要把不同功能要求的交通组织到不同的运输系统和道路系统中去，主要表现在以下3个方面：①运输性交通与生活性交通的分流；②快速交通与一般常速交通的分流；③机动交通、非机动交通及步行交通的分流。

城市用地类型与城市的交通具有紧密的关联关系。表 2-2 体现了 1990～2000年间我国部分城市建设用地中工业和道路交通用地比例的变化。我国规定道路用地标准为 8%～15%（黄建中，2006），虽然目前较多大城市正在接近这一水平（如

表 2-2　部分城市工业用地和道路用地比例

对象	工业用地				道路用地			
	1990 年		2000 年		1990 年		2000 年	
	面积/km²	比例/%	面积/km²	比例/%	面积/10⁴m²	比例/%	面积/10⁴m²	比例/%
全国	3070	26.45	4874.45	22.04	89160	6.94	190356.52	8.48
北京	63.9	16.08	83.99	17.14	2434	6.12	4198.84	8.57
上海	64.1	26.62	384.65	26.40	1787	7.15	8147.06	14.82
天津	87.1	27.5	86.15	22.33	2825	8.44	4168.07	10.80
沈阳	31.9	19.64	47.19	22.75	1544	9.41	3116.65	14.72
武汉	46.0	31.10	56.20	23.27	1059	5.59	1535.08	7.31
广州	50.6	27.54	79.67	20.67	1085	5.79	3923.00	9.11
哈尔滨	30.6	23.32	42.29	25.23	1393	8.93	1144.47	6.83
重庆	21.6	24.97	47.61	20.60	1020	7.40	1262.50	6.75
西安	29.7	24.63	35.40	20.20	1020	7.40	1262.50	6.75
南京	21.4	20.36	29.65	18.39	947	7.35	2185.00	10.85
十城平均	44.69	24.18	89.28	21.70	1488.20	7.53	3181.96	9.83

文献来源：阎小培等，2006.

上海、沈阳等），但是我国的这个指标与发达国家相比（如巴黎为 27.0%，伦敦为 22.2%）还是较低，尤其是北京、武汉、重庆、哈尔滨等城市的比例偏低。

2.3.3　交通对土地的影响

交通通过改变区位的可达性影响个人、家庭和企业的空间区位决策。在以成本最小或收益最大化为基准准则的前提下，交通系统对农业用地、工业分布与集聚产生影响（黄建中，2006；Hoy，1962），即人们对土地的开发倾向于接近交通便利的区位。当只考虑交通成本和土地价格时，各类土地利用者选取不同的区位行为，导致商业一般选择市中心区，农业处于城市最外层，中间则分布工业与居住区（Alonso，1964）。轨道交通或大容量道路网对沿线的土地利用具有强烈的空间吸引和分异效应，对居住用地、公共用地的吸引符合距离衰减规律，而对工业用地产生排斥（王春才，2006；毛蒋兴和阎小培，2005；王锡福等，2005a；2005b）。除了造成土地利用性质分异以外，交通还在以下三个方面影响。

(1) 交通土地的占用　交通土地的占用表现在城市道路用地和停车用地。城市道路用地用于保证基本的交通活动，OECD 组织成员国的城市道路用地约达到总土地面积的 25%～40%，但北美国家的发展规律与我国存在较大差异，并不一定适合我国。我国属于高密度开发城市，交通土地占用较低。土地占用以满足城市出行与货运需求，与城市经济水平相匹配为宜。

(2) 交通对土地价格的影响　交通是土地价格形成的重要区位因素，目前研究的一般结论认为交通因素可以提高土地价格，其作用可以分为两部分：一方面，交通的便捷性减少了人们到达某个区位的时间或成本，提高了该区位的吸引力，引起土地活动增加，价格上涨；另一方面，交通因素产生噪声、提高犯罪率等负面因素，这种负面因素到达一定程度时会抵消便捷性带来的积极作用（Murtaza and Miller，2001），如铁路、航空噪声过大，对居住用地地价产生排斥作用。目前的实证研究证明轨道交通（Bowes and Ihlanfeldt，2001）、快速公交（Diaz，1999）、主要道路（蒋芳和朱道林，2004）、公交路线（王真，2009b）对城市土地具有正面影响，交通距离（王真，2009b）对城市土地具有负面影响，交通节点处的地价也往往高于其他地段（唐菊兴等，2001），地价与交通有极高的相关性，沿交通干道延伸明显。

(3) 交通对土地强度的影响　城市的土地开发模式与城市中的交通形式紧密相连。城市主要交通方式的运量越大，所形成的城市内聚力就越强，城市常常成紧凑的形态（张小松等，2003），城市主干道（毛蒋兴和阎小培，2005）、城市轨道交通（张小松等，2003）可以促进沿线土地的高密度开发。

交通和土地实际上是互相影响的两个子系统，他们之间存在着复杂的关系，城市结构可以理解为交通和土地利用相互作用的结果（Chang，2006），如图 2-3。一方面，土地利用形态是产生城市交通的原因，决定了城市交通的发生和方式；另一方面，城市交通系统的发展又对城市空间结构和土地利用的形态产生作用，改变城市的可达性，而可达性对城市用地规模、强度及空间分布有决定作用（冯四清，2004；张毅媚和晏克非，2006）。因此，可达性是土地利用和交通之间的关键连接环节（Martínez，1995）。

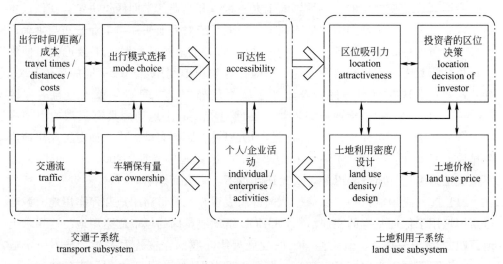

图 2-3　交通与土地利用之间的相互作用关系

2.4　外部性理论

外部性产生于不完全竞争市场中，被交易产品的成本和收益没有完全被市场交易包括在内，未交易的这一部分就是"外部性"（覃成林和管华，2004）。外部性常常表现在不具有明显的排他性的公共物品和公有资源上。一个人使用公共物品和公有资源时并不排除其他人的使用。非排他性物品的特征是存在一定"临界点"，当到达这个临界点前，消费者之间的相互影响是可以忽略不计的，但一旦超过这一临界点，消费者之间的活动就会造成明显的影响，如"搭便车"和"公地悲剧"现象（曼昆，2006），其本质是因为产权不明确或缺失造成了市场激励和市场失灵。

外部性通常可以分为两类，即正外部性和负外部性，也称外部经济与外部不经济，如图2-4。负外部性表现为边际私人成本（MPC）小于边际社会成本（MSC），在需求不变的情况下，低成本 P_2 鼓励了消费，消费量从 Q_1 增加到了 Q_2，因而导致了市场的失灵。同样，正外部性下，市场同样达不到帕累托最优。经济学研究认为，外部性成本游离于价格体系之外，是无效率的，只有通过政府的干预调控行为才能解决市场失灵问题（贾丽虹，2007）。

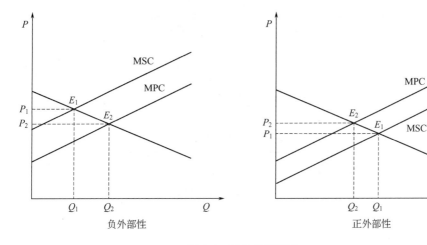

图 2-4　行为的外部性

城市交通系统中的道路、清洁空气等组成要素都具有公共物品和公有资源的非排他性特征，其外部性也表现为正外部性和负外部性两部分。交通活动对大气的影响主要表现为交通排放导致大气质量下降，从而影响他人享有清洁空气的权利，因而是负外部性；交通对声环境的影响表现在机动车运行，形成噪声和振动，影响人们的正常生活和情绪，是负的外部性；交通对土地的影响，表现为交通促进土地价格增长、土地利用强度增加、交通拥挤等，既有正外部性也有负外部性。交通对经济发展提供了很大的正外部性，远远超过交通活动直接或间接支付的费用。此外，交通的外部性还体现在政治、文化、人民生活等方面（表2-3）。

有学者以欧洲某城市为例，研究了使用汽车的外部性成本（2005年），总结如表2-4所示（Proost *et al.*，2001）。可以看到，使用汽车的外部性成本要远远大于税额，也就是说，社会成员被动的替汽车使用者分担了绝大多数的边际外部成本。

表 2-3　交通对社会经济环境的影响分析

类　型	指　标	性质	度　量	度量单位	理想值
经济影响	物流	＋	定性,可能转化成定量	元	—
	旅游	＋		元	—
	生产运输	＋		元	—
政治影响	军事作用	＋	定性描述	—	—
	城市声誉	＋		—	—
文化影响	历史遗产	＋	定性描述	—	—
	人文景观	＋		—	—
人民生活影响	客流,客运	＋	可以定量	人・km;t・km	—
	通勤/上学	＋	可以定量	人・km	—
	动迁的心理影响	—	定性描述,半定量分析	动迁人数	—
	交通安全影响/事故成本	＋/—	定量分析	人/元	—
	交通拥堵损失/时间成本	—	半定量分析	元	—
资源消耗	石油原料消耗	—	定量分析	t/a	—
	土地资源需求	—	定性/定量分析	km^2	—
	金属等矿产需求	—	定量分析/物质流分析	t/a	—
对环境影响	空气污染	—	车辆尾气排放(CO,NO_x)	ppm	国家Ⅱ级
	水质污染	—	BOD	ppm	国家Ⅱ级
	噪声	—	车辆噪声	dB(A)	50
	振动	—	车辆振动	dB	70
	温室效应	—	CO_2 等		

文献来源：张举兵等，2006. 有改动.

表 2-4　使用汽车的边际外部成本以及税收成本

外部性归类	汽油机		柴油机	
	高峰值	非高峰值	高峰值	非高峰值
空气污染	0.004	0.004	0.042	0.026
交通事故	0.033	0.033	0.033	0.033
交通噪声	0.002	0.008	0.002	0.008
交通拥堵	1.856	0.003	1.856	0.003
合计	1.895	0.047	1.932	0.068
税额	0.12	0.11	0.08	0.07

文献来源：Proost *et al.*，2001.

　　交通污染排放主要来自于机动车运行时的尾气、曲轴箱窜气和汽油蒸气三种途径，其中尾气排放的贡献率最大，占到 HC 排放的 55％，而 CO 和 NO_x 则均为 100％。另外，油箱和化油器挥发占 HC 排放的 20％，曲轴箱窜气占 HC 排放的 25％（李岳林等，2003），应首先予以控制（郁亚娟，2007）。除此之外，污染物还有 VOCs、PM_{10}、PAHs、有机铅等，这些污染物对城市环境的影响机理和范围不同。

　　交通排放的 NO_2 在波长 290～430nm 紫外光照射下，分解为 NO 与基态氧原子，基态氧原子很快与大气中的氧分子生成 O_3，当大气中的 VOCs 达到一定浓度时，与 O、NO 和 NO_2 形成一系列复杂反应，生成淡蓝色的具有强烈刺激性的混合气体，造成光化学污染，形成一种浅蓝色烟雾，它是一种具有强刺激性的有害气体的二次污染物（李岳林等，2003；Deng，2006）。尤其在交通发达地区和夏日阳光充足时，更加促进光化学烟雾的产生。光化学污染物会刺激眼睛、影响肺功能和显著提高哮喘发病率（许淮生，1996）。

CO 为机动车运行时化石能源不完全燃烧造成的污染，交通 CO 排放贡献了城市 CO 排放的 50% 以上（李昭阳等，2005），CO 与血红蛋白具有极高的亲和力，吸入 CO 可能造成头晕、恶心、意识模糊等症状，严重时导致缺氧窒息死亡。炭完全燃烧的产物 CO_2 虽然对人、物无害，但其滞留在大气层中造成温室效应，已经成为全球性的气候变化问题。

交通扬尘及粉尘排放是城市主要粉尘来源之一，PM_{10} 和 $PM_{2.5}$ 对人体健康具有严重的负面影响，可能导致死亡、慢性支气管炎、心脑血管疾病、哮喘等多种症状，并可能携带细菌，与其他污染物协同作用提高毒性（Pan et al.，2007；Zhou and Tol，2005）。

除以上的常规污染物以外，交通运输使用的化石能源燃烧产生的有机铅、汞和 PAHs 虽然含量不高，但这些污染物对人体健康的影响多是负面的，部分 PAHs 是高致癌致病污染物（Yu et al.，2007）。表 2-5 总结了交通大气污染物的一些特性与危害。

表 2-5　交通大气污染物的成因及其危害

污染物	污染成因及特征	危　害
NO_x	化石燃料中的 N 元素燃烧产生，造成光化学污染物条件之一。受化石能源质量、机动车发动机水平影响	酸雨、光化学污染（Mauzerall et al.，2005）、提高哮喘发病率（陈秉衡等，2002）、生成亚硝酸盐致癌（廖永丰等，2007）
VOCs	机动车泄漏、不完全燃烧及润滑油品挥发等原因产生，光化学污染物重要前体物	恶臭，形成光化学污染（Mauzerall, et al.，2005）
CO	燃料不完全燃烧，无色无味	造成恶心、呕吐、眩晕等症状
CO_2	完全燃烧产生，无色无味，吸收阳光中的红外线，并阻止红外线通过	全球温室效应
PM_{10}	来源于交通扬尘、尾气颗粒物，其中的颗粒物主要为 $PM_{2.5}$	$PM_{2.5}$ 造成肺损伤（许真和金银龙，2003），造成呼吸系统和心脑血管疾病（Pan et al.，2007；Dockery et al.，1993），死亡（Daniels et al.，2000）
PAHs	有机物在高温下不完全燃烧形成的多环芳香烃类物质，在动植物体内富集	皮肤/眼睛刺激、免疫毒性、遗传毒性和高致癌性（Flowers et al.，2002）
重金属	汽油中添加四乙基铅作为防爆剂，在动植物体内富集	人体器官永久性损伤、智力低下、骨骼发育不良、消化功能减退、内分泌失调、贫血、高血压、心律失常、肾功能障碍、免疫功能下降（田华，2008）

2.4.1　噪声和震动

城市交通，特别是公路交通的噪声来源有两大类：公路建设过程中产生的噪声和公路服役期交通流产生的噪声。其中公路建设过程产生的噪声是非连续型的，仅在某一特定时期造成影响，不是本书关注的重点。公路服役期交通流是城市日常生活中最常见的噪声源，即为狭义的交通噪声。

公路交通噪声产生的原因总体上可以分为：a. 交通工具运行时自身产生的噪声，如发动机发动、轴承摩擦、车辆的振动等；b. 车轮与路面接触、摩擦产生的噪声，其噪声大小与车重、车速、轮胎表面特征有关（祝海燕和曹宝贵，2006）。

交通噪声的大小受下面 6 个因素影响：a. 邻近公路车流量越高的，噪声越大；b. 邻近公路车速越高的，噪声越大；c. 重型车辆比例越高的，噪声越大，例如货柜车（集装箱车辆）；d. 公路路面质量越低的，噪声越大；e. 离公路越近的，噪声越大；f. 离公路同一距离，普通住宅楼层越高的，噪声越大；虽然不排除到达一定高度就减弱的可能，但以现在一般高层为 32 层来说是如此；g. 有道路隔声屏障的，要比没有隔音屏障的轻；h. 有建筑体阻隔的要比没有的影响轻（张举兵等，2006）。

长期暴露于噪声中可能导致听觉损害、干扰交流、降低睡眠质量、影响心理情绪等方面的危害（Colvile et al.，2001；WHO，1995），此外 WHO 研究表明持续的噪声暴露会明显提高心肌梗死的发病率（WHO，2005）。而交通振动的危害主要是指对人的心理和生理的影响、对精密仪器的损害、对建筑物的损害等方面。

2.4.2 能源消耗

城市交通系统的能源消耗，主要体现在各种交通工具的运动过程之中，对各自不同的能源的消耗，对此国外已有相当丰富的研究。各种城市客运交通方式在不同载客率（occupancy rate）情况下的能源消耗状况如表 2-6 所示（沈未等，2005；陆化普等，2004）。由此可知，提高小汽车和摩托车的承载率可以降低城市总体能耗水平，但是如果公共交通服务面窄的话，就会使得载客率降低，从而削弱公共交通能耗上的优势，以致对整个城市的交通体系产生负面效应。

表 2-6 各种交通方式在不同承载率下的能耗

交通方式	座位容量	车公里能耗/MJ	人均能耗/[MJ/(人·km)]	不同承载率(%)下的能耗/[MJ/(人·km)]			
				25	50	75	100
小汽车	4	3.64	0.91	3.64	1.82	1.21	0.91
摩托车	2	1.25	0.63	—	1.25	—	0.63
BR 电车	330	88	0.27	1.06	0.53	0.31	0.27
地铁	580	122	0.21	0.84	0.42	0.28	0.21
公共汽车	75	14.05	0.19	0.74	0.37	0.25	0.19
步行	—	—	—				0.16
自行车	—	—	—				0.06

文献来源：陆化普等，2004；沈未等，2005.

2.4.3 交通拥挤

改革开放以来，我国城市获得了前所未有的蓬勃发展。然而伴随而来的交通拥堵问题却日趋严重，尤其是在上海、北京等特大城市，交通拥堵已成为严重制约城市社会经济发展的瓶颈。从经济学角度的分析可以看出，基于城市道路非竞争性和非排他性的公共物品性（闫庆军等，2005），仅靠加大路网密度、扩展道路宽度等增加交通供给的手段将不能从根本上解决交通拥堵问题。

拥堵定价理论可以简单地用图2-5和图2-6来表示（韩小亮，2006）。D代表需求曲线，它也等同于个人边际收益（marginal private benefits）和社会边际收益（marginal social benefits）；MPC是个人边际成本（marginal private cost）它与社会平均成本ASC（average social cost）相等；MSC是社会边际成本（marginal social cost），如果道路畅通，它与个人边际成本MPC相等，而当交通拥堵发生时，它必然大于MPC，而且道路越拥堵，两者的差异就越大（许薇等，2006）。

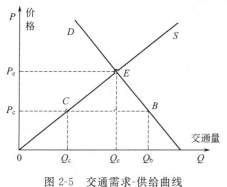

图2-5　交通需求-供给曲线

文献来源：韩小亮，2006.

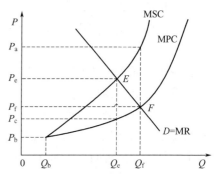

图2-6　过量需求产生的原因分析

文献来源：许薇等，2006.

由此可见，如果仅仅考虑当前的交通状况，大量投资修路往往是很有吸引力的创造社会效益、解决交通拥堵的方法，而且常常被认为很有必要。但这种做法很可能制造出更难解决的交通拥堵并导致对土地使用的严重浪费和对道路修建的过度投资，其必然结果是给整个社会带来沉重的负担（许光清，2006）。

2.5　不确定性理论

不确定性是指缺少对特定因子、参数或模型的了解。例如，我们不能确切知道某街道在某时刻NO_x或者CO等污染物的瞬时浓度。不确定性包括参数不确定性（测量误差，采样误差，系统误差），模型不确定性（对真实物理过程的必要简化，模型结构不合理，模型滥用，或使用不正确的代变量导致的误差）和方案不确定性（描述性误差，聚合误差，专家判断和不完全分析误差）。Morgenstern（1995）将不确定因素分为人为管理因素（human uncertainty）、模型因素（model uncertainty）和参数因素（parameter uncertainty）三大类。

近十年来，环境模拟模型的不确定性分析研究取得了迅速进展，新的理论和分析技术，特别是随机理论、模糊集论、灰色系统、混沌理论、小波分析、神经网络、遗传算法、物元可拓和投影寻踪等环境领域，极大地促进了该领域的发展。环境系统是一个包括随机性、模糊性和灰色性等多种不确定性信息的系统。不确定性分析最初主要采用单一分析途径。事实上，随机性、模糊性和灰色性等多种不确定性共存于资源环境系统之中。为了克服单一的随机分析、模糊分析和灰色分析的不足，出现了将多种不确定性分析相互耦合用于环境系统分析和模拟的新思路（李祚泳，2002）。

城市生态系统是一个复杂巨系统，而城市交通系统存在于城市生态系统中，研究城市交通系统和研究城市生态系统相似，都需要借助复杂性科学的思想和理论，从多学科交叉方面来进行整体上的探索。城市发展过程中的复杂性和不确定性是城市形态变化的主要因素，多样性、复杂性和不确定性渗透于城市生态系统演化的整个发展过程中。城市高度非均匀的空间结构与其高度有序的动力学过程是紧密耦合的。

在城市交通系统的管理模型和辅助决策过程中，数据信息表现为对象和属性之间的关系，这类数据信息中存在不确定性。基于城市交通管理模型的不确定性来源，按照时间顺序分为3个阶段：首先是在建立模型之前，来源于研究者对城市交通及生态系统的认识、分析、识别过程；其次是来源于管理模型的过程中，包括选择哪个软件、如何进行参数调试、如何抽象等；第三是在模型初步完成后，进行多情景分析、方案执行、评估、反馈，也存在许多不确定性因素（图2-7）。

不确定性在城市交通系统管理中是始终存在的，从系统识别、内涵界定、建模、模型验证、模型应用等各个阶段都与不确定性紧密关联。在建模过程中，数据不确定性及模型变量/参数的设计、筛选等过程，都必须分析它们的不确定性，并根据它们的特点选择适当的方法，其基本流程见图2-8。

具体来说，数据不确定性及模型变量/参数筛选等过程主要包含以下7个步骤：①研究对象调查；②初步收集资料；③根据资料获取难度和可得性，综合定性判别数据不确定性，判别的依据是获取难度和不确定性的两两组合；④筛选模型变量/参数；⑤初步输入模型并验证，包括合理性检验、敏感性分析等；⑥如初步验证可行，则保留该参数/变量，反之则返回前一步骤继续筛选；⑦确定模型所需的基础变量/参数后，实现模型功能，如模拟、预测和反馈等。

不确定性分析和推理中有时会出现这样一种情况：用不同的不确定性分析方法进行推理到得到了不同形式的不确定性表达函数/参数，也就是不确定性在组合表达时需要用合适的算法/形式对它们进行合成（张留俊等，2007）。在不同的不确定性分析方法中，所采用的不确定性合成方法各不相同，主要有以下4种：①模糊不

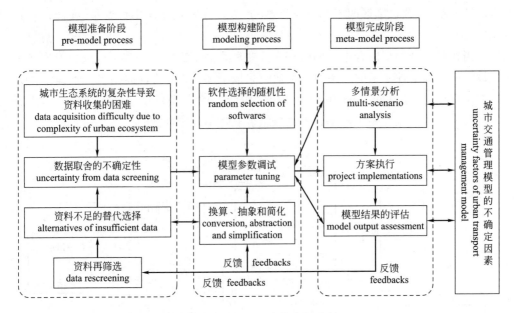

图 2-7　模型不确定性来源分析

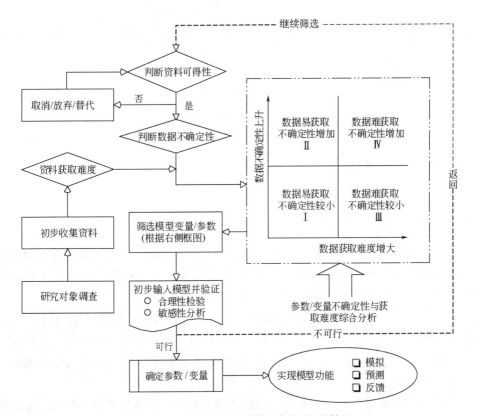

图 2-8　数据不确定性及模型参数/变量筛选

确定性变量/参数；②区间不确定性变量/参数；③随机不确定性变量/参数；④其他形式。

当在同一个模型组合中，同时存在这些形式的不确定性并需要以组合形式来表达最终的不确定性变量的结果时，本研究采取图2-9的方法，即把多个不确定性分析方法放在同一层次的分析平台上，以"组合"的形式来表达最终结果。具体而言，就是把区间数、随机概率、模糊数组合表达不确定性的。

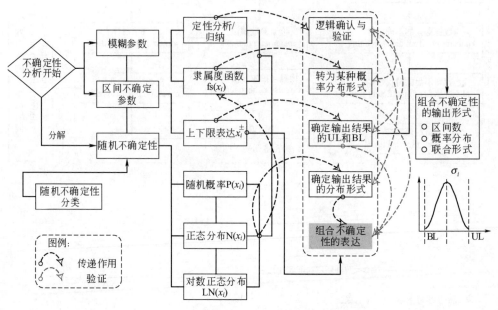

图 2-9　组合不确定性及其传递输出形式

2.6　最优化理论

2.6.1　最优化理论的内涵与分类

最优化理论，也即运筹学，起源于战争中的资源分配，在第一次世界大战中取得极大的成功（甘应爱等，1990），之后随着计算机的发展与普及，最优化理论得到广泛的应用。最优化问题的基本形式为给定约束条件，求目标函数 $f(X)$ 的最大或最小值。在一般情况下，若目标函数 $f(X)$ 为凸函数，则最优化问题 P 的可行集 R 和最优解集合 R^* 为凸集，P 的任何局部最优解都是全局最优解，且最优解是唯一的（傅英定等，2008）。因此，只要约束条件不够严格，凸规划存在解集空间，就存在全局最优解。

最优化理论从诞生开始起就是一门应用数学科学，其本质是以数量化为基础的决策科学。最优化方法本身含有两方面的含义：①任何决策都包含定量和定性两方面，最优化方法是提供量化分析，提供定性和定量的决策支持；②最优化强调的是最优决策，但实际上"最优"只是理想状态，在实际生活中，往往使用次优和满意解。最优化过程实际上是为决策提供数学解决方案的过程，因此人机交互、决策者与决策支持者交互的作用非常重要，前英国运筹学会会长托姆林森（甘应爱等，1990）特别强调了协同合作，即决策者与决策支持、相关利益者之间广泛合作、渗透，以充分了解问题的特性，得到决策者充分满意的解决方案。

根据最优化所论及的问题与时间关系，可以分为动态问题和静态问题；根据是否存在约束条件分为有约束问题和无约束问题；根据目标函数和约束条件中的函数的形式，可以分为线性问题和非线性问题。一般的，约束条件越多，函数的次越高，时间跨度越大则优化问题越复杂，常见的最优化问题的特征如表2-7。在复杂系统的优化中，往往由于系统的复杂性、信息不完备性因素以及目前数学理论发展的局限，对具有高级目标函数和约束方程的系统会作一定程度的简化，便于建立标准的凸型最优化模型，探索系统优化的最优解。通常的方法如把复杂函数拉格朗日展开转化为二次或三次方程，非线性函数线性化等。

表 2-7　常见最优化问题及其特性

项目	问题形式	解条件	解特性	解法
线性规划	目标函数与约束条件都为线性方程	必须要有可行域，线性规划才有解；无界可行域可能无最优解	可行集为凸集；若存在最优解，则一定在可行集的顶点上	单纯形算法；修正单纯形算法
无约束最优化	仅存在目标函数		X 的梯度绝对值等于 0，或小于设定精度时，即为解	下降迭代算法；黄金分割法；二次插值法；共轭梯度法；牛顿法
非线性规划	目标函数与约束至少有一个是非线性的	Kuhn-Tucker 条件是极值点的必要条件；当规划为凸时，为充要条件	最优解满足 Kuhn-Tucker 的二阶充分条件	罚函数法；外点法；内点法
动态规划	过程和任意子过程的函数是各阶段指标函数的和、积或最小值	状态变量 x_k 无后效性，并具有转移方程，函数满足递推性	x_k^* 对于任意段过程都是最优策略	函数迭代法，策略迭代法
多目标规划	目标函数有多个	同对应的单目标优化	一般不存在绝对最优解，解空间上存在不分优劣的非劣解集	分层求解法，评价函数法

2.6.2　基本范式与交通环境管理最优化

在解决实际问题的过程中最优化问题形成了自己的工作范式，如图2-10。

首先，决策者、利益相关者和模型工作者对需要解决的问题交换意见，建立问题的优化模型；之后，采用一定的算法，必要时辅助计算机程序求解决策者的最优解、次优解和满意解，复杂模型下解的精度由决策者提供；第三步，对模型进行验证，检验其是否反映现实问题，若不具代表性，则重新建立模型；第四步，根据决

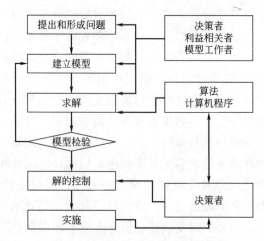

图 2-10 最优化过程的一般范式

策者偏好和解的变化过程，通过人机交互，确定是否需要添加约束条件控制解的输出；最后，得到决策者"满意解"返回决策者，由决策者实施完成。

交通系统是动态的、受环境、资源供给约束的非线性系统，首先交通是不断发展的，机动车保有量、出行、货运量都是与经济周期紧密相连的变量，处在不断地变化发展中，技术水平与政策水平也是在认识中不断加强；其次，可持续的城市交通系统是受环境、资源和出行需求制约的系统；最后，交通流量、机动车增长等交通系统的要素都是时间的复杂函数，并不满足线性条件，交通与环境、土地资源之间的作用也是非线性的（王真等，2009）。在因此城市交通系统的优化管理也应是动态的、非线性的，需要满足最优化理论的相关条件，复杂情况下可以做出适当简化。

3 北京市交通环境概况与问题基本诊断

3.1 北京市概况

北京市位于北纬 $39°26'\sim41°03'$，东经 $115°25'\sim117°30'$ 之间，坐落于华北平原的西北边缘，西拥太行山余脉西山，北枕燕山山脉军都山，东与天津相邻而面渤海，是连接我国东北、西北和中原的枢纽。北京的地势是西北高、东南低，西山与军都山在南口关沟处相交，形成一个向东南展开的半圆形大山弯，被称为"北京弯"，所围绕小平原即为北京小平原。其山区面积占 62%，平原面积占 38%，由 18 个区县组成。2005 年北京市常住人口 1538 万人，其中城镇人口 1286.1 万人，人口自然增长率 1.09‰。北京作为我国首都，是我国四大直辖市之首，是中国的政治、经济和科学文化中心，国内国际交流的平台和契合点，其经济、社会与环境的协调发展具有重要的意义。交通系统作为北京城市发展的载体，在社会经济活动中发挥着不可替代的作用。研究北京市交通问题，对我国解决快速城市化过程中的交通问题具有重要作用。

本书以北京市作为环境可持续交通优化管理的研究案例，其空间范围覆盖北京市 18 个区县，即：首都功能核心区（东城区、西城区、宣武区、崇文区）❶，城市功能拓展区（朝阳区、丰台区、石景山区、海淀区），城市发展新区（房山区、通州区、顺义区、昌平区、大兴区），生态涵养发展区（门头沟区、怀柔区、平谷区、密云县、延庆县），如图 3-1。本书以 18 个区县的交通环境为研究对象，由于北京市城市功能主要集中在城八区（首都功能核心区和城市功能拓展区），城市交通主

---

❶ 2010 年 7 月国务院正式批复了北京市政府关于调整首都功能核心区行政区划的请示，同意撤销北京市东城区、崇文区，设立新的北京市东城区，以原东城区、崇文区的行政区域为东城区的行政区域；撤销北京市西城区、宣武区，设立新的北京市西城区，以原西城区、宣武区的行政区域为西城区的行政区域。本书主要研究内容完成时间为 2009 年 12 月，全书是在北京市原有行政区划的基础上进行的相关数据分析，如无特殊说明，本书均使用原行政区划。

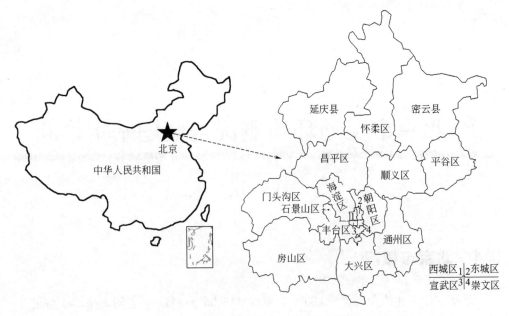

图 3-1 北京市区位及各区县行政区划图

要问题也集中在城八区，因此城八区也是本书的重点研究对象。

本书研究以建国以来到 2005 年的历史统计数据（其中以 1978 年后的分类统计数据为主）为基础，以 2005 年为基准年，研究分析 2006～2020 年的北京市交通环境。

城市交通环境主要受城市内部公路交通工具及出行影响，因此本书研究的交通环境对象主要是指地面公路交通，具体包括大小型客运汽车、货车、轿车、摩托车等交通工具以及它们承载的城市内部的道路交通出行，不涉及城市内部的轨道交通和城市与其他区域之间的空运、航运等。本书假设北京与周边区域之间的公路交通保持平衡，即机动车净流出或净流入均为 0。简言之，本章在 OECD 推荐使用的"EST 计划"框架下，利用系统动力学、运筹学等数学模型与工具研究北京市的机动车保有结构及其出行带来的环境问题的解决方法。

3.1.1 社会现状与城市化水平

北京市市辖 16 个区和 2 个县，2005 年人口密度达到 708 人/km²，北京市行政区域人口分布详细介绍如表 3-1 所示，相对而言，首都功能核心区和城市功能拓展区表现出很高的人口密集度，人口过于集中在城八区，造成城八区的交通需求远远高于其他两个功能区，必然导致城市交通运行集中于城八区内。

2005 年北京市城镇化水平为 0.838，城镇化水平高于全国平均水平。1982 年来，北京市历年的城镇化水平以平均 0.5～1.0 的百分点的速度快速增长，如图 3-2。根据《北京市总体规划 2004～2020》的预测，到 2020 年北京市总人口规模控

表 3-1　北京市行政区划与人口密度（2005）　　　　　　单位：人/km²

区　划	户籍人口密度	常住人口密度	区　划	户籍人口密度	常住人口密度
东城区	24142	21665	朝阳区	3759	6157
西城区	23941	20873	丰台区	3187	5128
崇文区	21669	18826	石景山区	4025	6214
宣武区	27705	28133	海淀区	4453	6004
房山区	379	437	门头沟区	164	191
通州区	694	957	怀柔区	129	152
顺义区	548	697	平谷区	415	436
昌平区	359	582	密云县	191	197
大兴区	547	855	延庆县	139	140

资料来源：北京市 2005 年统计年鉴。

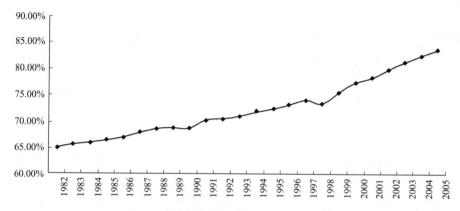

图 3-2　北京市城镇化水平（1982～2005）

资料来源：周一星，田帅. 以"五普"数据为基础对我国分省城市化

水平数据修补［J］. 统计研究，2006，（1）.

制在 1800 万人左右，城镇人口规模约 1600 万人，城市化水平约 90%。从目前的发展趋势来看，北京市的人口如果不经控制，2020 可能超过规划控制目标，城镇化将达到极高的水平，这为城市基础建设与城市空间布局带来极大的动力与压力，因此实际需要为交通基础设施预留一定的发展空间，以应对人口发展超过 1800 万人带来的不利影响。

3.1.2　经济运行现状

北京市经济发展多年来一直呈现出高速增长的趋势，2005 年北京市人均 GDP 为 45439 元，GDP 总值达到 6886.3 亿元，同 2004 年相比增加了 13.6%，同 2000 年相比翻了两倍多，增幅远超全国平均水平。

随着产业结构的转变，北京市经济呈现出明显的特色。2005 年，北京市 GDP 中，第一产业占 1.39%，第二产业占 29.43%，第三产业占 69.19%。北京市经济结构以高级服务业、都市制造业和新型制造业为主，重工业的比例下降（如表 3-2

所示）。这种经济结构转变对北京市客运交通环境系统有两方面的作用，一是重污染工业减少，低污染的服务业和新型制造业增多，使北京市产业污染排放减少，给交通出行污染排放提供了较高的环境容量；二是服务业和都市制造业多为劳动密集型产业，就业吸纳多，对北京市客运出行有一定影响。

表 3-2　北京市地区生产总值概括

项　目	1990	1995	2000	2001	2002	2003	2004	2005
地区生产总值/亿元	500.8	1507.7	3161	3710.5	4330.4	5023.8	6060.3	6886.3
第一产业/亿元	43.9	72.2	76.6	78.6	82.1	87.6	93.4	95.5
比例/%	8.77	4.79	2.42	2.12	1.90	1.74	1.54	1.39
第二产业/亿元	262.4	645.8	1033.3	1142.4	1250	1487.2	1853.6	2026.5
比例/%	52.40	42.83	32.69	30.79	28.87	29.60	30.59	29.43
第三产业/亿元	194.5	789.7	2051.1	2489.5	2998.3	3449	4113.3	4764.3
比例/%	38.84	52.38	64.89	67.09	69.24	68.65	67.87	69.19
人均GDP/(元/人)	4635	12690	24122	26998	30840	34892	41099	45444

资料来源：《2006 年北京统计年鉴》。

3.1.3　交通发展状况

3.1.3.1　道路状况

北京的道路网沿袭明清时期的格局，成棋盘式网络。建国以来，北京市道路基础设施的建设取得了长足的发展，道路网已初具规模，形成了以南北主干道、6 条环线和数条放射性主干道快速路为主骨架的道路交通网络（如图 3-3），"十五"期间，城市交通基础设施建设规模达到前所未有的水平，累计完成投资 1052 亿元，

图 3-3　北京市交通道路网图

资料来源：北京市城市总体规划（2004～2020）。

为同期 GDP 总额的 5.6％。2005 年，城八区城镇道路总里程为 4777km，其中，城市快速路 239km，城市主干道 1068km，城市次干道 1106km，城市支路 2012km，街坊路 987km；全市公路总长度达 146976km，其中高速公路 548km，一级公路 554km，二级公路 2368km，三级及以下公路 1126km，以国道、省道为主干，县乡路为支脉的放射性交通网络进一步完善。但北京市区道路网面积率仅为 12％，道路密度为 54.7km/km^2，全市道路特点是路网稀疏且结构不合理，东西向主干道多，南北向主干道、次干道和联络线较少（全永燊和刘小明，2005）。因此，北京市交通拥堵比较严重。目前，北京市城区内道路 90％以上处于饱和或超饱和状态，早晚流量高峰期间，城区内许多道路处于拥堵状态，经常发生交通拥堵的地段达 60 多处。就环路而言，2005 年二环主路全年平均速度为 51.3km/h，比 2004 年下降了 4.4km/h；三环主路全年平均速度为 57.75km/h。

3.1.3.2　机动车保有量

随着北京市经济的高速发展和人民生活质量的提高，机动车保有量也将呈现不断增高趋势，其中尤以小汽车增长最为明显，如表 3-3 所示。机动车保有量年均增长约 15％，呈爆发式增长趋势。1993 年，北京和香港机动车保有量持平，而到 2003 年，北京市机动车保有量已经达到香港市的 3 倍。

表 3-3　北京市载客汽车保有量变化　　　　　　　　　　　　单位：万辆

年　份	公交车	出租车	小汽车	载客汽车总量	机动车保有量
1993	0.437	4.32	17.583	22.34	56.4
1994	0.446	5.4	21.844	27.69	66.4
1995	0.446	5.41	30.994	36.85	80.4
1996	0.59	5.72	36.74	43.05	79.8
1997	0.95	5.77	50.72	57.44	101.9
1998	0.98	5.93	62.12	69.03	116.3
1999	1.15	5.95	67.13	74.23	124.2
2000	1.3	6.26	74.6	82.16	136.5
2001	1.42	6.17	84.01	91.6	156.5
2002	1.63	6.28	104.89	112.8	176.5
2003	1.63	6.23	133.54	141.4	199.1
2004	2.02	5.16	154.22	161.4	216.7
2005	1.94	6.6	179.76	188.3	246.1

资料来源：根据历年《北京统计年鉴》整理。

2005 年北京市机动车数量已达 246.1 万辆（包括货车），同比 2004 年增长 13.6％；其中轿车 124.1 万辆，占机动车总量的 50.4％，为最大的机动车类别。其次为轻型客车，共 53.9 万辆，占机动车总量的 21.9％；摩托车位列第三，共 26.5 万辆，占机动车总量的 11％。其他各类机动车的比例都在 5％以下，其中大中型客运汽车保有量仅占总机动车保有量的 2％，可见北京市的交通结构严重偏向于私人交通方式，公共交通供不应求（见图 3-4）。

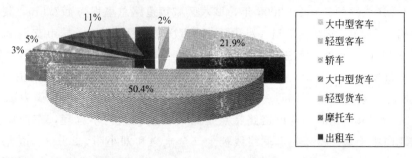

图 3-4   2005 年北京市机动车分类统计饼图

区域分布上，机动车分布呈现向城八区集中的趋势，其中东城区机动车共14.4 万辆，西城区 15.8 万辆，崇文区 5.9 万辆，宣武区 9.4 万辆，朝阳区 35.7万辆，丰台区 19.6 万辆，石景山区 6.2 万辆，海淀区 35.8 万辆，城八区共计142.8 万辆，占机动车保有量的 58%。城八区机动车密度为 10.4 辆/hm²，接近其他 10 个区县机动车平均密度的 15 倍。因此无论是数量还是密度上来看，城八区都是交通问题产生的集中区域。

3.1.3.3   客货运输发展与交通出行现状

2005 年，北京市客运量达到 60840 万人次，比 2004 年增长 22.3%，维持较快增长。货运量达到 32509 万吨，比 2004 年增长 2.6%，呈现平稳增长趋势。

根据《北京市交通发展年度报告 2006》与第三次北京市城市交通综合调查，北京市生活性出行（生活、购物、文化娱乐）占总出行的 66.0%，远远超过工作出行，比例与 2004 年基本持平。出行方式上，除步行外，自行车占总出行的30.30%，小型车出行占 29.8%，公交车占 22.74%。居民出行时间分布上，《2005北京市交通发展年度报告》表明在上午 7 点到 8 点和下午 5 点到 6 点呈现两个出行高峰，高峰出行量特征见表 3-4。

表 3-4   城八区各种出行方式的高峰出行量占全天出行比例

出行方式	早高峰		晚高峰	
	高峰时间段	高峰占全天%	高峰时间段	高峰占全天%
出行总量	7:00～8:00	23.25%	17:00～18:00	20.27%
步行	7:00～8:00	17.61%	16:30～17:30	11.69%
公交	6:30～7:30	20.44%	17:00～18:00	20.39%
私人小汽车	7:00～8:00	19.83%	17:00～18:00	16.33%
单位小汽车	7:00～8:00	16.14%	17:00～18:00	13.12%
自行车	7:00～8:00	20.39%	17:00～18:00	18.80%

资料来源：2005 北京市交通发展年度报告 2004。

机动车保有量与出行总量的快速增加，导致了交通的拥堵，表现在道路车辆平均运行速度下降。2005 年，二环路快速路平均速度为 51.3km/h，比上一年降低7.9%。非快速路由于车道供给与交通信号的影响，平均速度较低，五环以内主干道日均速度为 36.4km/h，早晚高峰期的速度进一步下降，为 32.3km/h。地面公交平均运行速度仅约 12km/h，与自行车平均时速持平，降低了公共交通对居民出行的吸引力。

3.2 北京市交通问题初步诊断

3.2.1 交通环境污染现状与分析

北京市交通环境污染主要表现在大气与噪声污染上，表 3-5 列举了近年来与交通相关的环境指标，包括 NO_2、CO_2、CO、PM_{10} 及道路噪声。其中大气环境质量各指标近年来呈逐年下降趋势，表明北京市总体大气质量好转，这与北京市实行机动车排放标准等各种控制措施有关，但不能判定交通改善对大气质量的贡献。

表 3-5　北京市交通相关的大气环境质量和道路噪声

年份	大气环境质量/(mg/m^3)				道路噪声环境质量/dB		
	NO_2[①]	CO_2	CO	PM_{10}	平均	内城	近郊区
1994	—	—	—	—	71.7	68.8	73.2
1995	—	—	—	—	71.7	69.6	72.8
1996	—	—	—	—	71.0	68.8	72.3
1997	0.177	—	3.3	—	71.0	68.4	72.5
1998	0.152	0.074	3.3	—	71.0	68.3	72.4
1999	0.140	0.077	2.9	0.180	71.0	68.4	72.5
2000	0.071	0.071	2.7	0.162	71.0	68.1	72.6
2001	0.071	0.071	2.6	0.165	69.6	67.9	70.5
2002	0.076	0.076	2.5	0.166	69.5	68.1	70.1
2003	0.072	0.072	2.4	0.141	69.7	68.2	70.3
2004	0.071	0.071	2.2	0.149	69.6	68.1	70.3
2005	0.066	0.066	2.0	0.142	69.4	69.5	68.4

① 2000 年前无可比指标数值，采用市区氮氧化合物。

资料来源：据 1994～2005 年北京市环境状况公报整理。

道路噪声环境质量受近郊区近年在交通噪声上取得的显著改善影响，城八区总体呈缓慢下降趋势，但内城道路噪声质量并无明显改变，这可能与近郊区城市新建道路等具有较好的条件，而内城内道路改造难度大，控制措施不易施行有关。与区域环境噪声的平均值相比（表 3-6），交通干线比环境噪声高出 16.0～17.1dB，近郊区交通道路噪声与区域环境噪声之间的差值更大。

宋艳玲等（2005）的研究表明，北京市的主要污染物为 PM_{10} 和 SO_2，随着工业污染控制与交通的快速发展，NO_x 污染逐渐增多。NO_2/SO_2 的比例逐年提高，呈明显的相关性，线性回归方程为：$y=0.0626x-124.16$，$R^2=0.965$，高度正相关。NO_2/PM_{10} 也从 0.43 逐渐上升到 0.45 以上。可见，北京市大气污染从以 PM_{10} 为代表的沙尘型和 SO_2 为代表的煤烟型污染逐步向 NO_2 为代表的汽车尾气型污染过渡（见图 3-5）。

表 3-6 北京市交通道路噪声与区域环境噪声对比

表 3-6　北京市交通道路噪声与区域环境噪声对比

年度	建成区道路交通噪声/[dB(A)]			建成区区域环境噪声/dB[(A)]			
	平均值	城区	近郊区	平均值	城区	近郊区	远郊区
2004	69.6	68.1	70.3	53.8	54.2	53.7	54.4
2003	69.7	68.2	70.3	53.6	54.1	53.5	54
2002	69.5	68.1	70.1	53.5	54.1	53.8	
2001	69.6	67.9	70.5	53.9	54.5	53.7	
2000	71.0	68.1	72.6	53.9	55.5	53.6	

资料来源：北京市环境状况公报整理。

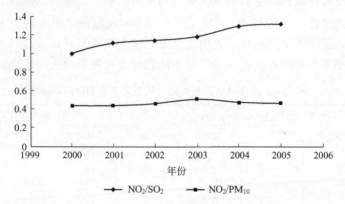

图 3-5　北京市 NO_2 污染发展特征趋势图

3.2.2　交通对土地的影响

郁亚娟（2008）对北京市交通与土地的研究表明，北京市机动车保有量随着交通道路的供应增加而增加，符合 Downs 定律（高万云，2001），道路的改善引发了更多的交通需求，但越来越大的交通需求使得道路建设难以为继，城市出现严重交通问题，进一步加大了对交通土地产生需求。以交通用地面积为因变量（y，单位：hm^2）、时间为自变量（x，单位：a），得到回归方程为：$y=1126.9x-2\times10^6$（$R^2=0.9316$）。

在城市化进程的背景下，北京市交通用地面积呈快速增长，可见，随着城市化进程的加快，道路建设随之加快，使得城市不断向外蔓延。从图 3-6 可见，北京市交通运输用地占地面积从 1992 年的 166.6 km^2 迅速增长至 2005 年的 268 km^2（如图 3-7 所示），以北京市 2005 年的平均地价 2496 元/$m^2$❶估算，北京市道路土地占用的价值达到 6690 $\times 10^8$ 元。

除占用价值之外，交通对周边土地也存在影响。以北京市近年来土地交易价格的监测来看，居民土地价格受距离市中心的距离，距离火车站的距离，1000m 以

---

❶ 引用中国网发布的《中国房地产发展报告 No.3》数据。

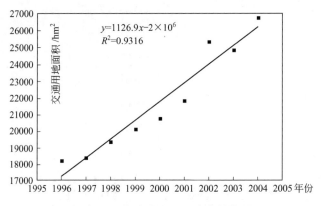

图 3-6　近年来交通用地变化趋势图

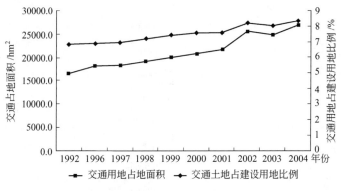

图 3-7　北京市交通用地占地情况

内公交车路线数等因素的影响，如图 3-8 所示。

居民土地价格与距离市中心的距离（m）呈反比关系，其拟合方程为：

$$土地交易价格＝\frac{617.05\times10^5}{距离市中心的距离}＋417.11\quad(R^2＝0.621)$$

1000m 以内具有相同公交路线的居民土地平均价格与公交路线呈指数关系，其指数拟合方程为：

$$平均土地交易价格＝1438.5\times e^{0.1127\times公交路线数}\quad(R^2＝0.8407)$$

居民土地价格与火车站的距离（m）呈反比关系，其乘幂拟合方程为：

$$土地交易价格＝\frac{4683.6}{与火车站的距离^{0.8076}}\quad(R^2＝0.5656)$$

土地交易价格与距离最近的道路的距离不具有明显的相关关系，但通过图 3-8 可以看出，土地交易价格集中在 1 万元以下，并且成交的居民土地 89.1％集中在距离最近道路 500m 以内，交通干道对居民用地具有强烈的吸引力。

可见，土地交易价格受距离市中心距离、公交路线数量和与火车站的距离的影响，其中与市中心距离和火车站的距离越大，土地价格越低，而土地越靠近交通便

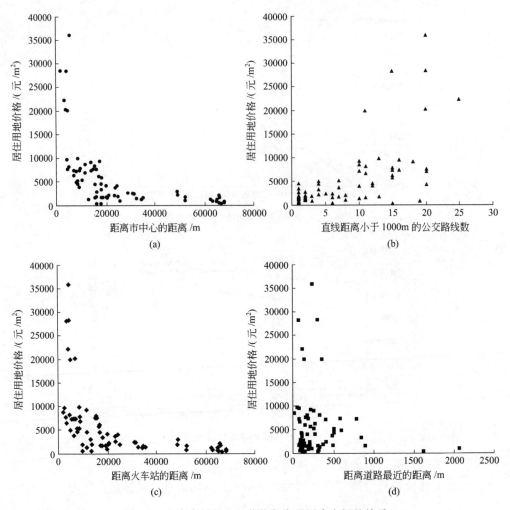

图 3-8　北京市居民土地价格与交通因素之间的关系

利的道路，土地价格越高，交通干道对居民用地具有强烈的吸引力。本书将在第 6 章中进一步阐述交通对居民用地价格的影响。

3.2.3　交通能源供求分析

城市交通系统的快速发展，特别是机动车保有量增加和机动车行驶总里程的增长，导致了能源需求的大幅度增长。目前北京市机动车的能源消耗品种主要包括汽油、煤油、柴油、液化石油气和天然气等。表 3-7 与表 3-8 为近年来用于交通仓储的能源供求表。

从表 3-8 的供需情况来看，北京市柴油和液化石油气完全依靠外部输入，而汽油供给近年来出现较大增长，从完全依赖外部输入到能实现部分自给。煤油的供给基本满足交通需求，而天然气的供给远大于交通需求，如图 3-9 所示。交通能源需

表 3-7　北京市可供消费的能源量

年份	汽油/10^4t	煤油/10^4t	柴油/10^4t	LPG/10^4t	天然气/10^8m³
2005	93.45	179.33	−27.83①	−9.76	31.74
2004	—	183.24	−45.25	0.21	27.02
2003	12.37	139.03	−61.39	−4.1	23.85
2002	−86.56	144.96	−125.29	−5.28	20.48
2001	13.8	128.59	−58.92	−6.97	16.74
2000	−24.3	116.22	−100.5	−8.49	10.97
1999	−18.91	107.77	−98.8	−4.83	7.58
1998	−38.4	90.79	−54.04	−5.4	3.8
1997	−62.02	88.79	−61.96	−3.94	1.84
1996	−55.64	84.49	−43.82	−5.08	1.5
1995	−24.62	65.70	−34.64	−2.56	1.21

① 负数表示本地机动车在外地的使用能源量。

资料来源：根据 1995～2005 年中国能源统计年鉴整理。

表 3-8　北京市交通运输仓储实际消费能源量

年份	汽油/10^4t	煤油/10^4t	柴油/10^4t	LPG/10^4t	天然气/10^8m³
2005	48.46	189.04	56.55	0.72	1.19
2004	—	181.84	49.64	0.82	1.70
2003	37.94	137.25	37.47	0.69	0.95
2002	22.48	144.26	44.07	0	0
2001	22.03	128.61	41.75	0.08	0
2000	8.80	117.27	25.68	0	0.43
1999	5.93	109.52	19.80	0.01	0.22
1998	4.00	90.39	19.3	0	0
1997	4.76	87.27	18.07	0	0
1996	3.72	84.40	18.03	0	0
1995	4.29	65.10	17.06	0	0.02

资料来源：1995～2005 年中国能源统计年鉴整理所得。

求增长强劲，从总的供给平衡来说，北京市的能源赤字越来越大，能源输入需求更大，不利于北京市的能源安全。

从能源类型情况看，交通运输及仓储用能源主要集中在煤油、柴油和汽油三类，从 1995 年到 2005 年，煤油需求增长了 1.9 倍，柴油增长了 2.3 倍，而汽油增长了约 10.3 倍，而汽油主要供给轿车等车型，汽油需求的快速增长反映了近 11 年来的两个显著变化：①私人机动车保有量的高速增长（近 11 年来，小轿车保有量增长了约 4.8 倍）促进了汽油需求的显著增长；②随着经济增长和城市扩大，人们的出行总量及距离也在增长。这两个因素共同造成了汽油消耗量的增加。

从环境角度看，污染较低的液化石油气和天然气开始进入交通领域，但所占能源消耗的总比例仍然很低，这反映了近年来北京市推进大型公交汽车、出租车等公共车型燃料改进的努力。污染较重的煤油、柴油仍然在能源需求比例中占据绝对优势。这种能源利用结构对北京市的大气环境造成沉重压力，但同时也为北京市交通

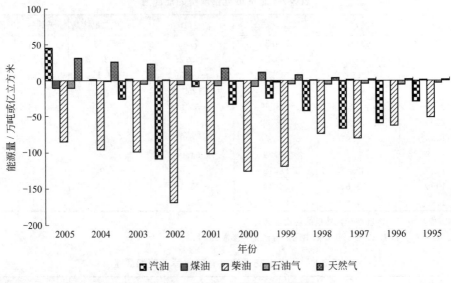

图 3-9　北京市交通能源平衡图

环境的改善提供了较大的潜力。

3.2.4　交通与社会经济的相互作用

交通作为城市社会经济系统的重要组成部分和承载体，受到社会经济技术、政策行为、文化、地理等因素驱动。相关分析表明交通土地利用/覆盖与人口变化、经济增长、居民消费等因素密切相关（刀谞等，2008），经济增长及人均收入的增长是推动汽车化发展的最重要因素（郁亚娟，2008）。表 3-9 为北京市交通土地面积与社会经济指标之间的相关关系，表 3-10 为北京市机动车与人均 GDP 之间的弹性系数（$y = C_2 x^2 + C_1 x + C_0$）。

表 3-9　常见社会经济指标与交通用地之间的相关系数

指　　标	与交通用地之间的相关系数	指　　标	与交通用地之间的相关系数
常住人口	0.95	人均地区生产总值	0.98
第三产业地区生产总值	0.98	第一产业地区生产总值	0.94
第二产业地区生产总值	0.95	居民消费水平	0.97
固定资产投资	0.34	总旅游人口数	0.75
人口密度	0.96	规模以上工业总产值	0.95
公路客运量	0.95	公路货运量	0.08
年末运营车辆	0.96	社会消费品零售总额	0.97

资料来源：刀谞等，2008.

本研究中，采用相关性分析和回归分析方法分析机动车保有量的社会经济驱动因子及它们的相互关系。一般情况下，机动车保有量的社会经济驱动因子包括人口

表 3-10　北京市机动车与人均 GDP 之间的弹性系数

NO.	时间	类型	C_2	C_1	C_0	R^2
1	1978～2005	民用机动车	—	0.7611	−0.6255	0.9794
2	1978～1991	民用机动车	—	1.0656	−1.3725	0.9837
3	1992～2005	民用机动车	—	0.7550	−0.6140	0.9670
4	1992～2005	民用机动车	−0.2715	2.5699	−3.6290	0.9747
5	1992～2005	私人机动车	—	1.8298	−4.6393	0.9202
6	1992～2005	私人机动车	−1.3225	10.6690	−19.3240	0.9498

资料来源：郁亚娟，2008。

变化、经济增长、富裕程度、交通需求等方面。因此本研究选取了交通土地供应（V02）、总人口（V03）、人均 GDP（V04）、人均可支配收入（V05）、恩格尔系数（V06）、交通邮电固定投资（V07）、铁路里程数（V08）、公路货运量（V09）、公路客运量（V10）等指标讨论了它们对机动车保有量（V01）驱动力的贡献。

表 3-11 是根据北京市 1996～2005 年统计数据利用 SPSS16 计算的各因素之间的相关性矩阵。从表 3-11 可以看出，除公路货运量外，机动车保有量与其他各因素高度相关，其中与恩格尔系数呈负相关，这表明机动车保有量随着交通需求（公路客运量）和供应（交通土地供应）的提高，人们生活水平的提高（恩格尔系数，人均可支配收入）和社会（总人口）经济（交通邮电投资额，人均 GDP）的增长而增长。通过相关分析得出，公路货运为非相关参数。

表 3-11　机动车保有量的社会经济驱动力的皮尔森相关系数

变量	V01	V02	V03	V04	V05	V06	V07	V08	V09	V10
V01	1									
V02	0.963	1								
V03	0.953	0.965	1							
V04	0.988	0.984	0.968	1						
V05	0.99	0.981	0.972	0.998	1					
V06	−0.948	−0.908	−0.916	−0.919	−0.92	1				
V07	0.911	0.917	0.863	0.915	0.918	−0.784	1			
V08	0.947	0.943	0.966	0.94	0.943	−0.979	0.797	1		
V09	0.207	0.308	0.383	0.289	0.298	−0.019	0.388	0.173	1	
V10	0.942	0.961	0.935	0.978	0.976	−0.822	0.92	0.863	0.402	1

由于剩下的 8 个因子之间存在较为明显的相关关系，若直接用于回归将产生严重的多重共线性，为消除其影响，本书使用多元岭回归法和进入法进行回归，机动车保有量为因变量，经过多次回归，得到了优化的回归模型：

$$y = 77.117 + 0.0722x_3 + 0.00261x_5 - 1.893x_6 + 0.120x_7 + 0.000491x_{10}$$

$$(R^2 = 0.978, p = 0.008, k = 0.8)$$

本方程的确定系数为 0.978，$p = 0.008 < 0.05$ 的显著性检验，所有参数的 t 值通过 5% 显著性水平检验值，表明该回归方程中的自变量可以解释因变量总变化的

97.8%，具有很高的准确性。方程参数详见表 3-12。

表 3-12 逐步回归模型结果

项　　目	原始数据回归系数		标准化系数	t
	B	标准差	β	
常数	77.126	22.885		3.370
总人口 x_3	0.0707	0.0133	0.160	5.305
人均可支配收入 x_5	0.00250	0.00031	0.181	8.179
恩格尔系数 x_6	−1.783	0.377	−0.192	−4.733
固定投资 x_7	0.116	0.029	0.156	3.959
公路客运量 x_8	0.000479	0.000095	0.157	5.011

从进入逐步回归模型的参数来看，恩格尔系数和人均可支配收入共同表征了人们的富裕程度，他们的 β 值排在前两位，表明个人财富是机动车保有量增长的最重要驱动因素，个人财富越多，机动车保有量越多。总人口、交通邮电固定投资和公路客运量增长也会驱动机动车保有量增长。可见，交通与社会（人口、出行）、经济（个人财富、投资）之间存在紧密的联系。

4 城市交通环境系统的系统动力学模拟

4.1 系统动力学模型简介

4.1.1 模型的建立

城市的社会经济发展、人们生活水平的提高会影响交通的需求和发展，交通的发展会导致交通污染与可达性的变化，反之交通污染状态和可达性变化又会影响人们的出行意愿和交通需求，进而影响人们的生活方式。因此，交通系统是与社会、经济系统复杂关联的系统，其核心的参数包括人口、收入水平、机动车结构、出行结构、排放强度、土地利用、能源供给等，例如土地利用是影响交通需求特性的最主要因素，居住、产业与学校的空间布局，就在很大程度上决定了交通需求的总量特性、空间分布特性、时间分布特性、出行距离特性等，进而影响着交通方式构成。据调查，41.1％的居民为了更好的公路交通条件而迁居，30.6％的人为了更靠近地铁而迁居，39.5％的人为了更靠近某个公交站点而迁居，54.8％的人为了远离交通噪声而迁居（Couch and Karecha，2006）。在建模过程中必须综合这些因素的相互影响。本书提出了城市交通系统动力学模拟的技术路线如图 4-1 所示。

对城市复合生态系统的模拟方法，如回归分析、灵敏度模型（吕永龙和王如松，1996）、UrbanSim（吕小彪和周均清，2006）等，也可以采用半开放软件Matlab、Vensim、Lingo、Dynamo 等软件自主开发。本书是使用 Vensim 和 Matlab 软件建立城市系统动力学模拟流程图，从而模拟和预测相关的变量，由于模型变量较多，相互之间存在关联关系，为直观简便，本书将模型分为人口、经济、交通结构、居民出行、载客、交通排放、能源、土地 8 个子系统。各子系统形成有机整体，在模拟过程中相互影响，其相互关系见图 4-2。以下为各个子系统的主要模拟方程。

居民的出行活动是城市交通系统的重要组成部分，而人口的规模、构成以及城市化等均会对区域的其他系统产生影响。在动力学模型中，主要考虑城镇人口、城

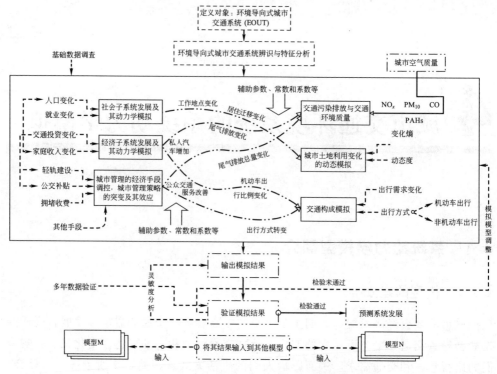

图 4-1 环境导向式城市交通动力学模拟技术路线

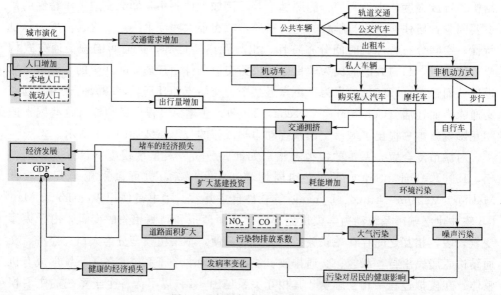

图 4-2 交通复合生态系统模拟

乡人口转化、城市化等因素的影响。

城镇人口 $UP(t) = UP(t - dt) + (UP \cdot NGR_{UP} + AMP \cdot f_{AMP} + RP \cdot$

$$\text{UR}_{\text{PR}})\text{d}t$$

农村人口　　　$RP(t)=RP(t-dt)+(RP \cdot AGR_{RP} \cdot f_{AGP,RP}-RP \cdot UR_{PR})dt$

城市化水平　　$UL=UP/TPW=UP/(UP+RP)$

就业率　　　　$R_{CRR}=TP_{CRR}/TPW_{Adlt} \cdot 100\%$

式中，TPW 为总人口，万人；RP 为农村人口，万人；UP 为城镇人口，万人；AGR_{RP} 为农村人口净平均增长率，‰；UL 为城市化水平，%；f_{AMP} 为人口迁移的政策因子（代表城市吸引力的特征）；NGR_{UP} 为城镇人口净自然增长率，‰；$f_{AGP,RP}$ 为农村人口政策因子；UR_{RP} 为农村人口城镇化速度，%；AMP 为平均迁移人口，人；R_{CRR} 为就业率，%；TP_{CRR} 为总就业人口，万人；TPW_{Adlt} 为总工作适龄人口，%。

经济子系统主要由工业、农业和服务业组成，社会总产值或者 GDP（国内生产总值）可根据研究数据的实际情况选择适用的计算方法。以社会总产值、GDP、居民和家庭经济水平的等变量描述的经济子系统方程如下：

社会总产值　　　　　$SGO=SGO_I+SGO_A+SGO_{SI}$

农业生产总值　　　　$SGO_A(t)=SGO_A(t-dt)+SGO_A \cdot GR_A \cdot dt$

工业生产总值　　　　$SGO_I(t)=SGO_I(t-dt)+SGO_I \cdot GR_I \cdot dt$

服务业总产值　　　　$SGO_{SI}(t)=SGO_{SI}(t-dt)+SGO_{SI} \cdot GR_{SI} \cdot dt$

国内生产总值　　　　$GDP(t)=GDP(t-dt)+GDP \cdot GR_{GDP} \cdot dt$

人均国内生产总值　$PcGDP(t)=GDP(t)/TPW(t)$

人均储蓄余额　　　$PcSVG(t)=PcSVG(t-dt)+PcSVG \cdot GR_{ps} \cdot dt$

家庭平均收入　　　$FINCM(t)=FINCM(t-dt)+FINCM \cdot GR_{fi} \cdot dt$

式中，SGO 为社会总产值，万元；SGO_I 为工业生产总值，万元；SGO_A 为农业生产总值，万元；SGO_{SI} 为服务业生产总值，万元；PcSVG 为居民人均储蓄余额，元；FINCM 为家庭平均收入，元；GR_I 为工业增长速度，%；GR_A 为农业增长速度，%；GR_{SI} 为服务业增长速度，%；GR_{ps} 为居民人均储蓄余额增长率，%；GR_{fi} 为家庭平均收入增长率，%；GDP 为国内生产总值，万元；PcGDP 为人均国内生产总值，元/人；GR_{GDP} 为 GDP 增长速度，%；其余符号意义同上。

居民出行子系统的模拟方程主要是指各种交通方式对应的出行比例，此外还包括不同方式的平均出行距离 Dist_trf（km）等参数：

机动车出行比例　$PR\_VT=PR\_bus+PR\_rail+PR\_car+PR\_mc$

公交方式组成　　$PR\_bus=PR\_obus+PR\_cfv\_bus$

小汽车方式组成　$PR\_car=PR\_prv\_car+PR\_taxi$

轨道方式组成　　$PR\_rail=PR\_subrail+PR\_lightrail$

式中，PR_VT 为机动车出行比例，%；PR_bus 为公交车出行比例，%；PR_rail 为轨道交通出行比例，%；PR_car 为小汽车出行比例，%；PR_mc 为摩托车出行比例，%；PR_obus 为普通公交车出行比例，%；PR_cfv_bus 为清洁燃料公交车出行比例，%；PR _ prv _ car 为私人汽车出行比例，%；PR _ taxi 为出租车出行比例，%；PR _ subrail 为地铁出行比例，%；PR _ lightrail 为地上轻轨出行比例，%。

载客子系统的参数或变量有：小汽车满载比例 PR _ car（%）；小汽车平均容量 CR _ car［人/（车·次）］、公交车满载比例 PR _ bus（%）、公交车平均容量 CR _ bus［人/（车·次）］、摩托车满载比例 PR _ mc（%）、摩托车平均容量 CR _ mc［人/（车·次）］、出租车满载比例 PR _ taxi（%）、出租车平均每次载客容量［人/（车·次）］、每类机动车日出行次数（次）等。货运子系统的变量包括货车数量 Nmb _ trk（辆）、货车出行平均距离 Dist _ trk（km）、货车平均装载量 Load _ trk（t）等。

交通结构子系统包括机动车保有量结构和出行结构两部分，其中机动车保有量结构包括小轿车、客车、轻型客车、货车、轻型货车、出租车和摩托车 7 种类型，出行方式与之对应，其模拟方程为：

机动车总量 $\quad$ $TV(t) = \sum_i^7 Vehi(i,t)$

各车型的保有量 $\quad$ $Vehi(i,t) = Vehi(i,t-dt) + Vehi(i,t-dt)VGr(i,t)dt$

式中，TV 为机动车保有总量，10^4 辆；$Vehi(i,t)$ 为 t 时期第 i 种车型的保有量，10^4 辆；$VGr(i,t)$ 为 t 时期第 i 种车型相对于 $t-dt$ 时期的增长率，%。

交通排放包括 CO_2、CO、NO_x 三种污染物的排放，其计算方法为：

污染排放量 $\quad$ $Poll(i,j,t) = Vehi(i,t) \cdot TrT(i,t) \cdot Legt(i,t) \cdot VF(i,j,t)$

排放因子 $\quad$ $VF(i,t) = \max\{VF(i,0)[1 - VFGr(t)dt], VFSt(t)\}$

总污染排放量 $\quad$ $TPol(j,t) = \sum_{i=1}^7 Poll(i,j,t)$

式中，$Poll(i,j,t)$ 为 t 时期第 i 种车型排放第 j 种污染物的量，10^4t；$Legt(i,t)$ 为机动车单次出行距离，km；$VF(i,j,t)$ 为机动车的排放因子，g/km；VFGr 为机动车排放因子的变化系数，%；VFSt 为机动车排放因子标准，g/km；TPol 为污染物排放总量，10^4t。

能源类型主要包括汽油、柴油和 CNG/LPG 三类，能源消耗与使用某种能源的车型、出行及发动机效率相关：

能源消耗：$Eneg(m,t) = \sum_{i=0}^i [k \cdot Vehi(i,t) \cdot EnPc(m,i)Legt(i,t)EnCF(i,m,t)]$

式中，$Eneg(m,t)$ 为第 m 种能源的消耗量，t；$EnPc(m,i)$ 为 i 类车型使用 m 种能源的比例；$EnCF(i,m,t)$ 为 i 类车型使用 m 种能源的能耗，L/km 或 m^3/km；k 为单位转换常数。

土地子系统主要模拟机动车运行所需要的公路建设面积或里程，以及机动车停泊的土地占用：

运行土地占用 $\mathrm{AF}(t) = \sum_{i=0}^{i} \mathrm{Onro}(i,t) \cdot L(v,i,t)$

停泊土地占用 $\mathrm{AS}(t) = \mathrm{AF}(t) = \sum_{i=0}^{i} \mathrm{Vehi}(i,t) \cdot A(i,t)$

式中，AF 为在驶机动车占用道路长度，km；AS 为停泊机动车占用的面积，m^2；Onro 为在驶量，10^4 辆；L 为运行时每辆车占用的车道长度，为速度的函数，m；A 为每辆车停泊占用的面积，m^2。

4.1.2 模型检验

为保证模型的灵敏度和准确性，需要对模拟模型的结果进行验证分析和灵敏度分析。若检验结果不理想，则须对模拟模型进行适当调整，直到达到检验要求。SD 模型的检验，主要采用行为适合性检验，常见的适合性检验即为灵敏度分析（Guo et al.，2001），包括结构灵敏度分析和参数灵敏度分析。对于变量 x，使用指标变量 v 衡量其灵敏度为：

$$S_{v,x} = \left| \frac{\Delta v(t)/v(t)}{\Delta x(t)/x(t)} \right|$$

在此基础上，选取 n 个代表系统行为的变量，对每一变量 v，在某一时刻参数 x 对系统行为的灵敏度为：

$$S(x,t) = \frac{1}{n} \sum_{i=1}^{n} S_{v_i}$$

取相同时间间隔，对每个参数取其变化值在模型上运行，计算其对 n 个变量的相应的灵敏度，取其平均值即为变量 x 的灵敏度值。

4.2 城市交通环境系统模型的建立

SD 模型是研究交通管理的重要组成部分，该模型是从机动车保有量为核心研究对象，辐射人口、土地供应、尾气排放和能源需求等方面，为综合评价城市交通系统所处的状态、发展趋势及其可能管理问题的根源鉴别提供了支持。

北京市交通系统的动力学模拟（TSDM）模型建立所用到的资料主要包括：北京市统计局、中国汽车工业协会和全国燃气汽车信息网提供的统计数据，研究小组提供的机动车尾气排放监测数据，北京市国土资源局提供的土地利用数据，北京市交通发展研究中心提供的北京市交通发展年度报告和北京市城市规划设计研究院提供的交通综合调查数据，其他数据来源于文献与相关书籍。

根据北京市交通系统的基本特征，本研究确立了人口、机动车、大气、土地、能源 5 个子系统。在对子系统特征的分析上，利用系统动力学软件 VENSIM 建模，以反映整个系统的动态变化过程和发展趋势。VENSIM 是专业级的可视化系统动力学研究软件，具有较强的可读性，以能源子系统为例，模型结果见图 4-3。

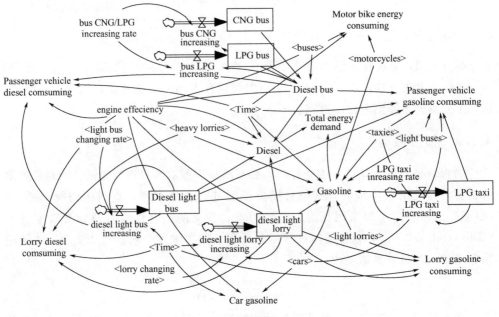

图 4-3 能源子系统结构图

4.2.1 模型检验结果

由于 TSDM 模型中所涉及的参数很多，因此本模型选取了 2 类参数：涉及变量间复杂联系的系数、代表政策行为的参数和不确定性较大的常数，包括全市人口自然增长率、小轿车增长率、小轿车 CO_2 排放系数、大型客车（公交）增长率、发动机能源利用效率五个参数。选取城市千人机动车保有量、CO_2 排放量、机动车运行土地占用面积、汽油需求量四个指标代表系统行为。取 year＝2010 和 year＝2020，对每个参数，取其变化值（增加 10％）在模型上计算，计算每个变量的灵敏值，对每个矩阵，取其每列的平均值为该参数的灵敏度值，灵敏度分析的结果如表 4-1。

从灵敏度分析结果来看，人口自然增长率、小轿车增长率和大型公交增长率这三个参数的灵敏度较高，其中小轿车增长里程对远期的主要系统变量都具有较大的影响，在建立模型、选择管理措施时应予以重视。其他参数的灵敏度较低，模型的整体结构稳定。

4.2.2 模拟结果与不确定性

在模型验证和完善后，假定北京市按照历史回归的增长速度继续发展，并假设未来不发生大的政策改变，模拟现阶段不加控制的情况下，未来可能发生的可能情

表 4-1　TSDM 模型灵敏度分析结果

项目	人口自然增长率	小轿车增长率	小轿车 CO_2 排放系数	大型公交增长率	发动机能源利用效率
2010					
千人机动车保有量	−0.0033	0.0483	0.0000	0.0004	0.0000
CO_2 排放量	0.0039	0.0492	0.0710	0.0005	−0.0909
土地占用面积	0.0039	0.0491	0.0000	0.0002	0.0000
汽油需求量	0.0058	0.0639	0.0000	0.0000	0.1000
2020					
千人机动车保有量	−0.0104	0.2002	0.0000	0.0003	0.0000
CO_2 排放量	0.0116	0.2017	0.0906	0.0006	−0.0909
土地占用面积	0.0116	0.2018	0.0000	0.0003	0.0000
汽油需求量	0.0164	0.2191	0.0000	0.0000	0.1000

况，即一般发展情景（business as usual，BAU）。BAU 的模拟结果是实现优化调控的基础。

（1）交通系统发展预测　预测得到的各类机动车保有量，机动车运行占用面积和城市千人机动车保有量的结果见表 4-2。在所有的机动车保有量中，小轿车在各预测年份所占的比列都为最高，并且以 5 年翻一倍的速度增长，而小型客车、货车增长速度较慢。

表 4-2　交通系统预测结果

年份	城市千人机动车保有量/10^4 辆	机动车运行占用面积/hm^2	机动车保有量/10^4 辆	大型客车/10^4 辆	小型客车/10^4 辆
2005	192.8	17230.5	252.7	3.78	54.2
2010	288.8	28143.4	410.0	4.38	55.5
2015	475.7	50432.5	730.1	5.08	56.9
2020	836.8	96191.4	1386.1	5.89	58.4

年份	大型货车/10^4 辆	小型货车/10^4 辆	小轿车/10^4 辆	出租车/10^4 辆	摩托车/10^4 辆
2005	5.72	11.9	143.5	6.77	26.9
2010	5.78	12.1	296.2	7.11	29.0
2015	5.84	12.2	611.4	7.47	31.2
2020	5.90	12.3	1262.1	7.85	33.6

到 2020 年，小轿车的保有量比例 91.1%，机动车保有结构进一步失衡，小轿车的快速增长挤占了城市公共交通的发展空间，如图 4-4。而小轿车出行载客率较低造成了机动车的利用效率低、人均占用资源和能源高，是未来调控的主要对象之一。

（2）环境资源状况发展预测　各类机动车在运行时会造成汽油、柴油等化石能源的消耗和 CO_2、NO_x、CO、VOC、PM_{10} 等污染物的排放，同时要占用一定面积

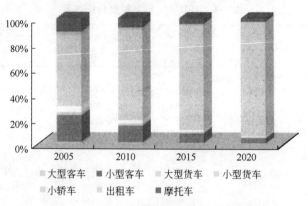

大型客车　小型客车　大型货车　小型货车

小轿车　出租车　摩托车

图 4-4　一般情景下的机动车保有量结构变化

的交通土地以保持正常运行。本书在 TSDM 模型中选取 CO_2、NO_x、CO、汽油、柴油和土地为研究对象，预测了其在一般发展情境下的排放量，见表 4-3。其中交通土地占用的预测中假设了所有机动车都保持在运行状态，每辆车运行时与其他车辆保持安全运行距离。

表 4-3　环境与资源预测结果

项目	CO_2 /10^4t/a	NO_x /10^4t/a	CO /10^4t/a	汽油 /10^4m³/a	柴油 /10^4m³/a	土地占用 /km²
2005						
载客汽车	1206.72	1.95	10.77	254.29	26.47	153.11
其中:小轿车	780.46	0.78	7.76	219.16	0.00	100.28
货车	113.73	0.69	0.59	2.28	29.47	15.22
摩托车	10.74	0.02	2.71	3.95	0.00	3.98
2010						
载客汽车	2058.30	2.87	19.19	430.12	18.91	261.78
其中:小轿车	1611.17	1.60	16.03	407.18	0.00	207.01
货车	114.88	0.70	0.60	2.07	26.79	15.37
摩托车	11.57	0.02	2.92	3.83	0.00	4.29
2020						
载客汽车	7360.95	8.33	71.83	1655.90	16.94	941.26
其中:小轿车	6866.24	6.83	68.31	1638.86	0.00	882.22
货车	117.19	0.72	0.61	2.00	25.81	15.68
摩托车	13.43	0.02	3.39	4.20	0.00	4.98

预测结果表明，载客汽车在各预测年份中，对 CO_2、NO_x、CO、汽油、土地占用五个变量的贡献最大，并且贡献量呈上升趋势，这与小轿车在所有机动车型中的快速增长密切相关，由于发动机能源效率的提高，把汽油、柴油机动车改造为 LPG 和 CNG 的比例提高等技术因素的影响，使北京市机动车对柴油的需求量逐渐减少。由于小轿车增长速度过快，抵消了技术因素等带来的正面影响，在 2020 年的 CO_2、NO_x 和 CO 排放量分别达到 6866.24t、6.83t 和 68.31×10^4t，分别占总

交通排放量的 91.6%、75.3%和 90.1%，消耗了总汽油消耗量的 98.6%，占用了运行所需土地的 91.7%。可见小轿车若不进行控制，将造成严重环境与资源问题。其他载客汽车环境与资源影响相对较低。

(3) 模拟的不确定性分析 由于模型输出对关键参数具有较高的敏感性，而关键参数，如机动车增长率随人均可支配收入等因素影响存在较大的不确定性。因此有必要讨论参数对模型输出结果的不确定性。因为数据限制，为简便起见，在本小节不确定分析过程中，本书以机动车保有量增长率作为研究对象，采用相对 VaR (Value at Risk) 风险评估方法，计算机动车保有量在指定显著水平内和一定目标期内的相对于均值的预期最大损失或收益。其他参数有足够长的历史统计时，也可参照该方法完成不确定性分析。图 4-5 为 1983～2005 年机动车保有量增长率的变化，通过 Q-Q 检验，呈正态分布，其平均值为 13.85%。

使用历史模拟方法，北京市机动车保有量的 2006 年 VaR 累积概率分布计算结果如图 4-6。2006 年 VaR 损失值的 Logistic 回归方程为：

$$\alpha = \frac{1}{0.498 + 0.398 \times 0.899^{VaR损失}} \quad R^2 = 0.989$$

$$\alpha = \frac{1}{0.481 + 0.475 \times 1.089^{VaR收益}} \quad R^2 = 0.939$$

根据回归方程计算出，在 $\alpha=5\%$ 时或 95%的置信水平下，2006 年的预测的最大损失值为 36.6×10^4 辆，最大收益值为 43.6×10^4 辆，其含义为 2006 年，北京市机动车保有量有 95%的置信区间为 2006 年预测值向下浮动 36.6×10^4 辆与向上浮动 43.6×10^4 辆。

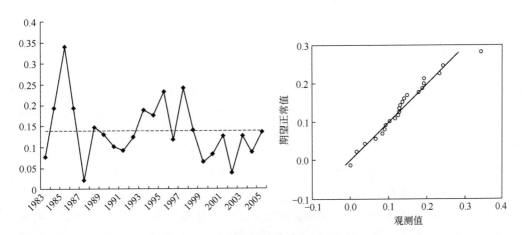

图 4-5　机动车保有量历史增长率及其 Q-Q 检验

同样计算其他年份在不同显著水平下的 VaR 值，各年份 VaR 的变化趋势见图 4-7。表 4-4 给出了根据各年份不同显著水平下的 VaR 的最大损失和收益值。

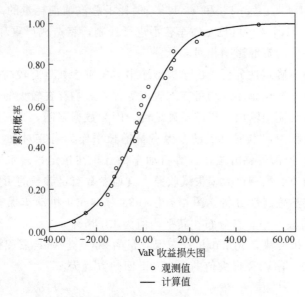

图 4-6 2006 年预测值的 VaR 收益损失累积概率图

表 4-4 不同显著水平下各年份的 VaR 值　　　　　单位：10^4 辆

项目	1%	5%	10%	20%	50%	100%
损失						
2006	−51.9	−36.6	−29.8	−22.8	−12.5	−2.2
2010	−116.0	−81.8	−66.7	−51.0	−27.9	−4.9
2015	−164.0	−115.6	−94.3	−72.1	−39.5	−6.9
2020	−200.9	−141.6	−115.5	−88.3	−48.4	−8.5
收益						
2006	62.7	43.6	35.2	26.4	13.6	1.1
2010	140.2	97.5	78.6	59.1	30.5	2.4
2015	198.3	137.9	111.2	83.6	43.2	3.3
2020	242.8	168.8	136.2	102.4	52.9	4.1

　　理论上，模型在 100% 的显著水平下，损失和收益值都应该为 0，本研究中，各年份的 VaR 绝对值都小于 10×10^4 辆，都不到预测值的 1%，因此可以认为本模型的模拟误差未对结果造成影响，模拟是有效的。以 2020 年为例，在 1% 的显著水平下，机动车保有量 VaR 损失值为 200.9×10^4 辆，收益值为 242.8×10^4 辆，即 2020 年的机动车实际保有量有 99% 的可能落在 [1185.2，1627.9] $\times 10^4$ 辆范围内，本研究认为在该比例值范围内，即使发生极端情况，风险因素并未对实际预测值的结果产生严重影响，预测结果较为可靠。但从调控角度来看，机动车保有量作为最主要的影响因素，严重影响模型的大气污染、土地占用和能源消耗输出结果，在极端情况下，机动车保有量达到上限值和下限值引起的污染排放、土地占用和能源消耗水平的差距较大，因此有必要对北京市交通实行可持续优化调控，以减少不确定性。

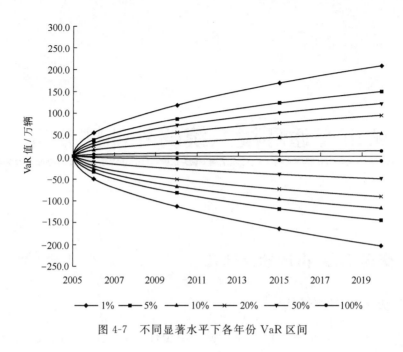

图 4-7　不同显著水平下各年份 VaR 区间

5 城市交通环境系统的外部性分析

5.1 交通 CO_2 排放的外部性

5.1.1 大尺度定性评估

CO_2 是最重要的温室气体，并且贡献了全球气候变化辐射强迫的 70％以上（IPCC，2001），1992 年和 1997 年分别通过的《联合国气候变化框架公约》和《京都议定书》都旨在降低全球温室气体的排放。交通业是最重要的 CO_2 排放源之一，如英国，交通部门排放的 CO_2 贡献了交通温室气体排放总量的 96％，是温室气体的第三大排放源（Tight，2005）。因此 IPCC 的三个研究组一直都致力于研究 CO_2 对经济、社会、生物体的影响以及温室气体的控制技术与措施。在 CO_2 影响模型中，PAGE2002 使用了相对简单的模型模拟复杂的温度变化和经济现象，其模拟结果接近其他复杂的气候模拟模型（Hope，2006）。它的主要模块如下。

① 主要的温室气体排放模块，如 CO_2、甲烷及它们随气候改变造成的自然排放改变。同时可以模拟辐射强迫随浓度线性变化的其他气体和其他的作为背景辐射强迫随时间变化增量的气体，如 N_2O，CFCs。

② 室气体效应模块。PAGE2002 持续跟踪人为排放的温室气体在大气中的积累和其他增长的辐射强迫。

③ 硫酸盐气溶胶的降温作用模块。模型分别计算了其对辐射强迫直接和间接作用。

④ 区域温度效应模块。PAGE2002 可以对研究区分区，每个区域的平衡、根据温室气体的温室作用和硫酸盐气溶胶的降温作用以及大气向海洋和土地传递热量的相应关系计算的温度变化都不同。硫酸盐气溶胶的降温作用在工业化地区最明显。

⑤ 全球变化造成的非线性跃变的破坏模块。气候变化造成的影响由跟每年温度增长及温度变化容忍水平有关的多项式方程和随时间变化的贴现率计算得到。

⑥ 区域经济模块。每个区域的温室效应的影响用年均 GDP 损失表示，可以计算经济、环境和社会影响。

⑦ 气候变化的适应性模块。投资可以在经济损失造成前增加温度变化的容忍水平，减少经济和非经济损失的强度。

⑧ 未来大尺度跃变的概率模块，计算当温室效应达到一定程度，全球平均气温上升的概率。

模型假设只有一部分人类排放的 CO_2 能够最终进入大气，因为最初释放在大气中的 CO_2 随时间增长迅速的成指数降低。CO_2 的浓度经过长时间在海洋与大气间的分配达到平衡。自然排放的 CO_2 可以通过平均气温的增长模拟。PAGE2002使用了特殊形式的辐射强迫计算方法。当大气中的 CO_2 浓度达到一定程度时（万分之几的水平），其额外的辐射强迫是 CO_2 浓度的对数函数。人类排放 GHGs 带来的额外的辐射强迫是 CO_2、甲烷、SF6 和一小部分的一氧化氮的额外辐射强迫之和。硫酸盐气溶胶负的辐射强迫包含现行的反射效果和对数形式的云的散射效果。PAGE2002 在做经济与非经济两部分的影响时，假设温度上升超过了温度改变的容忍水平时才产生破坏作用。对温度改变的适应性管理可以提高容忍水平或减少负面影响。最后的输出结果以价格化的表现形式，可以实现区域间的对比。

本书在以上基础上，对 PAGE2002 的公式做了一定的改进，以让其能够适应交通领域的 CO_2 排放及其影响研究。其计算方式如下。

5.1.1.1 计算温度上升

人类交通活动排放的 CO_2 的量通过机动车排放因子估算出的基准年的排放量。

$$RE_0 = \sum_{i}^{n}(EF_{j,0} \times VEH_{j,0}) \tag{5-1}$$

式中，RE_0 为排放量；$EF_{j,0}$ 为各种机动车的排放因子；$VEH_{j,0}$ 为各种机动车的保有量；i 为某一特定年份；j 为车型，车型划分与 4.1 节相同。

只有一部分的 CO_2 会进入到大气层，因为 CO_2 量在大气中会快速地被森林、植被、水体和土壤吸收，呈指数衰减，吸收公式如下：

$$TEA_i = \frac{ER_i \times E_0}{100} \frac{AIR}{100} \tag{5-2}$$

式中，TEA_i 为第 i 年排放到大气中的量；ER_i 为第 i 年相对于基准年的排放比例；E_0 为基准排放量；AIR 为根据森林、土壤吸收量计算的 CO_2 进入大气的比例。

CEA_i 为大气中的积累 CO_2 排放量，因为每年的 CO_2 尽管会衰减，但达到海洋与陆地的平衡后并不降至 0。

$$CEA_i = CEA_{i-1} + TEA_i \tag{5-3}$$

残留在大气中的CO_2量会通过化学和其他相互作用而减少。CO_2在大气中的半衰期远远超过模型模拟的时间。为简便起见，所有的衰减作用都发生在模拟步长（年）的中间点。

$$RE_i = STAY \times CEA_{i-1} \times (1 - e^{\frac{-(Y_i - Y_{i-1})}{RES}}) + RE_{i-1} \times e^{\frac{-(Y_i - Y_{i-1})}{RES}} + TEA_i \times e^{\frac{-(Y_i - Y_{i-1})}{2 \times RES}}$$

(5-4)

式中，STAY为停留在大气中的比例；RES为CO_2在大气中的半衰期。

大气中CO_2的浓度为扣除交通的CO_2浓度，即环境背景值，加上交通排放浓度。

$$C_i = PIC + EXC_0 \times \frac{RE_i}{RE_0}$$

(5-5)

式中，PIC为环境背景值；EXC_0为基准年交通排放CO_2的浓度。

当大气中的CO_2浓度达到一定水平后（万分之几）后，额外的辐射强迫是浓度的对数方程。FSLOPE是辐射强迫函数的斜率。

$$F_i = F_0 + FSLOPE \times \ln\left(\frac{C_i}{C_0}\right)$$

(5-6)

硫酸盐气溶胶的辐射强迫决定于影响硫通量的各种因素，大气生命周期和硫酸盐气溶胶的浓度决定于当地气候、大气化学、排放的高度等。在给定气溶胶浓度下，辐射强迫取决于相对湿度、颗粒分布和光入射角。PAGE2002通过区域的背景硫通量和两个不确定参数计算硫酸盐气溶胶的辐射强迫。

$$SFX_i = SE_0 \times \frac{PSE_i/100}{AREA_r}$$

(5-7)

$$FS_i = D \times 1E6 \times SFX_i + \frac{IND}{\ln(2)} \times \ln\left(\frac{NF + SFX_i}{NF}\right)$$

(5-8)

式中，SFX_i为第i年的人为硫通量；SE_0是基准年的区域硫酸盐排放量；PSE_i代表分析年硫酸盐排放与基准年排放量的百分比；$AREA_r$是区域面积；D是不确定参数，代表单位硫通量直接辐射强迫的增加；IND为不确定参数，代表自然硫通量加倍的间接辐射强迫增加；NF为自然硫通量。预测年内的平衡温度可以通过净额外辐射强迫的线性方程计算，斜率为CO_2浓度加倍时平衡温度的增加量，SENS为不确定参数，FT为总辐射强迫。

$$ET_i = \frac{SENS}{\ln 2} \times \frac{FT_i + FS_i}{FSLOPE}$$

(5-9)

RT_i代表与背景温度相比已实现的区域温度增加量。温度上升量为平衡温度和前一年平衡温度与释放温度的差值的函数。OCEAN作为不确定参数代表了全球对辐射强迫增加相应的半衰期。这里把区域假定为同质的。

$$RT_i = RT_{i-1} + (1 - e^{\frac{-(Y_i - Y_{i-1})}{OCEAN}}) \times (ET_i - RT_{i-1})$$

(5-10)

5.1.1.2 计算温度增加的影响

PAGE2002 使用枚举法加总各部门的损失作为温度增加的影响，这可能与一般平衡方法计算结果的差异。PAGE2002 模拟经济与非经济两个部门。模型假设只有当温度上升超过温度改变的容忍比例 TR_d，或明显高于容忍稳态 TP_d 时才产生影响（$d=0$ 表示经济部门，$d=1$ 表示非经济部门）。研究区域的 TR_d 和 TP_d 这两个参数都是不确定变量，而假设其他区域的这两个参数随研究区域的参数成比例变化。适应管理可以增加温度容忍水平。$PLAT_{i,d}$ 和 $SLOPE_{i,d}$ 为适应性政策的非负因子。如果在分析年中没有新的适应管理，则这两个参数取值为 0。

$$ATP_{i,d} = TP_d + PLAT_{i,d} \tag{5-11}$$

$$ATR_{i,d} = TR_d + SLOPE_{i,d} \tag{5-12}$$

式中，$ATP_{i,d}$ 和 $ATR_{i,d}$ 为修正的容忍稳态和修正的容忍比例。温度变化的区域影响 $I_{i,d}$ 是温度超过修正的容忍水平 $ATL_{i,d}$ 的影响。

$$ATL_{0,d} = 0 \tag{5-13}$$

$$ATL_{i,d} = \min[ATP_{i,d}, ATL_{i-1,d} + ATR_d \times (Y_i - Y_{i-1})] \tag{5-14}$$

$$I_{i,d} = \max[0, RT_i - ATL_{i,d}] \tag{5-15}$$

在跃变时：

$$IDIS_i = \max[0, RT_i - TDIS] \tag{5-16}$$

式中，$IDIS_i$ 为跃变时的区域温度影响；$TDIS$ 为产生跃变风险前的容忍温度上升水平。PAGE2002 以 CO_2 浓度每增加一倍区域 GDP 损失来表示区域影响。不同区域和部门的权重将用于影响货币化。权重 W_d 为研究区温度上升 2.5℃ 时 GDP 的损失比例。跃变发生时，需要确认区域权重不超过 GDP 的 100%。

$$WDIS = \min\left[1, \frac{WDIS}{100}\right] \tag{5-17}$$

PAGE2002 基于温度增长计算损失，而不是温室气体的浓度。因此估算的损失假定为 2.5℃，即 CO_2 浓度翻倍时的平均温度增长值。区域、部门各研究时间段的影响为区域温度增长超过容忍水平的值的幂函数。适应性政策 $IMP_{i,d}$ 可以减轻影响。

$$WI_{i,d} = \left(\frac{I_{i,d}}{2.5}\right)^{POW} \times W_d \times \left(1 - \frac{IMP_{i,d}}{100}\right) \times GDP_i \tag{5-18}$$

式中，$WI_{i,d}$ 为加权的影响值；POW 为影响指数。校准上式中的损失函数和高于容忍水平的 2.5℃ 的线性损失函数一致。跃变造成的影响为：

$$WIDIS_i = IDIS_i \times \left(\frac{PDIS}{100}\right) \times WDIS \times GDP_i \tag{5-19}$$

因此总的加权影响为：

$$WIT_i = \sum_d WI_{i,d} + WIDIS_i \tag{5-20}$$

PAGE2002 允许区域和时间变量的贴现。非研究年的加权影响假定与最近的研究年份相同。加权影响通过贴现后加总表现温度上升的影响。

$$DD = \sum_i \frac{WIT_i}{(1+dr)^{Y_i - Y_0}}$$ (5-21)

式中，DD 为总贴现损失；dr 为贴现率。

5.1.2 植树成本法定量评估

由于本书在 PAGE2002 模型中使用了较强的假设，因此在估算经济损失时，并未使用 PAGE2002 的模块作为定量经济损失估计，而使用植树成本法计算减排相应 CO_2 时所需要的成本，其计算方法为：

$$Fc = \sum_{j=1}^{m} \sum_{i=1}^{n} \left(BEF_{cij} \times X_{cij} \times S_{cij} \times \frac{11}{3} \right) + \sum_{j=1}^{m} \sum_{i=1}^{n} \left(D_{cij} \cdot S_{cij} \cdot \frac{11}{3} \right)$$ (5-22)

式中，Fc 是林地每年的总 CO_2 固定量；BEF 是换算因子，随林令、季节、离地条件、林地类型变化；S_{cij} 是某类林地类型的面积；X_{cij} 为林地乔层和灌层的总年净生产量；D_{cij} 是枯落物的碳固定量；i 是林地类型；j 为地域序号。由需要减排的 CO_2 量可以反推出林地面积 S_{ij}，然后根据造林成本法计算减排成本。

$$Pc = \sum_{i}^{n} \sum_{j}^{m} [S_{ij} \times (Tr \times C_T + C_E + C_M)]$$ (5-23)

式中，Pc 为减排成本；Tr 为单位面积上的树种种植数量；C_T、C_E 和 C_M 分别为树木、工程和养护成本。

5.1.3 北京市交通 CO_2 的环境影响

在全球温室气体排放中，车辆交通的排放量占约 20%，仅次于电力温室气体排放，排第二位。中国作为发展中国家，还没有温室气体减排义务，但因交通快速增长，交通耗能已经占到全国的 3.5%～4%，占石油消耗总量的 1/3（国家环境保护部，2004）。温室气体导致的全球温暖化已经影响到农业、水资源、大气环流、海平面等。因此交通一直承受较大的 CO_2 减排压力。北京市交通的快速增长，增加了 CO_2 的排放量，研究北京市交通 CO_2 排放的影响有助于了解北京市交通减排潜力、减排成本与减排战略。

本书在对 PAGE2002 模型进行适当改进的基础上，利用 PAGE2002 的温室气体排放模块估算 CO_2 的实际排放量，根据实际排放量和情景设定估算相应的减排量，应用 CO_2 减排成本法估算 CO_2 减排所需要的经济成本。最后，本书尝试性地在强假设下使用 PAGE2002 中的区域经济模块估算其温度增长与经济损失。PAGE2002 是研究区域尺度温度变化的模型，本书假设周边排放与温度增长与北京市一致，由于假设较强，实际估算结果可能存在较大偏误，本书仅将结果用于定性判断情景设定效果。表 5-1 中是模型中涉及的不确定参数的取值及其意义。

表 5-1　PAGE2002 模型中使用的不确定参数

OCEAN/年[1]	[100,150]	120	123	123	CO_2 在大气中的半衰期
D/(MWyears/kgS)	[-1.2,-0.3]	-0.6	-0.7	-0.7	硫酸盐气溶胶的直接影响系数
IND/(W/m²)[2]	[-0.8,0]	-0.4	-0.4	-0.4	硫酸盐气溶胶的间接影响系数
SENS/℃	[1.5,5]	2.5	3	3	CO_2 浓度上升一倍全球上升的平衡温度
PLAT/℃	[0,2]	1	1	1	适应性导致的对温度水平的容忍系数
SLOPE[3]/(℃/10 年)	[0,1]	—	—	1	适应性导致的对温度改变的容忍系数
TDIS/℃	[2,8]	5	5	5	跃变的温度阈值
PDIS/(%/℃)	[1,20]	10	10.33	10.33	跃变发生时,每升高 1℃,发生跃变的概率
WDIS/%	[5,20]	10	11.66	11.66	跃变发生时的 GDP 损失百分比
POW	[1,3]	1.3	1.76	1.76	影响方程指数

① 数据来源于政府间气候变化专门委员会 (IPCC) (Hope, 2006), 如无特殊说明, 表中其他数据均同。

② 使用全国 2002 年平均值。

③ IPCC 推荐的中国取值为 0, 本书使用经合组织平均值。

5.1.3.1　交通 CO_2 的排放

本研究中 CO_2 的原始排放量通过 TSDM 预测中的机动车保有量、年行驶里程与各种类型机动车的排放因子共同计算出。CO_2 的排放因子来自于文献（朱松丽和姜克隽，2005）与各类型机动车的油耗综合值❶计算得出。在基准预测情景中假设机动车的年均行驶里程保持不变，CO_2 到 2020 年时尚未承担排放义务，即机动车的 CO_2 排放因子没有明显改变，把机动车保有量增长作为交通 CO_2 排放的主要驱动因子，机动车保有量与 CO_2 排放趋势及车均排放量见图 5-1。

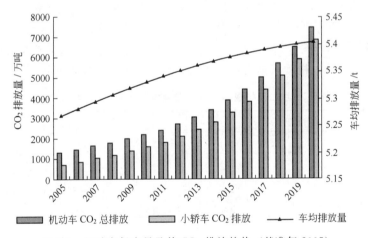

图 5-1　机动车保有量及其 CO_2 排放趋势（基准年 2005）

由图 5-1 可以看出，小轿车 CO_2 排放的快速增长，推动了总排放量的增加，而其他车型的排放总量并没有显著增加。由于在所有车型中，小汽车的比例越来越大，推动车均排放量曲线呈上凸形状。

---

❶ 来源于国家与改革委员会网站，http://www.ndrc.gov.cn。

5.1.3.2 真实排放与减排成本估计

由于森林、水体的吸收作用，以及在大气中的化学作用，真正进入大气中发挥温室效应的 CO_2 的量小于由机动车排放因子估算的排放量，本书利用 PAGE2002 的 CO_2 排放模块计算四种情景下的实际进入大气层中发生作用的排放量。为消除这部分真正发挥效能的 CO_2，需要额外的措施来吸收这一部分 CO_2。由于植树造林可以吸收 CO_2（邓春朗，1996），因此本书将植树造林成本作为消除 CO_2 的估算成本。

本书利用 TSDM 预测结果作为基准情景，并设定减排情景、缓慢调控情景和突然调控情景作比较，其中减排情景假设以下三个条件：①2010 年准入新车的排放因子在目前的基础上削减 20%；②2015 年准入新车的排放因子在 2010 年的基础上再削减 20%，即相当于目前排放因子的 64%，达到小轿车 120g/km 的排放水平；③各类型机动车的报废年限为 10 年。缓慢调控情景假设到 2020 年小轿车保有量的增长率为现在的 50%，其他年份采用线性插值。突然调控的情景假设尽管相关部门努力调控但未有效控制机动车增长率，在 2010 年机动车增长率仅比现在低 10%，因此相关部门采取限额牌照供应等手段使小轿车保有量增长率维持在 2005 年一半的水平直至 2020 年。

北京市常见造林植物包括油松、白桦、侧柏等（成克武等，2000），其中油松的单位面积固碳能力优于其他种类的林地（赵海珍等，2001）。在植树成本模型中使用的参数包括：油松林单位面积固碳量 279.601t/hm² （赵海珍等，2001），北京市爆破整地成本[1] 75000 元/hm²，中山地带油松营造林造林密度 3300～4950 株[2]，油松苗价格[3]为 0.08～0.14 元/株。本书将进入空气中起到温室效应的 CO_2 减排成本作为最低成本，把机动车排出量减排成本作为高值，计算结果如表 5-2。

表 5-2　油松植树成本法计算四种情景下的 CO_2 减排成本　单位：10^8 元

项目	2005		2010		2015		2020	
	低值	高值	低值	高值	低值	高值	低值	高值
基本情景	21.3	37.3	34.6	61.3	61.7	110	117.2	210
减排情景			34.3	60.1	54	92.3	81.7	144.4
缓慢调控情景			33.7	59.3	52.9	92.7	78.4	136.3
突然调控情景			33.9	59.8	46.5	80.4	63.5	110.2

由表 5-2 可知，2005 年减排交通排放的 CO_2 的成本达到北京市 GDP 的 0.31%～0.54%，在基本情境下，即使 GDP 每年以 10% 的速度增长，交通 CO_2 的减排成本也将在 2020 年达到 GDP 的 0.41%～0.73%，约 $(117.2～210) \times 10^8$ 元。

---

[1] 数据来源于中日林业生态培训中心，www.cnjp-forestry.cn。

[2] 数据来源于河北林业局《油松造林技术规程》. www.hebly.gov.cn。

[3] 数据综合自 2009 年 3 月 15 日中国农业网、中国林业网、中国绿网等多个网站查询报价。

在其他三种情境中，CO_2 排放标准受机动车更新速度影响，在 2020 年比基本情景减少减排成本 30.3%～31.2%。两种控制机动车增长的情境中，缓慢调控情景的减排成本比减排情景略低，而严格控制机动车的情况下，减排成本大幅度下降 45.8%～47.5%。可见，控制机动车保有量对于 CO_2 控制具有重要的意义。

5.1.3.3　强假设下的政策情景评估

在强假设下，模型的 CO_2 初始排放量输入如图 5-2(a)，温度输出如图 5-2(b)。可见，四种情境中，三种调控情景对温度的控制差异不大，其中减排情景和缓慢调控情景的 CO_2 排放和温度增加效果都非常接近，而突然调控情景控制 CO_2 效果显著，温度也升高最低，但总体上与基本情景相比三个情景的控制效果并不明显。由此可以判定：严格控制机动车增长对于 CO_2 减排的效果比制定 CO_2 排放标准效果明显，受发动机技术等限制，CO_2 排放因子无法大幅度降低情况下，控制机动车增长是减排 CO_2 的理想政策。

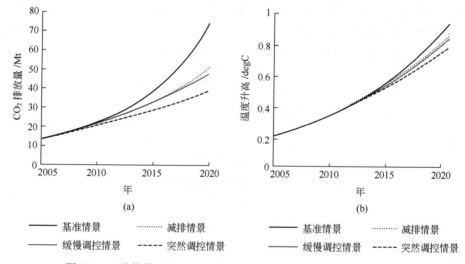

图 5-2　四种情景下交通 CO_2 排放及其对北京地区平均温度的影响

强假设下的 PAGE2002 输出的经济损失结果如图 5-3。由于 CO_2 排放的历史积累效果，导致温度变化明显滞后于政策实施，相对于基准情景，其他三种情景在 2020 年产生的作用才较为明显的显现出来。可见，CO_2 控制政策具有较大的时间滞后性，实施时间越早，在未来造成的经济损失可能越小，因此应该及早制定 CO_2 控制政策。

5.1.3.4　模型不确定性讨论

PAGE2002 输出的结果不确定性来源于模型本身、参数及输入的不确定性。模型本身适用于模拟大尺度区域的气候变化及其经济评估，本书所做的静态假设即其他区域与北京市同比例变化可能降低了模型的准确性，因此仅作定性评估。模型

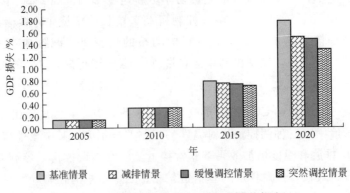

图 5-3　温度升高对北京 GDP 造成的损失

参数的不确定性由敏感分析可以得出，模型参数的敏感性见图 5-4，可知，在参数改变一倍时，对模型结果影响最高为 SENS 达到 84%，最低为 D 仅 1%。综合表 5-2 中的取值范围，对比 Hope（2006）文献中的敏感性分析结果，本书所用的参数的敏感性处于合理水平，但全球平均气温对 CO_2 浓度的敏感性对模型的结果输出影响较大，因此在进一步研究中应考虑该参数对模型的影响。

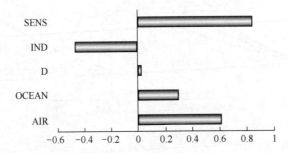

图 5-4　PAGE2002 模型的参数敏感性（基于 2020 温度变化）

5.2　交通常规污染的健康影响

5.2.1　评估方法

交通的常规污染主要包括常规大气污染和噪声污染，其中常规大气污染包括 PM_{10}、NO_x、CO 等污染物，这些污染物对暴露在之中的居民的健康产生潜在的危害。近年来的流行病学和动物实验研究表明，长期和短期的机动车尾气暴露和心肺疾病的发病率、死亡率以及亚临床病状相关（张蕴晖等，2007）。大量的研究（Pandey et al.，2005；Pathak et al.，2008；Künzli et al.，2000；胡雁，2003；彭希哲，2002）表明，对于特定的污染物而言，暴露的疾病风险与污染物的浓度、暴露时间和居民本身的身体条件相关。本书采用健康影响评估研究常规污染的健康影响，研究方法如下。

首先计算各年龄组的暴露剂量，对于特定城市的居民而言，暴露的剂量取决于暴露于某种污染的强度与时间长度。

$$\text{DOS}_{ij} = \int_{t_0}^{t} C_{ij}(t)\,dt \tag{5-24}$$

式中，DOS_{ij} 为第 i 个年龄组对第 j 种污染的暴露剂量，对大气污染物而言，其单位为：$\mu g/(m^3 \cdot d)$，对噪声而言，其单位为 $dB \cdot d$；C_{ij} 为对应的污染强度，对大气污染物而言，其单位为 $\mu g/m^3$，对噪声而言其单位为 dB。

对大气污染而言，当污染物进入人体后才会对人体健康产生影响，吸入的潜在剂量可以表示为浓度、吸入率和时间的积分：

$$\text{DPOT}_{ij} = \int_{t_1}^{t_2} C_{ij}(t) \times \text{IR}_{ij}(t)\,dt \tag{5-25}$$

式中，DPOT_{ij} 为第 i 年龄组对 j 类大气污染物的潜在吸收剂量；$\text{IR}_{ij}(t)$ 为吸收率；

通过剂量反应关系经验公式可以计算出相应污染物致病（k）的概率 $\text{Pro}_k(\text{DPOT}_{ij})$，从而计算出可能的致病数量。

$$\text{SICK}_{ijk} = \text{POP}_j \times \text{Pro}_k(\text{DPOT}_{ij}) \tag{5-26}$$

污染的经济危害可以通过多种方式估算，其中最常见的是人力资本法（胡雁，2003），污染引起的健康损失等于损失劳动日所制造的净产值和医疗费用的总和。当人力资本的平均增长率和货币贴现率相等时，损失值可以利用修正人力资本法计算人体健康损失的经济估值：

$$L = P \times \sum_{i,j} T_k \times (\text{SICK}_{ijk} + \text{NUR}_{ijk}) + \sum_{i,j} \text{COST}_{ijk} \times \text{SICK}_{ijk} \tag{5-27}$$

式中，L 为经济损失，10^4 元；P 为人力资本，一般取人均净产值，10^4 元/（年·人）；T_k 为第 k 种病人均丧失的劳动时间，年；NUR_{ijk} 为疾病患者陪护人员的平均误工时间，年；COST_{ijk} 为第 k 种病的平均医疗护理费用。

对于城市交通噪声污染，由于监测样本较小，且噪声受交通流与街区条件影响，如每小时车流量、机动车类型、平均速度、坡度、传播与反射条件等。因此本书使用 BUWAL 首先估计主要街道交通噪声大小，根据人们出行特征进一步评估噪声暴露水平，以便于量化评估其健康影响。BUWAL 模型计算方法如下：

$$L_{eq} = 10 \times \lg(10^{0.1 \times \text{LE1}} + 10^{0.1 \times \text{LE2}}) \tag{5-28}$$

式中，L_{eq} 为距离公路中心 1m 处的接收点的噪声强度，LE1 与 LE2 分别是速度、坡度与车流量的函数。

$$\text{LE1} = E1 + 10 \times \lg(N1) \tag{5-29}$$

$$\text{LE2} = E2 + 10 \times \lg(N2) \tag{5-30}$$

其中 $E1$，$E2$ 为：

$$E1 = \max[\{12.8 + 19.5 \times \lg(V1)\}, \{45 + 0.8 \times (0.5i - 2)\}] \tag{5-31}$$

$$E2 = \max[\{34+13.3\times\lg(V2)\},\{56+0.6\times(0.5i-1.5)\}] \qquad (5\text{-}32)$$

以上各式中，$V1$，$V2$ 是机动车平均车速，单位 km/h；$N1$ 是小型机动车（包括小轿车、小货车、摩托自行车）每小时的平均流量；$N2$ 是大型机动车（包括火车、公交、拖拉机等）每小时的平均流量；i 为街道的坡度，以百分比表示。

对于自由声场中的长度为 L 的线声源，它发出的声波为柱面波，其声压级随距离的衰减可用以下公式计算：

当 $r \leqslant L/\pi$ 时，

$$L_{eq}(r) = L_{eq_0} - 10\times\lg(r/r_0) \qquad (5\text{-}33)$$

5.2.2 NO_x 的健康影响

NO_x 会导致许多环境问题，如酸雨（通过硝酸、亚硝酸等形式）、$PM_{2.5}$（通过硝酸铵形式）、光化学烟雾、水体富营养化和提高 O_3 的浓度等（Mauzerall et al.，2005）。这些环境影响都会对人体和生态系统造成健康损害，其中 NO_2 暴露会对人体的肺功能和深部呼吸道产生刺激作用，提高哮喘发病率（陈秉衡等，2002），加剧天然的过敏反应，同时加重其他污染物的暴露影响，以上海市为例，1958 年哮喘发病率为 0.46%，到 1979 年增长到 6.69%，发病率提高了 13.5 倍；NO_x 与水作用生成硝酸盐和亚硝酸盐，其中亚硝酸盐为强致癌物，并且影响人体血红蛋白的携氧功能（廖永丰等，2007）。因此，研究北京空气中 NO_x 暴露对人体健康的影响具有重要意义。表 5-3 列举了文献中的 NO_x 剂量反应关系。多数研究（WHO，1997；Samakovlis et al.，2005）认为，NO_x 对人体的健康危害主要表现在对儿童的呼吸系统刺激和显著提高哮喘发病率上。

2005 年，北京市年均 NO_2 浓度为 $66\mu g/m^3$，虽然没有超过国家 Ⅱ 级空气质量标准，但已经超过了 WHO（1997）认为的安全浓度 $40\mu g/m^3$，因此可能对人，特别是儿童产生呼吸危害。图 5-5 显示了 2005 年日均 NO_x 浓度变化，从年日均浓度

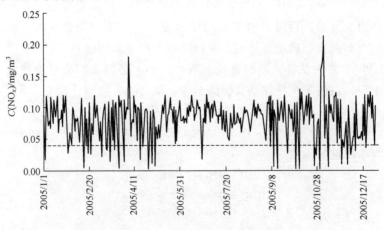

图 5-5 2005 年北京市日均 NO_x 浓度变化值

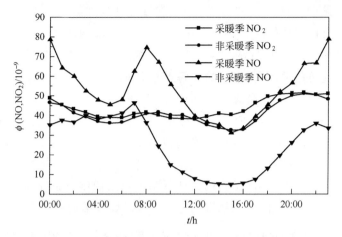

图 5-6　北京市 NO，NO$_2$ 的体积分数日变化趋势

资料来源：安俊琳等，2007。

表 5-3　文献中常见的 NO$_x$ 健康剂量反应系数

对象	NO$_x$ 剂量反应系数	备　注	来　源
婴儿	每增加 28.2μg/m^3，增加 1.09 下呼吸道疾病比值比[0.95,1.26]（95%置信区间）	测试背景为室内 NO$_2$ 浓度的周平均值在 9.4～94μg/m^3 之间	WHO,1997
全体	NO$_x$ 指数每增加 1,日门诊量增加 0.707	与 SO$_2$、TSP 指数同时测定	彭希哲等．2002
全体	每增加 1μg/m^3，增加 0.017 概率导致呼吸受限	月均浓度在 7～35μg/m^3	Samakovlis et al.,2005
儿童	$Y = 103.6X^{-0.1003}$，Y 为终末呼气流速；X 为暴露率，μg/kg	当 Y 小于 100% 时的 X 值为最低观察负面影响水平(LOAEL)	Neuberger et al.,2002
全体	年均浓度每增加 1μg/m^3，呼吸终末量增加 1.40×10^{-8}		Matus,2003
儿童	-0.973（$t = -5.933$，$P = 0.027$)	对 MMEF 水平产生影响	Liu and Zhang．2008
全体	支气管炎系数 1.7[0.5,5.5] 慢性咳嗽系数 1.6[0.3,10.5] 胸腔疾病系数 1.2[0.3,4.8] 哮喘系数 0.6[0.3,0.9]	95%置信区间内；年平均浓度在 0.007～0.023mg/L，比值比基于最高浓度与最低浓度计算出	Dockery et al.,1989
5～12 岁儿童	每增加 28.2μg/m^3，增加 1.2 下呼吸道疾病比值比[1.1,1.3]（95%置信区间）	测试背景为室内 NO$_2$ 浓度的周平均值在 15～122μg/m^3 之间	WHO,1997
6 岁儿童	上呼吸道比值比为 1.6[1.1,2.1]（95%置信区间）	年均浓度为 15μg/m^3	Jaakkola et al. 1991
全体	45.8μg/m^3 情况下哮喘入院率比 28.1μg/m^3 增加 29%	芬兰,平均气温 5℃,年均浓度	Pönkä,1991

图上可以看出，2005 年日均浓度主要分布在 50～100μg/m^3 之间，多数情况下超过了 40μg/m^3（图 5-5 中虚线）的安全浓度范围。图 5-6 显示了 NO、NO$_2$ 的日内

变化趋势。可见 NO_2 在日浓度在 20：00 附近达到极大值，在 13：00 附近达到全天的极小值。日内变化幅度在 $30\sim50\mu g/m^3$ 之间，较 NO 变化幅度小。采暖季和非采暖季的日变化差别不明显，采暖季 NO_2 浓度从 12：00 到 20：00 时间段比非采暖季略高，这可能原因为 NO_2 的光解速率冬季比其他三个季节都低，造成下午累积 NO_2 浓度较高（安俊琳等，2008）。

根据上述分析，NO_2 浓度日变化较少，本书忽略日内浓度的变化。根据方圻（1995）的调查，我国的呼吸道疾病发病率为 10%，死亡率为 53.07/100 万，儿童哮喘发病率为 1.5%，成人哮喘发病率 1%，哮喘死亡率为 36.7/10 万（阎华和晓开提，2008）。本书在可经济量化的条件下基于审慎原则分别在日均和年均浓度水平上计算 NO_2 在日常生活中的暴露剂量对人体的健康影响，计算结果如表 5-4。

表 5-4　机动车排放 NO_2 日暴露剂量的累积健康影响与年均浓度健康影响

项　　目	发病率增加比例[①]	患病人数/10^4 人	死亡人数/人
婴儿下呼吸道疾病（日积累）	13.6%	0.47	2
儿童下呼吸道疾病（日积累）	30.2%	2.57	14
儿童哮喘（日积累）		1.26	5
成人哮喘（日积累）	69.9%	7.38	27
小计	—	11.68	48
婴儿下呼吸道疾病（年均）	8.3%	0.29	2
儿童下呼吸道疾病（年均）	18.4%	1.57	8
儿童哮喘（年均）		0.77	3
成人哮喘（年均）	42.6%	4.50	17
小计		7.13	30

① 发病增加率为北京市平均 NO_2 浓度计算出，患病人数与死亡人数按照机动车排放源贡献比例算出。

根据估算，2005 年日均浓度积累影响远大于年均浓度的影响。按照日均浓度计算，机动车排放的 NO_2 导致的呼吸疾病总数为 11.68×10^4 人，死亡人数为 48 人，其中 NO_2 浓度的增大提高了哮喘病的发病率约 69.9%。按照年均浓度计算，呼吸疾病总数为 7.13×10^4 人，死亡人数为 30 人，哮喘发病增加率为 42.6%。这是因为，剂量反应关系并不呈现线性关系，以年均浓度计算时，虽然年均值综合了个别极端天气的 NO_2 浓度，但并没有考虑到在极端天气状况下发病率的提高，如 NO_2 浓度大于 $200\mu g/m^3$ 时，短时间暴露就会造成急性的呼吸道感染的风险剧增（WHO，1997）。从审慎的原则来看，应该取日均浓度计算的累积患病人数及死亡人数作为交通排放 NO_2 的健康影响值。

从发病率增长的空间分布上来看（图 5-7），西城区、东城区、宣武区和丰台区等南部区县的发病率增加比例较高，延庆、怀柔、密云和平谷四个北部区县的健康风险水平较低，其中密云和平谷两县的 NO_2 年均值均低于 $40\mu g/m^3$，仍然处于安全浓度水平内，延庆的三类疾病的发病率增加比例合并计算都低于 5%，健康风险较低。除平谷区人口密度为 436 人/km^2 外，其他三区的人口密度都低于 200 人/

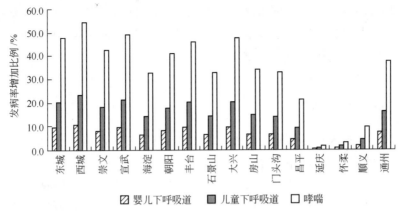

图 5-7　NO$_2$ 导致的发病率增长的空间分布

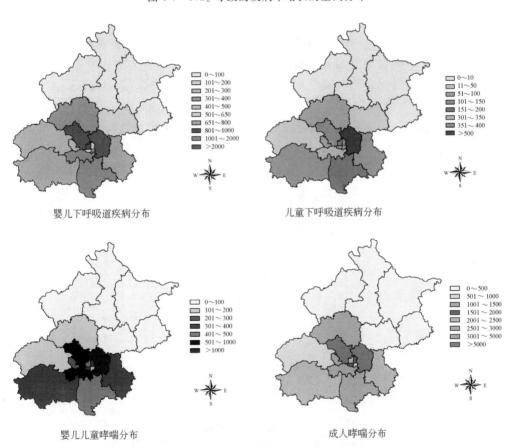

婴儿下呼吸道疾病分布　　　　　儿童下呼吸道疾病分布

婴儿儿童哮喘分布　　　　　　　成人哮喘分布

图 5-8　交通排放 NO$_2$ 影响人群的空间分布（单位：人）

km^2，远低于核心区的约 2000 人/km^2 的人口密度，相应的机动车的密度及使用频率也远远小于城市核心区，因此机动车排放 NO$_2$ 对人体健康影响处于较低的水平。

从生病人数的空间分布上来看（图 5-8），朝阳、海淀、丰台、大兴、西城、通州、房山排列靠前，各类受影响的人数总和都超过 3000 人，这是因为这几个区县本省发病率增加较高，或人口总量较大，共同导致了发病人数的增加。而密云、平谷、延庆三个区县受影响的人数都小于 100 人，这与这三个区县人口密度较低、环境状况较好有关。

5.2.3 PM$_{10}$的健康影响

城市 PM$_{10}$来源于交通排放与扬尘、燃煤、沙尘暴等原因。PM$_{10}$可吸附各种气态、固态、液态化合物和微生物形成气溶胶，而许多有机化合物能引起突变甚至致癌（李会娟等，2007），PM$_{2.5}$可以沉积于人体肺部，对人体健康具有巨大的影响（许真和金银龙，2003），流行病学研究证实 PM$_{10}$通过进入人体呼吸系统和血液系统导致呼吸道疾病、心脑血管疾病等疾病的死亡率和发病率增加（Pan et al.，2007；Dockery et al.，1993；Künzli et al.，2000 ；Xu et al.，1994；王蕾等，2006）。WHO 认为，年暴露的平均浓度在 $20\mu g/m^3$ 以下，日暴露的平均浓度在 $50\mu g/m^3$ 以下，对健康基本无影响（WHO，2005）。多数研究者则使用背景浓度、平均浓度或一定时间段内的最低浓度作为致病浓度阈值（Quah and Boon，2003；Kan and Chen，2004；Ezzati et al.，2002）。Daniels 等（2000）对人群总死亡率和呼吸系统、循环系统疾病死亡率来说，零阈值浓度模型能够最佳拟合可吸入颗粒物浓度与死亡的关系，WHO（1999）也认为不存在所谓的阈值。表 5-5 列举了文献报道中不同计算方法下的暴露反应系数及其来源。

表 5-5 文献报道的 PM$_{10}$的疾病暴露反应系数

健康影响指标	ER 系数/%	95%置信区间	备 注	来 源
急性致死	0.036 1	[0.031,0.046]	$E=\beta(C-C_0)F_0\text{Pop}$，$10\mu g/m^3$ 的 CI $E=\text{Pop}F_0[e^{\beta(C-C_0)}-1]$	Pan et al.，2007 Wan and Masui，2006
慢性致死	0.43	[0.26,0.61]	$E=\beta(C-C_0)F_0\text{Pop}$，$10\mu g/m^3$ 的 CI	Dockery et al.，1993
呼吸系统疾病入院	0.2 0.13 17	[0.07,0.37] [0.01,0.25]	$E=\beta(C-C_0)F_0\text{Pop}$，$10\mu g/m^3$ 的 CI $E=\beta(C-C_0)F_0\text{Pop}$，$10\mu g/m^3$ 的 CI $E=\text{Pop}F_0[e^{\beta(C-C_0)}-1]$	Pan et al.，2007 Künzli et al.，2000 Wan and Masui，2006
心血管疾病入院	0.13 17	[0.070,0.190]	$E=\beta(C-C_0)F_0\text{Pop}$，$10\mu g/m^3$ 的 CI $E=\text{Pop}F_0[e^{\beta(C-C_0)}-1]$	Künzli et al.，2000 Wan and Masui，2006
脑血管疾病入院	9		$E=\text{Pop}F_0[e^{\beta(C-C_0)}-1]$	Wan and Masui，2006
内科门诊病人	0.054 0.03 1	[0.023,0.089] [0.02,0.05]	$E=\beta(C-C_0)F_0\text{Pop}$，$10\mu g/m^3$ 的 CI $E=\beta(C-C_0)F_0\text{Pop}$，$10\mu g/m^3$ 的 CI $E=\text{Pop}F_0[e^{\beta(C-C_0)}-1]$	Pan et al.，2007 Xu et al.，1994 Wan and Masui，2006
儿科门诊病人	0.0387 0.04 1	[0.026,1.07] [0.02,0.06]	$E=\beta(C-C_0)F_0\text{Pop}$，$10\mu g/m^3$ 的 CI $E=\beta(C-C_0)F_0\text{Pop}$，$10\mu g/m^3$ 的 CI $E=\text{Pop}F_0[e^{\beta(C-C_0)}-1]$	Pan et al.，2007 Xu et al.，1994 Wan and Masui，2006
内科与儿科急诊	0.011	[0.003,0.020]	$E=\beta(C-C_0)F_0\text{Pop}$，$10\mu g/m^3$ 的 CI	Pan et al.，2007

健康影响指标	ER 系数/%	95%置信区间	备　注	来　源
急性上呼吸道感染	1		$E=PopF_0[e^{\beta(C-C_0)}-1]$	Wan and Masui,2006
慢性气管炎	2		$E=PopF_0[e^{\beta(C-C_0)}-1]$	Wan and Masui,2006
慢性支气管炎(>15 年)	0.45	[0.127,0.771]	$E=\beta(C-C_0)F_0Pop$,$10\mu g/m^3$ 的 CI	Pan et al.,2007
哮喘	0.176	[0.40,3.13]	$E=\beta(C-C_0)F_0Pop$,$10\mu g/m^3$ 的 CI	Pan et al.,2007
	1.28		儿童发病的比值比	胡伟等,2001
<15 年	0.44	[0.27,0.62]	$E=\beta(C-C_0)F_0Pop$,$10\mu g/m^3$ 的 CI	Künzli et al.,2000
>15 年	0.39	[0.19,0.59]	$E=\beta(C-C_0)F_0Pop$,$10\mu g/m^3$ 的 CI	Künzli et al.,2000
慢性阻塞性肺病	0.07	[0.0083,0.13]	$E=\beta(C-C_0)F_0Pop$,$10\mu g/m^3$ 的 CI	Pan et al.,2007
RADs(>20 年)	0.94	[0.79,1.09]	$E=\beta(C-C_0)F_0Pop$,$10\mu g/m^3$ 的 CI	Ostro et al.,1990
支气管炎症状(<15 年)	3.06	[1.35,5.02]	$E=\beta(C-C_0)F_0Pop$,$10\mu g/m^3$ 的 CI	Künzli et al.,2000
	1.69		儿童发病的比值比	胡伟等,2001

北京市近年来随烟气及汽车尾气排放的 PM_{10} 每年超过 5×10^4 t（崔九思等，1997），同时工程施工、物料堆放、地面裸露及沙尘暴、浮尘等天气加剧了北京市 PM_{10} 的大气质量浓度，2005 年 PM_{10} 为首要污染物的天数达到 318 天，年均浓度达到 $0.142mg/m^3$，超过国家二级标准 42%，日均浓度最高达到 $0.573mg/m^3$，是北京市首要的大气污染物。研究表明，北京市 PM_{10} 主要由黏土矿物、石英、复合颗粒、方解石等组成（吕森林和邵龙义，2003），PM_{10} 中的汞含量较高（陈作帅等，2007），并且中心城市的多环芳烃含量明显高于郊区（周家斌等，2004）。李钢等（2004）认为 PM_{10} 排放量中交通扬尘占 25.7%，TSP 排放量中交通扬尘占 33.5%。李金娟等（2004）通过源解析研究认为，北京市汽车尾气导致的 PM_{10} 排放占总排放量中占 32%～42%。北京市 2005 年 PM_{10} 日均浓度分布如图 5-9。

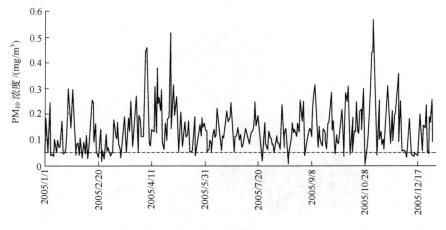

图 5-9　北京市 2005 年 PM_{10} 日均浓度分布

根据便于经济量化的，审慎的原则以及基于基础数据的可得性，本书选取慢性死亡、呼吸系统与心血管入院、内科与儿科门诊及活动受限日等指标在日暴露浓度与年暴露浓度两个尺度上计算PM_{10}的健康危害。由于不能将机动车导致的健康影响从总体PM_{10}的健康影响中单独剥离出来，因此按照浓度贡献率计算机动车扬尘的健康影响是一种可行的办法。综合前述研究结果，取机动车导致的PM_{10}排放占总PM_{10}排放量的$25\%\sim42\%$计，根据Dockery等（1993），Pope等（1995）和WHO（2005）的研究结果计算结果如表5-6。

表 5-6   2005 年北京市 PM_{10} 导致发病数计算结果

发病类型	每百万人新增发病率（日浓度）	新增发病人数（日浓度）	每百万人新增发病率（年均浓度）	新增发病人数（年均浓度）
死亡	[50,84]	[767,1288]	[65,108]	[992,1667]
慢性支气管炎	[139,234]	[2141,3597]	[180,302]	[2769,4651]
呼吸疾病住院	[28,47]	[428,720]	[36,61]	[558,937]
心血管疾病住院	[30,51]	[468,786]	[40,67]	[611,1026]
内科门诊	[1382,2323]	[21263,35721]	[1808,3037]	[27802,46707]
儿科门诊	[304,511]	[4674,7851]	[397,668]	[6114,10271]
急诊	[95,160]	[1469,2468]	[125,210]	[1923,3230]
哮喘	[45,76]	[699,1174]	[59,99]	[911,1530]

上表中以PM_{10}年均浓度计算的受影响的人数大于以日均浓度计算的累积受影响人数，是因为WHO推荐的健康标准以年均$20\mu g/m^3$作为不受影响的标准，而以日均$50\mu g/m^3$作为不受影响的标准，因此计算结果中日累积受影响人数略小于年均受影响人数。

从地域上看，PM_{10}导致的发病人数分布与NO_x呈现类似的规律，即西北部浓度较低、城市核心区与城市西南部浓度较大。如图5-10，其中朝阳区和海淀区受影响人数最多，其次为南部三个区县。

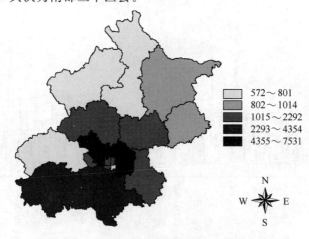

图 5-10   北京市 PM_{10} 健康影响的空间分布图

5.2.4 噪声的健康影响

根据 WHO（1995，1995a）的研究成果，公路交通噪声对人体的危害可以概括为对听力的伤害，影响睡眠与交流。若人体一天暴露在 85dB（A）环境中 8h 以上，或者 120db（A）环境中几分钟，噪声可能造成听力不可逆的损伤，发生听力降低或完全失聪。这时，噪声的峰值比平均值更能说明其危害性。在低于 85dB（A）环境中，持续的暴露会导致血压、心率、呼吸、瞳孔扩张等症状（苏晓婷等，1998），这种生理上的表现可能导致各种疾病，例如心脏病发病率在交通噪声水平在 66~70db(A) 的地区会明显增大（WHO，1995）。50db（A）以上的交通噪声环境会导致难以入睡、影响睡眠，此外夜间噪声峰值还可能导致突然惊醒（WHO，1995b）。日间 50~60db(A) 会中断交流，降低人的思考能力，影响人的生活质量（WHO，1995a）。虽然每个人对噪声的耐受能力不同，但当超过 50db（A）时，受影响的人群比例将显著增高，并且在各类案例研究中的比例大致相近。

公路交通中的噪声级取决于公路交通流量，街区中的噪声常常使用"等效噪声等级（equivalent noise level，L_{eq}）"来描述。L_{eq} 取决于交通流与噪声的传播。目前各国常用的 L_{eq} 估算模型的形式都较为接近（OECD，1995）。本书使用 BUWAL（Ruedi，1999）的方法，使用李本纲（2001）的数据验证 BUWAL 模型。验证结果见表 5-7，模型预测平均比实测值要低 1.0dB，这可能是受数据限制，未考虑行道树、风速等对噪声传播的影响。因此本书将 1.0dB 作为修正项引入到噪声预测中，代替其他因素对噪声强度的影响。本书采用《北京市交通发展年度报告》与《北京市城市交通综合调查总报告》的年度日均车流量按照公路宽度值（环路 15m；主干道 11.5m）计算街道两边的等效噪声，经过校正的模型计算结果见表 5-8。

由于建筑物的墙面对外部的噪声具有明显的降噪作用，根据墙体的隔绝噪声的能力和窗口的方位与开放与否，建筑物内的噪声可能低于外部 15dB 以上，并且受影响的人群在室内活动（特别是睡眠时间）有可能刻意避免接近噪声源的一侧，并利用室内建筑结构降噪（Ruedi，1999），因此交通噪声对室内环境的影响低于室外。根据噪声调查（66 份有效问卷），45.5% 的人在室内受到交通噪声干扰，24.2% 的出现失眠及精神紧张等问题，但在日间出行时，多数人群直接暴露于交通噪声中，78.8% 的人受到噪声干扰。根据 2005 年《北京市交通年度发展报告》，北京市城八区居民日均出行 2.36 次，而除去地铁出行（占出行的 2.4%）以外，其他出行方式都与地面交通相关。除去地铁出行方式，其他各类出行方式的单次平均耗时 35min，因此城八区居民平均每人暴露在交通噪声中的时间为 82.6min。

目前对于噪声与睡眠的干扰的经济量化还难以形成定论。本书根据 WHO（2005）的研究，持续的暴露明显提高了心肌梗死的比例，如表 5-9，作为交通噪声污染的直接损失估计值。

表 5-7 公路噪声模型验证

测点	Q/(辆/h)	V/(km/h)	D/m	实测 L_{eq}/dB	模型 L_{eq}/dB	误差/dB
西直门外大街	1483	44.8	8.7	71.5	70.2	1.3
白颐路北图	5315	39.9	11.5	75.6	73.8	1.8
万泉河路西苑	2174	36.8	10.4	73.7	70.0	3.7
二环阜成门	12319	36	12.7	78.4	76.6	1.8
二环长椿街	6712	37.1	10.8	78.1	74.7	3.4
二环和平门	5058	46.3	11.7	76.7	74.5	2.2
北新华街	1068	28.8	7.8	70.8	68.1	2.7
二环台基厂	5690	40.8	9.5	77	75.0	2.0
二环崇文门	3367	32.5	9.5	75.4	72.3	3.1
二环小街北口	10614	66.1	23.8	74.8	77.1	−2.3
三环安贞桥	10461	56.2	18	77	77.1	−0.1
三环亮马桥	13958	38.2	29.4	74.6	73.6	1.0
三环双井桥	11652	58.1	26.8	75.4	76.1	−0.7
三环木樨地	9618	60.8	29	73.2	75.2	−2.0
三环六里桥	13887	39.3	26.8	75.2	74.2	1.0
三环中央电视塔	15791	44.5	28.1	75.2	75.4	−0.2
长安街礼士路	6072	47.1	41.4	74.1	69.9	4.2
长安街西单	6344	46.8	27.7	72.1	71.8	0.3
长安街东单	5989	68	27.9	71.8	74.1	−2.3
长安街日坛路	5431	50.1	28	70.1	71.6	−1.5
长安街大北窑	5177	42.9	29.6	70.9	70.0	0.9
长安街公主坟	6221	42.9	18.3	74.5	72.9	1.6
长安街东翠路口	5226	47.6	15.5	75.1	73.6	1.5
长安街玉泉路	2362	51	15.9	70.7	70.5	0.2
长安街老山	2163	39.6	15.9	69.3	68.4	0.9

表 5-8   2005 年北京市环路与城市主干道 L_{eq} 估算值

路段	平均车速/(km/h)	全天流量	小客车比例	大型车比例	日间 L_{eq}/dB
东二环	49.6	198102	74.70%	25.30%	80.4
南二环	65.3	145673	77.80%	22.20%	80.4
西二环	41.2	243236	69.90%	30.10%	80.7
北二环	49.2	162366	71.90%	28.10%	79.8
东三环	64	214972	48.00%	52.00%	84.7
南三环	60.4	156111	69.60%	30.40%	81.2
西三环	51.7	217158	64.80%	35.20%	82.1
北三环	54.9	242008	56.60%	43.40%	83.7
东四环	64	240393	74.40%	25.60%	82.9
南四环	64	176224	87.20%	12.80%	79.6
西四环	60.9	246857	78.60%	21.40%	82.1
北四环	74.6	253966	77.90%	22.10%	83.7
城市主干道	36.4	95847	89.10%	10.90%	74.2

注：小客车包括轿车、出租车；大型车包括大型公交、大型客车、货车。城市主干道为平均值。

表 5-9　交通噪声对心肌梗塞发病率的累计估计效应（95%CI）

噪声等级	交通噪声水平累计健康效应					
	≤60	61～65	66～70	71～75	76～80	81～85
累计效应	1	1.05	1.09	1.19	1.47	1.75
置信区间		0.86～1.29	0.90～1.34	0.90～1.57	0.79～2.76	

资料来源：WHO，2005。

北京市城八区的噪声平均为 53.2dB，郊县噪声平均 53.7dB（北京市环保状况公 2006），若作为背景值，则计算北京市城八区公路噪声的直接危害为表 5-10。

表 5-10　城八区公路噪声的累积直接健康效应

路段	长度/km	平均流量	平均流速/(km/h)	平均噪声/dB	受影响人群的比例	累积效应	心肌梗塞死亡数
二环路	32.7	187344	51.3	80.3	0.42%	1.47	10
三环路	48	207562	57.8	82.9	0.61%	1.75	24
四环路	65.3	229360	65.9	82.1	0.81%	1.75	32
主干道	1068	95847	36.4	74.2	9.97%	1.19	99
总计							165

5.2.5　环境污染的经济分析

环境污染的经济计量是 20 世纪 60 年代以来环境领域研究的热门话题之一。比较典型和全面的是 Pearce 的城市发展阶段对策模型，他将环境总量控制与经济、人口模型连接，以评估经济发展、人口增长对环境的影响和环境污染控制对经济发展的制约信息（谢理和邓毛颖，1999）。Suziki 等基于区域内生产、消费和污染之间的相互关系提出了环境污染分析模型，能够定量的计算区域的环境影响（张俊军等，1999）。我国在 20 世纪 90 年代开始研究环境污染的经济损失（过孝民等，1990），1995 年，中国社会科学院对中国 1993 年环境污染的损失进行了货币化估计，环境污染的损失占当年 GNP 的 3% 以上，此后环境的经济分析受到国内学者重视，在流域（吴开亚和王玲杰，2007）、大气（王艳等，2005）、水环境（王艳等，2006）、噪声（陈婷和陆雍森，2004）等方面的研究逐步展开，但是从健康角度的经济量化研究较少。

早期环境健康的经济损失评价方法主要使用死亡造成的经济收入损失的净现值来衡量环境污染的代价，这种方法潜在假设了婴儿或离退休人员的健康没有经济价值，因而备受批评（O'Connor，2003）。为此，支付意愿法（willing to pay，WTP）在意外调查、担保风险和消费者行为等研究方法的基础上建立起来，它能够较全面的评估死亡和疾病的经济损失（Mrozek and Taylor，2002；Viscusi and Aldy，2003）。疾病成本法（cost of illness，COI）通过计算疾病的人力成本、医疗、养护、服务及医药等方面的费用估算疾病的经济损失，成为近期研究的热点。

本书使用统计生命价值（Value of a Statistical Life，VSL）、WTP（Hammitt and Zhou，2006）、COI（World bank，2007）与平均成本法（AC）分别计算死亡与疾病的经济损失。表 5-11 是根据 WTP 与 COI 方法，利用前述研究结果计算得出的交通环境的经济损失。

表 5-11   交通环境污染的健康经济损失

发病类型	估算方法	费用/元	受影响人口	经济损失/10^6 元
哮喘	WTP	21739	[53611,54230]	[1165.45,1178.91]
慢性支气管炎	WTP	19389	[2769,4651]	[53.69,90.18]
死亡	VSL	313950	[1177,1852]	[369.52,581.44]
呼吸疾病住院	COI①	8487	[558,937]	[4.74,7.95]
心血管住院	COI①	12326	[611,1026]	[7.53,12.65]
内科门诊	AC②	94.8	[27802,46707]	[2.64,4.43]
儿科门诊	AC②	94.8	[6114,10271]	[0.58,0.97]
总计				[1604.14,1876.52]

① 数据来自于 World bank，2007；
② 数据来自于北京市卫生局。

通常污染的协同作用进一步增加污染物的毒性，提高发病率，增加其他疾病的风险等（边丽和王自军，2005）。因为数据采集的时间并不统一，目前难以从数据上和方法上估算交通的 NO_x、PM_{10}、噪声污染的协同作用。表 5-12 中未考虑污染的协同作用，因此可以看作是经济损失保守估计值。

上表的量化研究表明，2005 年北京交通污染造成的健康经济损失约（16.0～18.8）$\times 10^8$ 元之间，占 2005 年 GDP 的 0.23%～0.27%。其中哮喘的经济损失是哮喘病人愿意彻底治愈病情愿意支付的费用，约 12×10^8 元，其占总的经济损失的 60%以上，其主因是 NO_x 浓度的升高，哮喘病发病率急剧提高；死亡导致的经济损失排第二位，约（3.7～5.8）$\times 10^8$ 元，占总的经济损失的 30%以上，其主因是 PM_{10} 的浓度提高导致的急性死亡。从交通环境污染的角度来看，控制 NO_x 增长的健康效益高于控制 PM_{10} 的健康效益。

5.3 交通 PAHs 污染风险评价

5.3.1 大气 PAHs 风险

5.3.1.1 PAHs

交通运行产生的大气污染物的类型很多，如 NO_x、CO、HC 及有机污染物等，这些都会对附近居民的健康产生潜在的危害。然而，由于污染的作用时间范围、强度的确定需要大量的基础监测数据，因此要全面评价交通对居民健康的影响存在较大的难度。在这些污染物中，有机污染物的相对毒性最大，以多环芳烃（polycyclic aromatic hydrocarbons，PAHs）为典型代表。PAHs 具有多重毒性效应，包括皮肤/眼部刺激、免疫毒性、遗传毒性，其中最严重的是它具有致癌性（Flowers *et al.*，2002）。

某些职业和场合会引起较为严重的 PAHs 暴露，例如交通警察（Liu *et al.*，2007；Ruchirawat *et al.*，2002）、公交司机和邮差（Autrup *et al.*，1999）、车内被动吸烟者（Kuo *et al.*，2003）、封闭场所（Guo *et al.*，2003）、交通量较大的区域（Ho and Lee，2002）、城市区域/蔬菜地/林地等（Vasconcellos *et al.*，2003）、公交车站和隧道（Pereira *et al.*，2002）、室外空气（Velasco *et al.*，2004）、街边空气（Chetwittayachan *et al.*，2002；Marr *et al.*，2004）以及交通场所附近（Lodovici *et al.*，2003）等。

上述研究提供了大量交通与 PAHs 暴露、人体健康潜在风险三者之间关系的例证，但是对于其中存在的不确定性，例如 PAHs 环境浓度与人类健康效应之间的不确定性关联，没有进行专门的分析（郁亚娟等，2005）。但这些不确定性是真实存在的，并对分析 PAHs 暴露的潜在风险具有重大的影响。

事实上，风险评估不可能非常完美、准确地计算出来。主要问题在于研究者几乎不可能获得时空上完全精确的暴露浓度、暴露后果的监测资料，因此也就无法给出精确的暴露-反应关系（Liao *et al.*，2006）。在大气污染风险分析时，存在无数无法精确取值的因素，从而导致结论产生巨大的不确定性（Lau *et al.*，2003）。

一般而言，大气污染风险评价的不确定性主要有 4 个来源（Yu *et al.*，2008）：①摄入途径（ingestion route）的不确定性，这包括呼吸吸入（inhalation）、口腔吸入（oral intake）、皮肤暴露（skin exposure）等；②污染物转化的不确定性，即外部环境的污染物浓度（ambient concentrations）与产生人体效应（human effect）的含量之间存在差异，此处可称为外推系数（extrapolation factor）不确定性（Tsai *et al.*，2001）；③由于城市居民的年龄、行为、体型等千差万别，这些因素也会影响暴露效应；④监测数据的不足、不准确等因素，也是引起不确定性的原因之一。

为了获得更可靠的风险分析，以便支持政策决策，应把上述不确定性都考虑进去，从而建立起一套有效的、全过程的不确定性风险评价方法体系。换言之，不是以一个数字来代表其风险，而是以置信区间（confidence interval，CI）的形式来表示有毒物质与人类健康之间的关系。本研究建立的大气环境 PAHs 风险评价的步骤如图 5-11 所示。

5.3.1.2 TEF

PAHs 的化学性质差异较大，一般采用 B［*a*］P 作为 PAHs 的代表，通过等价毒性系数（Toxic Equivalent Factor，TEF）把多种 PAHs 的毒性转化成 B［*a*］P 的毒性效应。在联合毒性研究中，同类化合物的联合毒性效应通常可近似认为是相加效应（Backhaus *et al.*，2000；郁亚娟等，2004，2007b），同类混合有机物的

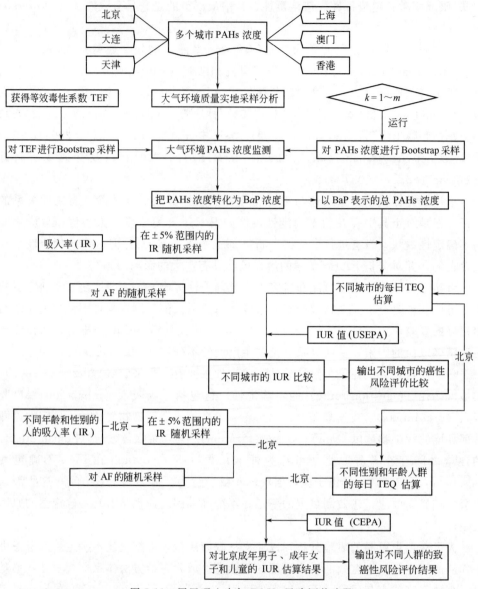

图 5-11　居民吸入大气 PAHs 风险评价步骤

总致病概率可表达为所有化合物的单个概率之和，因此可以用等效毒性的和来表示所有 PAHs 的总毒性（Yassaa *et al.*，2001）。

　　本研究中，以吸入率（inhalation rate，IR）和吸收率（absorption fraction，AF）以及 TEF 作为变量和参数来分析 PAHs 的风险效应。成年男子、成年女子、成年人均、6 岁以下儿童、10 岁儿童的日均 IR 依次是：21.4m³/d，11.8m³/d，16.0m³/d，16.74m³/d 和 21.02m³/d（USEPA 1992，1994）。本书整理了 7 组 TEF 数据（Petry *et al.*，1996；Machala *et al.*，2001；Liao *et al.*，2006），如表

5-12 所示。

表 5-12 文献报道的 PAHs 之 TEF 数据

多环芳烃	PAHs	Petry (1996)	Petry (1996)	Petry (1996)	Petry (1996)	Petry (1996)	Machala (2001)	Liao (2006)
萘	Naphthalene (Naph)	0	N/A	N/A	N/A	0.001	N/A	0.001
苊烯	Acenaphthylene (Aceny)	0	N/A	N/A	N/A	0.001	N/A	0.001
苊	Acenaphthene (Ace)	0	N/A	N/A	N/A	0.001	N/A	0.001
芴	Fluorene (Flu)	0	N/A	N/A	N/A	0.001	N/A	0.001
菲	Phenanthrene (Phen)	0	N/A	N/A	N/A	0.001	N/A	0.001
蒽	Anthracene (Ant)	0	N/A	0.32	N/A	0.01	N/A	0.01
荧蒽	Fluoranthene (Fluor)	0	N/A	N/A	N/A	0.001	0	0.001
芘	Pyrene (Pyr)	0	N/A	0.081	N/A	0.001	0	0.001
屈	Chrysene(Chr)	1	0.001	0.0044	0.0044	0.01	0.017	0.01
苯并[a]蒽	Benzo(a)anthracene (B[a]A)	1	0.0131	0.145	0.145	0.1	0.082	0.1
苯并[jb]荧蒽	Benzo(j+b)fluoranthene(B[jb]F)	1	0.08	0.14	0.12	0.1	0.26	N/A
苯并[k+b]荧蒽	Benzo(k)fluoranthene(B[k]F)	1	0.004	0.066	0.052	0.1	0.11	0.1
苯并[a]芘	Benzo(a)pyrene(B[a]P)	1	1	1	1	1	1	1
茚并[1,2,3-cd]芘	Indeno(1.2.3-cd)pyrene(IND)	1	0.017	0.232	0.078	0.1	0.31	0.1
二苯并[ah]蒽	Dibenzotahjanthracene(D[ah]A)	1	0.69	1.1	1.11	1.0	0.29	1.0
苯并[ghi]芘	Benzo(ghi)perylene(B[ghi]P)	0	N/A	0.022	0.021	0.01	0.19	0.01
苯并[e]芘	Benzo(e)pyrene(B[e]P)	N/A	N/A	N/A	N/A	N/A	0.0017	0.01

注释：N/A：Not available。

本书的 PAHs 健康风险评价分为两个部分：①估算 PAHs 吸入的有效累计量，以总的等效 B[a]P（total B[a]P_{eq}）表示，单位：ng；②估算由 PAHs 导致的健康风险增加量，以增加的受威胁人数（number of threatened people）来衡量，单位为人（p）。

5.3.1.3 TEQ

对于某特定城市的居民而言，暴露的数量级取决于环境 PAHs 浓度和暴露的时间长度（exposure duration，ED），可以用浓度-时间当量（concentration-time units）来表示（Lioy，1990）：

$$E = \int_{t_1}^{t_2} C(t)\,\mathrm{d}t \tag{5-34}$$

式中，E 代表暴露当量，$\mu g/(m^3 \cdot d)$，$C(t)$ 代表 t 时刻的浓度，$\mu g/m^3$；$(t_2 - t_1)$ 是暴露的时间长度。

当 PAHs 进入人体后，就会对人体健康产生影响。吸入的潜在剂量（potential dose）可以表示为浓度、吸入率和时间的积分（USEPA，1992）：

$$D_{\mathrm{pot}} = \int_{t_1}^{t_2} C(t) \times \mathrm{IR}(t)\,\mathrm{d}t \tag{5-35}$$

式中，D_{pot} 表示潜在剂量，μg；$\mathrm{IR}(t)$ 表示吸收率，m^3/d。

上式也可以浓度、吸收率和暴露时间长度的乘积形式来表示（Zaki，2001）。

当数据不足时，可以把浓度和吸收率的平均值代入公式进行计算：

$$D_{pot} = C \times IR \times ED \tag{5-36}$$

通过吸入过程进入人体的 PAHs 中，只有一部分是被人体吸收，经过一定时间后，这部分吸收的物质会对健康产生危害。这一部分真正发生效应的比例称为吸收比例（absorption fraction，AF），AF 无量纲，用 AF 可以表示有效剂量与吸收剂量之间的关系（USEPA，1992）：

$$ADD_{int} \approx ADD_{pot} \times AF \tag{5-37}$$

式中，ADD_{int} 表示日均内在剂量（average daily internal dose），是平均每天吸入到人体并发生作用的剂量，μg；ADD_{pot} 表示日均潜在剂量（average daily potential dose），μg。

AF 值是一个变量，它取决于吸收障碍的大小、化学品生物有效性的大小等。它表现为一个累积的数字，最大为 1，最小为 0，即 0～100%，也可能在达到100% 之前它就达到了累积的动态平衡，因此 AF 是一个区间参数。

为了估算所有 PAHs 的总效应，采用 TEF 来把各污染物浓度换算成 B[a]P的等效浓度，如下式所示（Yang et al.，2007）：

$$B[a]P_{eq\_i} = C_i \times TEF_i \tag{5-38}$$

其中，$B[a]P_{eq\_i}$ 代表污染物 i 的等效浓度，$\mu g/m^3$；C_i 代表污染物 i 的浓度，$\mu g/m^3$；TEF_i 是污染物 i 的等效毒性系数。

把上述公式综合起来，就得到总有效毒性剂量（totality of equivalent toxic quantity，TEQ），表示为（Chen and Liao，2006）：

$$TEQ = \left[\left(\sum_{i=1}^{n} C_i \times TEF_i \right) \times AF_i \right] \times IR \times ED \tag{5-39}$$

式中，TEQ 表示总有效毒性剂量，$ngB[a]P_{eq}$；$i = 1, \cdots, n$ 代表化合物数量；其他参数含义同前。

5.3.1.4 ICR

吸入致癌风险（inhalation cancer risk，ICR）通过以下 3 个步骤计算得到：

(1) 致癌风险可以通过单位污染物吸入量（unit pollutant inhalation）来估算（Lau et al.，2003）。单一污染物的致癌性风险按下式计算：

$$R_i = C_i \times IUR_i \tag{5-40}$$

式中，R_i 是估算的污染物 i 对个人终身的致癌性风险（individual lifetime cancer risk）；C_i 是污染物 i 的浓度，$\mu g/m^3$；IUR_i 是吸入单位浓度污染物 i 导致的风险（inhalation of unit risk，IUR），$m^3/\mu g$。此处 IUR 的含义可以这样理解：假设 $IUR_i = 2 \times 10^{-6} \mu g/m^3$，这表示在每 1000000 人中，可能有不超过 2 例肿瘤是由终身暴露于空气浓度为 $1\mu g/m^3$ 的化学品污染而引起的，即发生肿瘤的最大可能病例数量最大为 2，且极可能小于 2，甚至可能是 0（USEPA，2006）。

（2）同类化合物导致的总的吸入致癌性风险可以通过单个化合物所致风险的加和得到（Backhaus *et al.*，2000；Wu *et al.*，2006）。为估算某城市因空气暴露所引起的病例数量，总的致癌性风险可以下式计算：

$$ICR = \sum_{i=1}^{n} EC_i \times IUR_i \tag{5-41}$$

式中，EC_i 代表化学品在空气中的暴露浓度（exposure concentration，EC），$\mu g/m^3$；ICR 代表每百万人中可能引起的病例数量，p；IUR_i 含义同前（USEPA，2006）。

（3）由于大部分化学品的 IUR 值难以获得，因此一般借助 TEF 值来转换，把其他 PAHs 的浓度转化为等效的 $B[a]P_{eq}$ 浓度，因此 ICR 可表示为（USEPA，2005；Wu *et al.*，2006）：

$$ICR = \left(\sum_{i=1}^{n} C_i \times TEF_i \right) \times IUR_{B[a]P} \tag{5-42}$$

式中，$IUR_{B[a]P}$ 代表单位吸入风险的斜率（slope factor，SF），假设暴露-致癌性效应（exposure-carcinogenic effect）是线性的（USEPA，2005）。通过该线性模型对致癌性风险的外推（extrapolation），主要是在低剂量区域（low dose region），线性外推是可信的，而且自 1986 年起，该法已在绝大多数的化学品风险评价中得到了应用（USEPA，1986；USEPA，2000a）。正如推荐指导方针所述（USEPA，1996），除非有新的、充分的机理研究能证实其他更合理的估算方法，否则在目前的资料情况下，线性外推是当前最可行的方法（USEPA，2000a）。

美国加州环保局（California Environmental Protection Agency，CEPA）推荐的 $B[a]P$ 的 IUR 值是：$IUR_{B[a]P} = 1.1 \times 10^{-3} m^3/\mu g$（CEPA，2004）；美国环保局（U.S. Environmental Protection Agency，USEPA）推荐的 $B[a]P$ 的 IUR 值是：$IUR_{B[a]P} = 2.09 \times 10^{-3} m^3/\mu g$。可见，不同化合物的风险可以相加，只要可以证明这些物质之间不存在明显的相互反应、剂量或浓度添加效应（USEPA，2000b）；不论它们是相似或不相似的化合物类型（Feron *et al.*，1995；Backhaus *et al.*，2000）。

5.3.1.5 混合不确定性分析

为了反映整体的不确定性，本处主要采用 3 种分析方法：区间数（interval number）、随机采样（random sampling）和 Bootstrap 法。本研究中的不确定性和研究有效性主要体现在以下 4 个方面。

① 由于人类暴露于污染物的途径较多，包括吸入、直接或间接摄取（ingestion）、皮肤接触（dermal contact）等（USEPA，1999），因此有必要说明，本书所研究的暴露途径是特指吸入空气中的 PAHs 所导致的风险，而其他如摄入、皮肤接触等不在本书的研究范围之内。因此本书所得出的风险评价的结论，也是仅针对

吸入这一途径所致的风险。

② 目前风险评价领域最普遍的问题之一就是缺乏定量化的标准（Lau *et al.*，2003），比如，我国城市的大气污染标准里没有列出对 PAHs 的标准，因此本书选取 CEPA 和 EPA 的标准作为参考，这些标准的应用范围较广，具有较强的可信度。本书将采取风险的上、下限及值信区间（95％，75％，50％ 和 25％）等形式来表达不确定性研究的结果。

③ 由于居民的社会经济条件存在差异，活动、行为、体型等亦有不同，因此 IR 也有差别，通常在平均值±5％变化幅度内（USEPA，1997；Leslie *et al.*，2004；Frédéric D *et al.*，2003）。参数 AF 应接近于统计分布的中心，上下限分别是 100％ 和 0（USEPA，1992）。因此，在［0，1］内随机采样是可行的。

④ 大气采样点的分布应尽可能具有代表性，然后就需要采取一种可以有效重复的采样过程，这可能比插值（interpolation）或弥散（diffusion）更为可靠（Bennett *et al.*，2002）。Bootstrap 法就是适合于这样的大规模重复采样的一种方法，尤其是当全城的采样点数量较为有限时，Bootstrap 法更显得高效可行（Chan，2006）。相似的，本书中对 TEF 也采用了 Bootstrap 法。该法的关键是要确定一个合理的采样重复次数值（bootstrap iteration），以 b 表示，b 过小无法体现该法的优势，但过大则计算量太大需要时间过长。为了测试该法中采样次数 b，在 $n=100$ 时用 $b=100\sim1500$ 试验，寻找合适的 b 值（Lutz *et al.*，1995；Romano *et al.*，2004）。有文献报道 $b=10^3$ 时即可具有足够的鲁棒性（robustness）（Gatz and Smith，1995；Efron and Tibshirani，1993）。Bootstrap 是一种新型非参数不确定性分析方法（Adams，1997），它比传统的非参数数列方法（non-parameter permutation methods）更为有效（Manly，1997）。

由于 B［*ghi*］P 与机动车尾气排放紧密相关（Baek *et al.*，1991），因此它可以作为判断 PAHs 来源的一种标志物质（Simcik *et al.*，1999；Zheng *et al.*，2000）。它在分析样品中的含量越高，那么在对应的城市里，机动车尾气污染排放的可能性也越大。表 5-13 列出了 PAHs 比例与来源分析的部分判据（Hou *et al.*，2006）。

表 5-13　判别 PAHs 比例与来源分析

来源	B［*a*］P/B［*ghi*］P	Pyr/B［*a*］P	B［*a*］A/Chy		IndP/B［*ghi*］P
交通	0.3～0.44	1～6	0.28～1.2(gasoline)	0.17～0.36(diesel)	—
煤燃烧	0.9～6.6	＜1	1.0～1.2		～0.9

文献来源：Hou *et al.*，2006.

虽然有机污染在世界范围内受到广泛重视，但是我国尚未建立起常规监测 PAHs 的方式。一般来说，PAHs 来自于交通尾气排放、焦炭燃烧、钢铁熔炉、制造业以及市政厨灶燃烧等。所有这些来源中，交通和煤炭被认为是 20 世纪最主要的 PAHs 来源（Rogge，1993；Lee，1995；Harrison，1996）。随着机动车保有量的急速增长，我国大部分大城市已经不再是传统的交通/煤烟型混合的大气污染类型。事实上，燃油燃烧产生的废气，尤其是机动车尾气，已经成为我国大气污染的唯一主导性污染源，这与发达国家的情况是完全一致的（Rogge，1993；Lee，1995；Harrison，1996；Nielsen，1996；Möller，1982；Tuominen，1988；Benner，1989）。

目前，PAHs 是除了 NO 和 CO 之外机动车尾气最严重的污染物，它是实行无铅汽油以后最严重的机动车污染物（Daisey，1986；王静等，2003）。试验表明，北京市的大气 PAHs 主要来源于交通尾气的贡献（Zhu and Wang，2005）。

本研究对北京市的 PAHs 来源进行初步分析，计算结果列于表 5-14。北京市 Pyr/B[a]P 比值大于 1 的采样点占总数的 66.7%，而 B[a]P/B[ghi]P 比值小于 0.9 的采样点占总数的 80%，根据文献（Hou et al.，2006）的判据，可以得出结论，北京市大气 PAHs 的最大来源是交通污染排放，这与 Sun et al.（2004）和 Chan et al.（2005）等的研究结论是一致的。

表 5-14　北京市 PAHs 实测比例

样品编号	1	2	3	4	5	6	7	8	9	10	11	12	13	14	15
Pyr/B[a]P	1.37	0.81	1.51	1.35	0.76	3.76	2.8	1.61	0.72	1.85	6.67	1.54	0.78	0.99	1.48
是否>1	是	否	是	是	否	是	是	是	否	是	是	是	否	否	是
B[a]P/B[ghi]P	0.66	0.41	0.46	0.97	0.61	0.03	0.38	0.85	0.59	0.68	0.25	0.98	0.61	0.72	1.06
是否<0.9	是	是	是	否	是	是	是	是	是	是	是	否	是	是	否

5.3.2　PAHs 风险评价

5.3.2.1　风险评价概述

城市扩张对于人类健康的影响很大，主要体现在：空气污染（尤其是机动车尾气）、交通事故、行人受到伤害、影响水质水量等方面（Frumkin，2002；Kennedy and Bates，1989）。交通运输对于空气污染的贡献比率很大，例如墨西哥城 40% 的 PM$_{10}$ 来自交通污染，圣地亚哥城交通 PM$_{10}$ 污染贡献比率则达到 86%，而两个城市 NO$_x$ 的交通贡献率都>75%（Bell et al.，2006）。对于 PM$_{10}$ 等常见的大气污染物，它们的污染风险已经有较多方法和案例可以参照，尤其是美国 EPA 对其主要城市均有研究（Ellen et al.，2003）。

PM$_{10}$ 和 NO$_x$ 属于常规监测的污染物，毒性较低，而实际上，交通污染不仅指 PM$_{10}$ 和 NO$_x$，它还包含那些毒性更大的有毒有机污染物，如多环芳烃（polycyclic aromatic hydrocarbons，PAHs）等。PAHs 的毒性较大，较低浓度的 PAHs 即可导致较为严重的健康风险效应。机动车排气是有害有机物的重要来源，例如目前我国城市大气中的挥发性有机物（volatile organic chemicals，VOCs）浓度已达到较高水平，以广东某城市主干道气溶胶中 PAHs 的测试结果为例，被检测出的 PAH 有 70 多种，包含了美国 EPA 优先控制污染物的大部分（柴发合等，2006）。本部分主要研究北京市空气中的 PAHs 对居民健康的风险。

本研究中，选取包括北京在内的 6 个城市的居民作为 PAHs 风险分析的对象。这些大城市的大气 PAHs 浓度分别来源于文献：北京（曾凡刚等，2002）、大连（万显烈等，2003）、天津（孙韧，朱坦，2000）、上海（郭红连等，2004）、澳门（祁士华等，2001）和香港（Lau *et al.*，2003）。

5.3.2.2 Bootstrap 采样次数试验

采样次数的测试，通过下面的方法：对某城市 i，分别取次数 $b=100$，200，300，500，1000，1500 做 Bootstrap 采样，每个组合重复 20 次，然后计算其标准偏差（standard deviations）s，列出不同 b 对应的 s 值。此处的 s 可以揭示 Bootstrap 法的鲁棒性（Chan *et al.*，2006；Hopke *et al.*，1995）。标准偏差 s 按下式计算：

$$s = \left[\frac{1}{n-1} \sum_{i=1}^{n} (x_i - \overline{x})^2 \right]^{\frac{1}{2}}$$

其中，
$$\overline{x} = \frac{1}{n} \sum_{i=1}^{n} x_i$$

北京等 6 个城市的 Bootstrap 采样次数测试结果如图 5-12 所示。可以看到，标

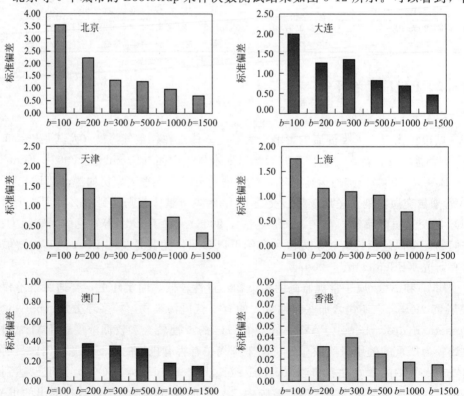

图 5-12 6 个城市 Bootstrap 试验的结果

准偏差 s 随着测试次数 b 的增加而下降，也验证了 $b=1000$ 时即可满足系统鲁棒性的要求，这与文献（Gatz & Smith，1995；Efron & Tibshirani，1993）是一致的。

5.3.2.3　城市间 TEQ 和 ICR 比较

根据前述方法计算得到北京、上海等 6 个城市的换算成 B[a]P 的大气 PAHs 浓度如图 5-13 所示。可见，城市间差异较大，其中大连和澳门的浓度比北京低，天津和上海的与北京相近，而香港的情况是 6 个城市中最好的。北京的 TEQ 在 0 到略高于 200 的某数值之间；大连是在 0 到（150，200）之间；天津和上海是在 0 到（100，150）之间；香港和澳门是在（0，50）范围内。

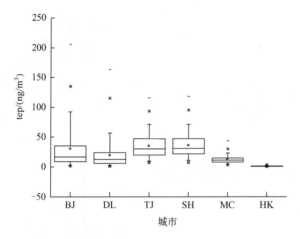

图 5-13　居民每日吸入 TEQ 剂量（单位：ng）

BT—北京；DL—大连；TJ—天津；SH—上海；MC—澳门；KH—香港

以 USEPA 的 $IUR_{B[a]P}$ 为标准，计算得到北京、上海等 6 个城市的大气 PAHs 风险表征 ICR 如图 5-14 所示。可见，北京、大连、天津、上海、澳门和香港的 ICR 平均值依次是：61.2237，39.4414，72.6511，73.9435，25.1872，2.1753；中值依次是：34.8885，26.7595，62.6825，64.1185，23.1470，1.7917。这些城市 ICR 的 95% 置信区间上限排序为：上海＞天津＞北京＞大连＞澳门＞香港。可见 ICR 排序与 TEQ 的排序相似。

5.3.2.4　北京市 PAHs 风险

计算得到不同性别和年龄的北京市居民每日 TEQ 结果如图 5-15 所示。本书此处采用 SPSS（version 13.0）和 OriginPro（version 7.01）软件来对 Bootstrap 法产生的大量数据进行统计分析。图 5-15(a) 表示成年人 TEQ 分布，数据主要集中在 0～100ng/d 的区间内，约占总数的 52.1%。其他区间，如 100～200ng/d，200～300ng/d，300～400ng/d，400～500ng/d 和 ＞500ng/d 所占的比例依次是：22.6%，9.2%，5.3%，3.7% 和 7.1%。

Menzie et al（1992）认为，通过吸入方式的 PAHs 的潜在致癌剂量范围是

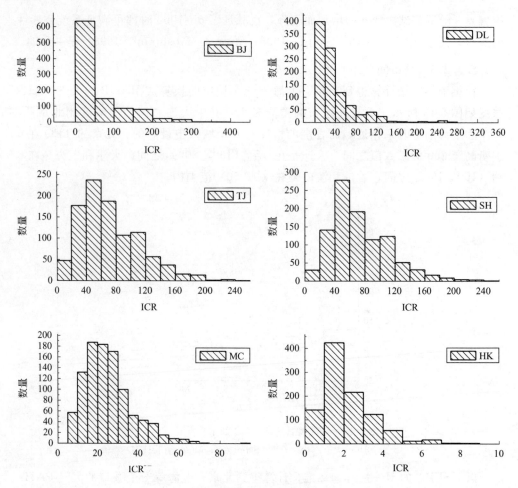

图 5-14　每百万人的吸入致癌性风险病例人数

BT—北京；DL—大连；TJ—天津；SH—上海；MC—澳门；KH—香港

$0.02\sim3\mu g/d$，中值为 $0.16\mu g/d$。世界卫生组织（World Health Organization，WHO）的环境健康标准（Environmental Health Criteria）中的 EHC202 列出了 6 个国家推荐的每日吸入 PAHs 标准依次为（WHO，1998）：$0.36\mu g/d$（奥地利）、$0.14\sim1\mu g/d$（德国）、$0.1\sim0.3\mu g/d$（意大利）、$0.12\sim0.42\mu g/d$（荷兰）、$0.48\mu g/d$（英国）、$0.16\sim1.6\mu g/d$（美国）。

　　由于我国尚无 PAHs 风险评价的标准，因此暂以美国标准为例，结合 Menzie *et al*（1992）的研究来确定参考的标准。可以看到，当 $TEQ<0.16\mu g/d$ 时，可以认为是相对安全的。由此判断，北京市有 $>67.8\%$ 的成年人是远离 PAHs 吸入途径的直接危害的。由于美国标准的下限比大部分其他国家标准更为严格，因此可以认为在这个标准以下是相对安全的。

　　图 5-15(b) 比较了成年男子、成年女子、成年人均、6 岁以下儿童、10 岁儿

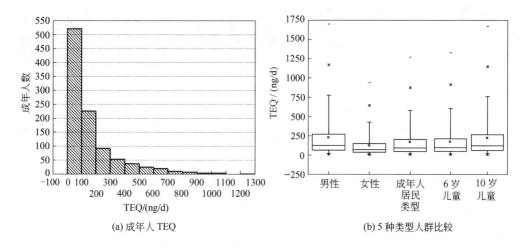

(a) 成年人 TEQ　　　　　　　　　(b) 5 种类型人群比较

图 5-15　北京居民每日吸入 TEQ 剂量

童的 TEQ 差异，表 5-15 列出了这 5 组对象的统计参数。由此可见，北京市居民吸入大气 PAHs 的风险，由于性别和年龄导致的 TEQ 差别如下。

表 5-15　不同类型居民的 TEQ 比较

类型	样本数	范围	最小值	最大值	平均值	标准偏差	标准方差	变异系数
男性	1000	1702.20	0.00	1702.20	220.35	7.94	250.93	62966.19
女性	1000	938.59	0.00	938.59	121.50	4.38	138.36	19144.42
成年人	1000	1272.70	0.00	1272.70	164.74	5.93	187.61	35197.92
6 岁儿童	1000	1331.50	0.00	1331.50	172.36	6.21	196.29	38529.00
10 岁儿童	1000	1672.00	0.00	1672.00	216.43	7.79	246.47	60749.33

① 男女之间的差异较大，成年男子的平均值为 220.35ng/d，而成年女子仅为 121.50ng/d，男子的最大值为 1702.20ng/d，女子的最大值是 938.59ng/d。这说明，男子的每日累积剂量（cumulative dose）要高于女子。

② 6 岁和 10 岁儿童的 TEQ 也有差别，6 岁儿童的 TEQ 平均值 172.36ng/d，而 10 岁儿童则是 216.43ng/d。可见 10 岁儿童比 6 岁儿童的累积剂量更高。

③ 成年人的 TEQ 与 6 岁儿童的 TEQ 较为接近，平均值分别为 164.74ng/d 和 172.36ng/d。

④ 10 岁儿童的 TEQ 与成年男子的相似，平均值分别是 216.43ng/d 和 220.35ng/d。

⑤ 与成年女子和 6 岁儿童相比，成年男子和 10 岁儿童的 TEQ 处于一个相对较高的水平。

北京市居民的 ICR 分析结果如表 5-16 所示。全体居民、男性和女性的 ICR 平均值依次为：290.74，147.41 和 143.33；中值依次是：176.41，89.44 和 86.96。其 95% 置信区间的上下限分别是：全体居民 [272.22，309.25]，男性 [138.02，

156.80]，女性［134.20，152.46］。换言之，在 95％的置信区间内，全市当年约 272～309 的癌症病例可追溯到大气环境的 PAHs 污染，其中，138～157 例是男性、134～152 例是女性。与此相似的，75％、50％和 25％的置信区间的 ICR 情况与 95％较为相似。

表 5-16 不同类型居民的 ICR 比较

内容		全体人群	男性	女性
平均值		290.74	147.41	143.33
5％微调平均值(5％ trimmed mean)		258.00	130.81	127.19
中值(median)		176.41	89.44	86.96
变异系数(variance)		89018.51	22883.62	21634.46
标准偏差(Std. deviation)		298.36	151.27	147.09
最小值		7.51	3.81	3.70
最大值		1292.80	655.46	637.32
范围		1285.29	651.65	633.62
平均值的置信区间	95％	［272.22,309.25］	［138.02,156.80］	［134.20,152.46］
	75％	［279.88,301.60］	［141.90,152.92］	［137.98,148.68］
	50％	［284.37,297.11］	［144.18,150.64］	［140.19,146.47］
	25％	［287.73,293.75］	［145.88,148.93］	［141.85,144.81］

全体人群的 ICR 最大值是 1292.80，表示由于大气 PAHs 污染最大可能会导致发生 1293 病例。北京市当年人口为 1.240×10^7 人，死亡率为 6.02‰（BSB，2006），由此可得，其中最多有 1.73％的死亡病例是由于大气 PAHs 污染引起的。

图 5-16 显示了北京市 ICR 分析的具体情况。图 5-16(a) 表示全体人群的 ICR 分布，其中概率最大的两个区间是［0，100］和［100，200］；图 5-16(b) 表示全体人群、男性和女性的 ICR 对比；图 5-16(c) 表示男性和女性的 ICR 之间存在细微差异，但总体上具有相似性；图 5-16(d) 是 ICR 在全体人群分布的饼图，分别表示 ICR 在 6 个区间所占的比例，依次是：0～100，100～200，200～300，300～400，400～500 和 500 以上。其中，0～100 例的比例是 27.3％；100～200 例的比例是 26.9％；200～300 例的比例是 15.0％；300～400 例的比例是 10.6％；400～500 例的比例是 4.9％；而大于 500 的比例是 15.3％。换言之，全市大气 PAHs 致癌性病例小于等于 500 例的百分比是 84.7％。由此可见，虽然大气 PAHs 对人体健康具有风险，并且对北京市居民的致癌性效应有一定影响，但是这一贡献的比例较小，最高比例可到 1.73％。

图 5-16(b)、图 5-16(b) 和（c）列出了不同性别的 TEQ 和 ICR 差别。其中：①男性 TEQ 平均值为 220.35ng/d，高于女性的 121.50ng/d；②男性 ICR 平均值为 147.41，亦高于女性的 143.33。③在图 5-16(c) 中，在较低的概率区间

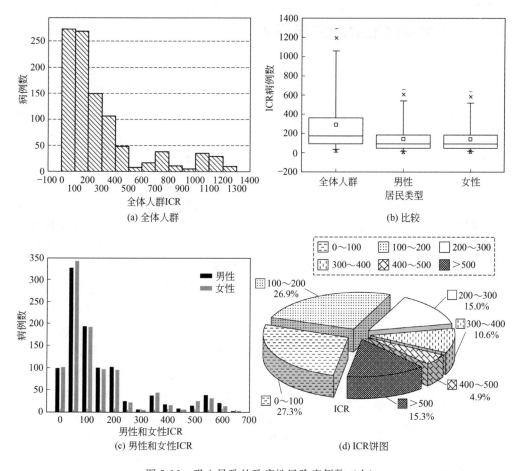

图 5-16　吸入导致的致癌性风险病例数（人）

内（如 $0 < ICR < 100$），男性的百分比低于女性，而在其他较高的区间范围内，则男性的百分比高于女性。这表明不论是 TEQ 还是 ICR，男性的风险表征均高于女性。

　　对北京等城市居民的大气 PAHs 健康风险评价研究得到如下结论：①交通是大气 PAHs 污染的首要来源之一，它对城市居民会产生健康风险影响；②若干大城市 PAHs 污染风险的排序为：上海＞天津＞北京＞大连＞澳门＞香港；③至少有 67.8％的北京市成年居民每日吸入的 PAHs 低于健康效应标准值；④全市当年死亡人数中，小于等于 1.73％的病例是与大气 PAHs 污染直接相关；⑤在 95％的置信区间，约有 272～309 病例可以追溯到大气环境的 PAHs 污染；⑥由吸入大气 PAHs 污染导致大于 500 个病例的可能性为 15.3％；⑦虽然大气 PAHs 对人体健康具有风险，并且对北京市居民的致癌性效应有一定影响，但是这一贡献的比例较小；⑧Bootstrap 法与随机概率法、区间数方法等的结合应用，对于评价城市大气 PAHs 污染的健康风险具有可行性。

5.4　城市交通事故的经济损失

5.4.1　Downs 定律

Anthony Downs 在 1962 年即提出"交通需求总是趋于超过交通设施供给能力"的定律。当斯定律（Downs Law）可表述为：新建的道路设施会诱发新的交通量，而交通需求总是倾向于超过交通供给。该定律的含义是：新的道路建设固然降低了出行时耗，但同时也引发了新的交通需求。于是经过一段时间之后，最终又恢复原来的拥挤水平。世界银行专家 S. Stares 经过大量的调查研究，得出这样一个严峻的结论：无论怎样加速道路建设提高道路运行效率，真正要解决道路拥挤问题则不得不控制和正确引导交通需求，别无选择。任何轿车的拥有者和轿车制造者都不会轻易放弃他们投入了大量资金所获得的运输方式（高万云，2001）。

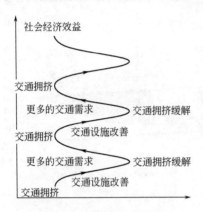

图 5-17　交通拥挤的当斯定律
文献来源：高万云，2001.

根据当斯定律，当改善后的地段交通的拥挤程度与改善前相同时，那些增加的交通量是哪里来的呢？只有两种可能：①虽然这一路段的交通服务水平没有提高，但其他路段的交通比以前更拥挤了，或者公共交通的服务水平下降了，所以，出行者选择这个相对服务水平较高的路段行驶。也就是说，这一地段分担了其他更拥挤地段的交通，如果没有这一地段交通的改善，整个城市路网服务水平将会更差。②增长的交通量是由社会经济发展引发的，即使这一地段的交通设施没有改善，其经过的交通量也会增加，就会导致这一地段的交通更拥挤。现在改善后虽然拥挤程度没有降低，但也没有增加。也就是说，这一地段以过去的服务水平满足了更大的交通需求，也就创造了更大的社会经济效益。实际上是一个螺旋上升的过程，如图 5-17 所示，虽然交通拥挤没能解决却带来了更大的社会经济效益。

由于交通需求总是倾向于超过交通供给，对交通需求进行合理的调控，使交通需求和交通供给趋于平衡，就成了缓解城市交通拥挤问题的重要方法。交通需求管理也就应运而生了。交通需求管理的核心是要通过诱导人们的出行方式来缓解城市交通拥挤的矛盾，减轻对城市环境的压力。

5.4.2　Downs 定律实证分析

对北京市车辆增加和道路增加的 Downs 定律实证分析，表明道路长度增加

$(x$，km）与机动车数量（y，万辆）增加的关系：$y = 156.01\ln x - 1056.8(R^2 = 0.8541)$。道路面积增加（$x$，$10^4 \text{km}^2$）与机动车数量（$y$，万辆）增加的关系是：$y = 108.12\ln x - 719.12(R^2 = 0.8266)$。从北京市道路面积、长度增长与车辆总数的相关关系，可以看出随着道路面积和长度的增加，车辆总数也呈上升趋势，这也就解释了 Downs 定律，即道路的改善会引起更多的车辆需求（图 5-18）。

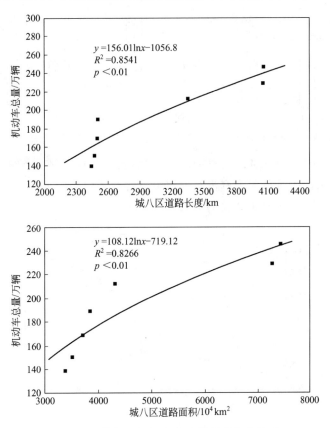

图 5-18　道路长度/面积与车辆数的相关关系

从北京市 1998～2005 年间道路长度与车流量之间的关系可以看到：①1998～1999 年间，随着道路长度的增加，平均车流量有了稍微的下降，一定程度上改善了交通条件；②随着车辆的持续增加，从 1999～2003 年，道路长度的增加却伴随着车流量的持续增加，这与 downs 定律所揭示的"道路条件的改善会引发更多的交通量"是完全一致的；③越来越多的交通量压力使得道路建设难以支撑交通的需求，城市出现严重的交通拥堵等问题，抑制了部分出行需求，从而导致平均交通量的下降，以适应交通支撑能力的约束，体现为 2003～2005 年间道路长度基本维持不变的情况下，建成区平均车流量却略有下降的趋势（图 5-19）。

北京市私人汽车拥有量和居民人均收入之间的关系如图 5-20 所示。以 y 代表 lg（私人汽车拥有量），单位：辆，x 代表 lg（居民人均收入），单位：元，得到关

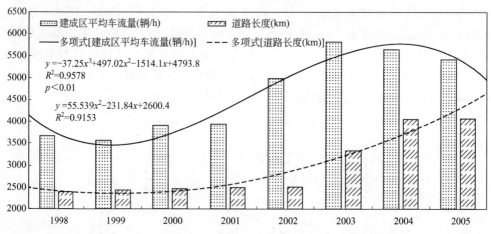

图 5-19　北京市城八区 1998～2005 年道路长度与建成区平均车流量比较

系式为：$y = 2.0678x - 2.4276(R^2 = 0.9445)$。由此说明，随着经济发展，居民收入逐年增长，由此带来的对家庭汽车的需求也日益强烈，居民收入对城市交通增长带来正面的压力，两者是正相关的关系。

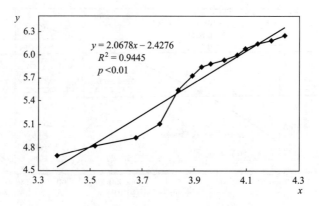

图 5-20　居民收入与私人汽车拥有量之间的关系

5.4.3　道路安全与交通经济损失分析

导致道路交通事故的原因很多，并呈现出间接化和隐性化的特点。由于车辆、行人、道路、交通等条件的差异，各地区道路交通影响因素也有较大的差别（孙珊珊，2005）。以北京为例，影响交通安全的主要因素有：①违反交通法规；2004 年共发生交通事故 8536 起，其中因违反交通规则而引发的事故占总数的 93％。②机动车拥有量的增加速度超过了道路的增长速度，而不合格车辆也给道路交通安全带来了严重的威胁；③混合交通是引发交通事故的一个主要原因。④虽然我国某些大城市的道路交通设施在国内尚属一流，但同国际大都市相比，却表现出严重不足。以北京为例，该市面积是东京面积的 5.81 倍，但交叉路口的交通信号机、交通标志、人行横道、人行天桥、地下人行过街道依次只是东京的 3％、7％、4.8％、3.6％和 5％。⑤与发达国家相比道路交通管理手段相对落后，科技含量较低。⑥警力不足，是我国城市交通管理方面存在的一个突出问题。

综上，城市道路交通管理的不完善是交通事故的重要诱因，道路交通事故的危害应引起足够的重视。以北京市为例，2004 年公安交通部门共受理交通事故 8536 起，造成 1744 人死亡，8284 人受伤，直接经济损失 41120424 元，平均每天因交通事故死亡的人数达 4.78 人（表 5-17）。北京市的道路交通死亡人数仅次于广州市居全国第 2 位，占全国死亡人数的 6.3％。

表 5-17 2004 年道路交通事故原因统计

事故原因	事故次数		死亡人数		受伤人数	
	数量	比例/％	数量	比例/％	数量	比例/％
机械故障	230	2.70	66	3.78	256	3.09
机动车驾驶员	7458	87.37	1370	78.56	7065	85.29
非机动车	245	2.87	73	4.20	285	3.44
行人	234	2.74	108	6.22	238	2.87
道路	10	0.12	3	0.17	9	0.11
其他	359	4.20	123	7.07	431	5.20
合计	8536	100	1744	100	8284	100

资料来源：孙珊珊，2005.

道路交通事故并不是简单、孤立的事件，它与社会文化、社会意识、社会生产、社会管理等有密切联系，是各种因素在道路交通中的综合反映。因此，对交通事故的经济损失进行分析时，也应当考虑到车辆（包括机动车和自行车）、道路、人口等诸多因素。本研究对交通事故的损失分析，主要是基于不确定性多元线性回归来展开，采用逐次排一法（leave one out at one time），以便找出影响事故经济损失最大的因子。

5.4.4　交通事故的经济损失分析

5.4.4.1　多元线性预测法

随着公路交通的快速发展以及机动车数量的不断增加，道路交通事故的死亡人数呈逐年增加之势。事故造成的巨大经济损失也逐年增加。北京的道路交通安全形势日趋严峻，给国家财产和人民群众的生命财产安全带来巨大损失。

北京市 1995～2005 年道路交通事故的统计数字如表 5-18 所示。近 10 多年来，北京市的道路交通事故总数呈现先上升、后下降的驼峰变化形势。虽然事故总数近年来呈下降趋势，但是死亡人数却居高不下，说明随着机动车数量增多以及车流量的加大，1998 年以来，历年交通事故死亡人数均在 1500 人左右，其中 2004 年达到了 1744 人。可见道路交通安全迫切需要引起重视。此外，道路交通事故的直接经济损失呈现出先上升再下降的驼峰趋势。

表 5-18　道路交通事故关联因素与预测输入样本

时间	事故总数/次	死亡人数/人	直接经济损失 y/万元	常住人口 x_1/万人	机动车保有量 x_2/万辆	自行车保有量 x_3/万辆	城区道路长 x_4/km	道路面积 x_5/$10^4 km^2$	建成区道路平均车流量 x_6/(辆/h)
1995	11035	457	6812.0	1251.1	62.5	831.5	3193.6	4394.4	3020
1996	14687	851	9079.2	1259.4	79.8	870.8	3664.5	3806.9	3044
1997	25144	927	13589.1	1240.0	101.9	907.1	3637.6	4060.8	3502
1998	35778	1487	16454.6	1245.6	116.3	940.4	3720.9	4214.2	3670
1999	32991	1502	15539.3	1257.2	124.2	967.9	3753.2	4353	3566
2000	32378	1459	13777.5	1363.6	136.5	988.7	4125.8	4921	3907
2001	17645	1447	6267.1	1385.1	156.5	1020.4	4312.4	6061	3945
2002	12053	1499	4112.0	1423.2	176.5	1101.9	5444	7645	4985
2003	10842	1641	4361.4	1456.4	199.1	1211.2	3727	7344	5822
2004	8536	1744	4057.9	1492.7	241.0	1298.7	4064.2	7286.9	5654
2005	6364	1515	2609.5	1538.0	246.8	1274.0	4073.0	7442.8	5422

资料来源：1. 陈笛.2006；2. 北京市交通发展年度报告 2006 年；3. 北京市 2006 年统计年鉴；4. 北京市 1995~2005 年环境状况公报.

本研究对道路交通事故对经济损失进行了预测。首先筛选与道路交通事故有关的变量，包括常住人口、机动车和自行车保有量、道路面积和长度以及建成区平均车流量 6 个参数作为预测参数。为了消除量纲，拟对参数采取对数形式，即以 $\lg y$ 代替 y，以 $\lg x$ 代替 x，为叙述简便，新的变量仍以 x 和 y 表示（表 5-19）。因为对数形式的多元线性回归只考虑自变量和因变量的变化趋势，所以不涉及量纲问题。然后，对这些新的参量进行多元线性回归。

表 5-19　预测参数取对数后的输入样本

时间	x_1	x_2	x_3	x_4	x_5	x_6	y
1995	3.097	1.796	2.920	3.504	3.643	3.480	3.833
1996	3.100	1.902	2.940	3.564	3.581	3.483	3.958
1997	3.093	2.008	2.958	3.561	3.609	3.544	4.133
1998	3.095	2.066	2.973	3.571	3.625	3.565	4.216
1999	3.099	2.094	2.986	3.574	3.639	3.552	4.191
2000	3.135	2.135	2.995	3.616	3.692	3.592	4.139
2001	3.142	2.195	3.009	3.635	3.783	3.596	3.797
2002	3.153	2.247	3.042	3.736	3.883	3.698	3.614
2003	3.163	2.299	3.083	3.571	3.866	3.765	3.640
2004	3.174	2.382	3.114	3.609	3.863	3.752	3.608
2005	3.187	2.392	3.105	3.610	3.872	3.734	3.417

5.4.4.2 预测和不确定性分析

将表 5-20 中的 y 和 $x_1 \sim x_6$ 代入 MATLAB 软件，对 y 进行全参数多元线性回归，得到预测值 y_1 与实际值如图 5-21 所示。为了分析多元线性回归预测的不确定性，采用逐次排一法，依次排除 $x_6 \sim x_1$，分别以另外 5 个自变量 x_i 对 y 做多元线性回归预测，得到预测值 $y_2 \sim y_7$ 如图 5-22 所示。

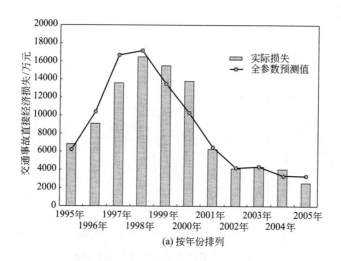

(a) 按年份排列

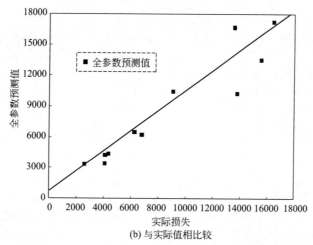

(b) 与实际值相比较

图 5-21 全参数预测的交通事故损失预测值与实际值比较

全参数预测和逐次排一法预测的误差列于表 5-20。可以看出，对于不同的情况，依次去掉 x_i 和保留所有 x_i 得到的预测误差稍有不同，保留所有参数预测得到的误差绝对值之和最小，为 138.93，而逐次排一法得到的误差绝对值之和在 142.26～191.15 之间，大于保留所有自变量的情形。因此，可以认为，本研究得到的预测交通事故经济损失的多元线性回归模型是较为可靠的。

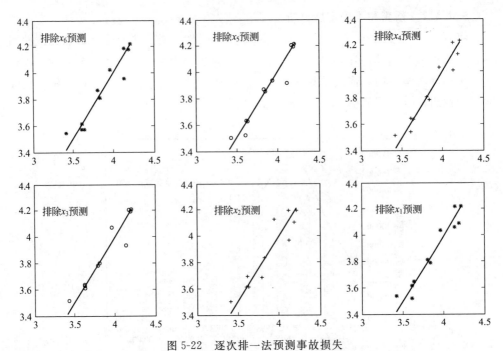

图 5-22　逐次排一法预测事故损失

表 5-20　交通事故损失预测的相对误差　　　　　　　　单位：%

年代	全参数预测相对误差	除去 x_6 预测相对误差	除去 x_5 预测相对误差	除去 x_4 预测相对误差	除去 x_3 预测相对误差	除去 x_2 预测相对误差	除去 x_1 预测相对误差
1995 年	−8.51	−4.17	7.84	−9.51	−6.71	0.96	−9.38
1996 年	14.88	16.36	−4.86	17.01	31.16	47.82	19.81
1997 年	22.72	13.25	14.91	22.44	14.15	15.12	22.37
1998 年	4.58	−0.22	2.50	4.27	0.13	−4.67	1.27
1999 年	−13.25	−1.51	−2.68	−13.36	−1.94	−16.82	−20.44
2000 年	−25.62	−34.25	−40.62	−25.43	−37.74	−33.21	−17.13
2001 年	3.72	17.06	29.82	2.11	−7.68	−23.10	2.93
2002 年	3.44	0.31	7.27	5.89	8.84	21.31	0.47
2003 年	−0.16	−14.21	0.13	−1.55	−12.09	−4.80	0.72
2004 年	−15.34	−8.58	−16.53	−14.65	4.01	2.02	−18.27
2005 年	26.70	33.07	23.03	26.03	27.50	21.31	32.42
误差绝对值和	138.93	142.98	150.19	142.26	151.95	191.15	145.22
预测性能排序	1	3	5	2	6	7	4

　　上述回归方法的回归系数和常数列于表 5-21。由表可见，x_1、x_3 和 x_5 的系数保持为负数，而 x_2 和 x_6 的系数则保持为正数，另外有 x_4 的系数有时为负，有时为正。这说明，常住人口、自行车数量和路面面积的增加对于减少道路交通事故起到了正面效果。这可能是由于人数、自行车数的增加导致车辆平均速度降低，从而间接减少了交通事故损失的产生。而路面面积的加大，则在一定程度上缓解了交通拥挤，从而降低了交通事故损失。与此相反，机动车数量和建成区道路平均车流量

的增加，则对交通事故损失有促进作用，这与事实是相符合的。因为，机动车数量的增加，导致出行比例中机动车出行比例的上升，同时带动了车流量的增加，说明要降低交通事故的经济损失，必须对机动车进行更科学的管理。

表 5-21　交通事故损失预测回归系数与常数

序号	常数 C	回归系数/权重					
		x_1	x_2	x_3	x_4	x_5	x_6
1	34.96	−5.60	2.22	−4.07	−0.25	−1.38	—
2	47.19	−8.05	2.86	−7.04	−1.18	—	0.33
3	30.44	−2.89	2.12	−7.14	—	−2.48	2.40
4	25.22	−6.39	0.96	—	0.80	−2.24	0.57
5	13.74	−3.61	—	−0.07	1.53	−3.25	2.29
6	27.33	—	2.31	−9.20	−0.16	−2.97	3.04
7	31.82	−2.90	2.25	−7.57	−0.18	−2.37	2.39

6 交通土地利用的量化评价

6.1 土地利用的综合效益分析

6.1.1 土地利用效益分析

6.1.1.1 基本概念

土地利用效益，是指单位面积的土地投入与资源消耗，在区域发展的社会、经济、生态环境等各方面所产生的物质效益或实现的有效成果。对于城市区域而言，由于其用地功能的多样性，土地利用效益在很多方面不是经济指标所能衡量的，也就是说，很难简单地采用经济投入-产出指标对土地利用效益进行全面的评价，它应该是包括社会、经济和生态环境效益在内的综合效益（黄奕龙等，2006）。因而，以往只重视土地利用的经济效益，忽略土地利用的社会效益和生态环境效益的土地利用效益评价是不够的。

土地利用类型和面积的变化，不但对城市的社会进步和经济发展产生积极的效应，也会影响到城市的自然生态系统（Troy and Wilson，2006），如果土地利用不当，可能导致城市范围内生态环境效益的降低（Hoehn，2006），从而影响城市带土地利用的综合效益。城市土地利用效益是衡量城市土地利用合理与否的重要指标，以往对城市土地利用效益的定性研究偏多而定量分析不足，且多以土地的产出效益代替城市土地利用效益，缺乏对城市土地利用效益演变的关联研究（袁丽丽，2006）。目前，对于城市土地利用综合效益的研究，一般局限于建立综合效益评价的指标体系，然后运用相应的评价模型来计算效益指数（佟香宁等，2006；周滔等，2004），来体现效益的相对变化情况，鲜有对综合效益的价值进行定量化计算的研究，而用货币化的价值来体现综合效益的研究目前还未见报道。

关于城市土地利用的综合效益，目前的观点还不完全统一，一般认为土地利用的综合效益主要包括社会效益、经济效益和生态效益（刘坚等，2005），也有学者认为划分为经济效益和生态效益两部分（张忠国等，2004）。城市生态系统是一个社会-经济-自然复合生态系统，因此，城市的土地利用应当同时具备自然生态系统和人工生态系统的产出价值（Stahel，2005）。本书认为，城市土地利用综合效益应包括3个方面，如图6-1所示。

(1) 经济价值　城市是人类经济活动最为活跃的区域，人类从事的各行各业产生的经济价值，包括农业生产、工业、建筑、运输、通信、商饮、旅游业等，这是城市的土地利用与自然区域土地利用的显著差别，城市的经济产出是城市土地利用效益的重要组成部分，表现为三次产业增加值之总和。

(2) 社会价值　是指人类生存所必需的精神、文化和福利方面的价值，其中精神与文化的价值是非定量的价值，而社会福利价值是指人们付出劳动所获得的收入价值体现。其中，精神与文化价值是无形价值，无法用价格来衡量，是非定量化的存在价值（在图中以虚线表示）。

(3) 生态环境价值　是指生态系统为社会发展提供的包括水土保持、水循环、水源涵养、土壤形成、污染净化、气候调节、生物调控、营养物质循环、物种的保持等功能。

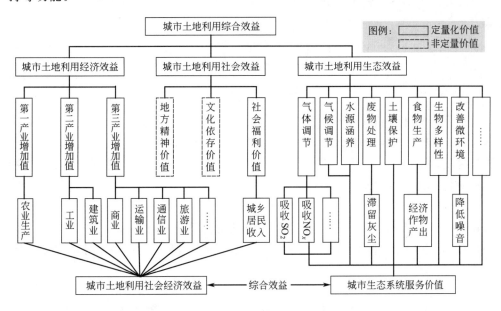

图 6-1　城市土地利用综合效益构成

对城市的土地利用进行的系统、综合的评价过程，其主要目的是提供给城市管理决策者关于土地利用及其环境方面的基础信息，以及不同的土地利用类型与替代方案可能带来的生态环境影响，保证环境因素在城市管理和政治经济决策过程得到考虑。由于城市管理具有综合性、多样性、不确定性及环境影响的滞后性等特点，使得对土地利用的综合效益评价显得尤为重要。

Constanza（1997）、欧阳志云（1999）认为，生态系统服务是土地利用类型自然价值的体现，而陶星名（2006）等则认为，生态系统服务价值是包括了自然资本、经济资本和社会资本的三重含义。为了区分自然演化和人工作用对于城市生态系统演化的不同，本研究将城市土地利用的社会、经济效益从广义生态系统服务价值中提出来分别计算。显然，一棵大树位于远郊森林或者位于城市中心地带，它所能达到的生态效益是有差别的，后者对于城区生态效益的重要性更加直接和明显（Portela and Rademacher，2001）。城市的草地、绿化带等所提供的生态系统服务，主要表现为对于本地区域直接的服务价值（local and direct services），如：过滤空气（air filtering）、气候微调节（micro climate regulation）、减低噪声（noise reduction）、降雨排涝（rainwater drainage）、废水处理（sewage treatment）以及娱乐功能（recreation）、文化价值（cultural values）等（Bolund and Hunhammar，1999）。

6.1.1.2 土地利用动态变化

引入土地利用类型动态度（K）来描述不同类型土地的变化情况，它是指研究区一定时间范围内某种土地利用类型的数量变化情况（Zhao et al.，2004）。其公式为：

$$K_{ij} = \frac{U_{ij} - U_{1j}}{U_{1j}} \times \frac{1}{T} \times 100\% \tag{6-1}$$

$$K_i = \sum_{j=1}^{n} |K_{ij}| \tag{6-2}$$

式中，K_{ij}代表第i年相对第1年的第j种土地利用类型的变化率，U_{ij}、U_{1j}分别为第i年和第1年对应的第j种土地利用类型的数量（$j=1, 2, \cdots, n$）；T为研究时段，$T = i - 1$（$i = 2, 3, \cdots, m$），式(6-2)中K_i值代表该研究区第i年所有土地利用类型相对于第1年的总变化率。

"熵"是一个热力学概念，美国控制论及信息论创始人 N. Weaner 和 C. E. Shannon 提出了更广义的信息熵。信息熵是系统有序程度的度量（周滔等，2004），即随机无约束程度的一种变量，用在分析土地利用的有序度时，其公式为：

$$H_i = -f \sum_{j=1}^{n} P_{ij} \ln P_{ij} \tag{6-3}$$

式中，H_i为第i年某城市土地利用的信息熵，P_{ij}为第i年第j种土地利用类型的百分比（即出现概率），f为调节系数，$f = 1/(\ln n)$，$f > 0$。从公式(6-3)可以看出，熵值越大，有序度越低，不确定性越大；反之，熵值越小，有序度越高，不确定性越小（顾湘等，2006）。基于上述定义，利用信息熵来表征各土地利用类型之间的差异程度；某城市某年的信息熵越小，那么有序度越高，反之亦然。通过分析某城市多年的信息熵值的变化，可以得到有关多年土地利用变化的有序度分析。

6.1.1.3 社会经济效益

城市土地利用的经济价值（economic value，EV），以城市三产增加值表示。城市土地利用的社会价值（community value，CV）主要是体现土地提供就业机会，为城市居民提供工作岗位、提供养老保险和就业保障的价值，如下所示：

社会价值：
$$CV_i = N_{u-i} \times E_{u-i} + N_{a-i} \times E_{a-i} \qquad (6\text{-}4)$$

经济价值：
$$EV_i = Agr_i + Indus_i + Tind_i \qquad (6\text{-}5)$$

社会经济价值：
$$ECV_i = CV_i + EV_i \qquad (6\text{-}6)$$

人均社会经济价值
$$m\_ECV_i = ECV_i / N_i = ECV_i / (N_{u-i} + N_{a-i}) \qquad (6\text{-}7)$$

式中，CV_i 为第 i 年的社会价值；N_{u-i} 和 N_{a-i} 分别是第 i 年的城镇和农村居民人数；E_{u-i} 和 E_{a-i} 分别是第 i 年的城镇和农村居民平均收入；EV_i 为第 i 年的经济价值；Agr_i、$Indus_i$ 和 $Tind_i$ 分别为第一、二、三产业增加值；ECV_i 为第 i 年的社会经济价值；m_ECV_i 为第 i 年的人均社会经济价值；N_i 为总人口数。

6.1.1.4 生态系统服务价值及其修正

生态系统服务功能（宗文君等，2006）是指生态系统与生态过程所形成的维持人类生存的自然环境条件及其效用，它是一种由自然资本的能流、物流、信息流构成的生态系统服务和非自然资本结合在一起所产生的人类福利（戴星翼等，2005）。Costanza（1997）等明确了生态系统服务价值评估的原理与方法（谢高地等，2003；陈仲新等，2000），其计算公式为：

$$ESV = \sum_{j=1}^{n} A_j \times pV_j \qquad (6\text{-}8)$$

式中，ESV 是生态系统服务价值；A_j 是研究区 j 类土地利用类型的面积；pV_j 为生态系统服务功能的价值系数，即单位面积生态系统的服务价值元/（$hm^2 \cdot a$）。

生态系统为人类提供的服务包括两大类：第 1 类是可以商品化的生态功能，如人类生活必需的食物、药品、原材料等；第 2 类是难以商品化的生态功能，如气候调节、水源涵养、土壤形成等。由于第 2 类型的生态功能对人类的影响更为广泛和深远，因此，量化评价其经济价值已经成为生态学与经济生态学等学科研究的前沿课题（喻建华等，2005）。

目前对于生态系统价值的评估，大多依据 Costanza（1997）等测定的单位面积土地利用类型的生态系统服务功能价值为依据，以全球平均水平评估区域实际，缺乏对当地不同类型生态系统服务功能的价值测算等基础性研究（彭建等，2005），虽然全球城市建成区的面积仅占地球陆地面积的 2% 以下，城市对于土地利用变化的影响是非常重大的，这种影响主要是通过城乡联系（urban-rural linkage）的转变而实现（Lambin *et al.*，2001）。发展中国家的城市通过收入势差、土地价值差等驱动力，促进了农村郊区化、郊区城市化的进程。经济发展的需求，使得更多的城市外围土地被开发利用，改变了城市的土地利用格局，对土地的综合效益产生影响。

对城市生态系统服务价值进行评估，有助于建立区域环境-经济综合核算体系，为区域可持续发展决策提供定量依据，近年来逐步引起了国内学者的关注，如对城市生态系统服务功能的价值结构（宗跃光等，2000）、经济发达地区城市生态服务功能研究的意义、内容和方法（夏丽华等，2002）等做了理论探讨。但是，国内对于生态系统服务功能的评价还处在初级阶段，对城市生态系统服务功能的价值评估尚不多见，尤其是定量化的分析研究还很少，未能形成较成体系的方法体系，也缺乏对不同类型城市地域生态系统服务功能的实证研究。本书对我国城市生态系统服务功能价值评估的研究，将极大地丰富我国城市生态系统服务的研究个案，具有重要的理论与现实意义。

根据我国国土资源部的土地分类，我国的土地利用类型的一级分类有3种：农用地、建设用地、未利用地。其中，农用地包含耕地、园地、林地、牧草地、其他农用地5个二级地类；建设用地包括商服用地、工矿仓储、公用设施、公共建筑、住宅用地、交通运输用地、水利设施用地、特殊用地8个二级地类。未利用地则包括荒草、滩涂、沼泽等。

(1) 园地和其他农用地的生态系统服务　园地是指种植以采集果、叶等为主的集约经营的多年生木本和草本植物，覆盖度在0.5以上的或每亩株数大于合理株数70%以上的土地，包括果树苗圃的土地。在以往的计算中，园地这一类型的土地利用形式，往往被直接划归到农田这一类，但实际上，园地的气候调节、气体调节、水源涵养、土壤保护等功能与森林/林地的功能更为相似，但由于园地是人工管理的生态系统，其生态系统服务价值比林地相对较低，通常园地的生态系统服务价值是对林地的价值折算得到，折算系数一般为0.5～0.7，本研究取中值，因此，园地的单位面积生态系统服务价值是：19334元/(hm² · a)×0.6＝11600.4元/(hm² · a)。

其他农用地，主要是指存在于农田之中的坑塘水面、农田水利设施、田埂、农道、畜禽饲养地、设施农业用地、养殖水面、农田水利用地、晒谷场等用地，该部分是农田整理后备资源所在。其他农用地的用途复杂，它的生态系统服务价值，一般是以耕地的价值折算得到，折算系数取0.2，则其他农用地的单位面积生态系统服务价值是：6114.3元/(hm² · a)×0.2＝1222.9元/(hm² · a)。

(2) 直接经济价值修正　对于城市生态系统而言，园地、林地的产品，主要指木材和果品（余新晓等，2002），由于其对于城市建设和城市居民生活的作用，其市场价值要远大于Constanza（1997）所列的一般产品价值，可以采用市场价值法来评估其价值：

$$FP = \sum S_i \times V_i \times P_i \tag{6-9}$$

式中，FP为区域森林生态系统木材或果品价值；S_i为第i类林分类型或果品的分布面积；V_i 为第 i 类林分单位面积的净生长量或产量；P_i 为第 i 类林分的木材或果品价值。园地的产品输出价值分别如下。

① 果品直接产出价值。园地除了具有林地、草地的生态服务价值外，还有干、鲜果品的直接市场价值。林果产品价值，以北京市为例，据该市林业局的研究测算，果品年产量以 $5.6t/hm^2$ 计，价格按 2.14 元$/kg$ 计算，则果品单位面积的价值为：2.14 元$/kg \times 5600kg/(hm^2 \cdot a) = 11984$ 元$/(hm^2 \cdot a)$。

② 林木蓄积价值。林地木材蓄积的市场价值按 240 元$/m^3$ 计算，按照每年每公顷可开采木材 $15.4m^3$ 计算，单位面积的林地木材经济价值为 240 元$/m^3 \times 15.4m^3/(hm^2 \cdot a) = 3696$ 元$/(hm^2 \cdot a)$。

(3) 净化环境的生态价值修正　在可耐受的范围内，几乎所有的植物都具有吸收有毒气体、滞留降尘飘尘、吸收细菌、降低噪声等功能，从而达到净化环境的目的。植物净化环境的能力与植物种类、植株年龄、健康程度、生长季节等有关。此外，大气中有毒物质的浓度、种类，环境温度、湿度等因素也与植物的净化作用有关。但是这些生态功能所体现的价值不能直接通过市场的实现，可以通过影子工程法、替代价值法等方法（于书霞等，2004），间接的计算城市的自然生态覆盖的价值，如绿地吸收气体污染物的价值，可以假设没有这些植被，那么人类需要建设一定的工程来达到吸附这些污染物的目的，则建设等效工程的价格，就可以代表自然生态的吸附污染物的价值（彭建等，2005）。净化大气环境和隔离噪声的价值分别如下。

① 吸收 SO_2 的生态价值。阔叶林对 SO_2 的吸收能力为 $88.65kg/(hm^2 \cdot a)$，针叶林平均吸收能力值为 $215.60kg/(hm^2 \cdot a)$，平均每公顷可脱硫 $152.05kg$。以 SO_2 治理代价每吨 3000 元计，树林吸收 SO_2 的单位面积生态价值为：152.05 $kg/(hm^2 \cdot a) \times 3$ 元$/kg = 456.2$ 元$/(hm^2 \cdot a)$。

② 吸收 NO_x 的生态价值。汽车尾气脱氮治理的代价是每吨 1.6 万元，$1hm^2$ 林地 1 年可以吸收氮氧化物 $380kg$，因此单位面积的林地吸收氮氧化物的生态价值为：$0.38t/(hm^2 \cdot a) \times 1.6$ 万元$/t = 6080$ 元$/(hm^2 \cdot a)$。

③ 滞留过滤降尘和飘尘的生态价值。粉尘是大气污染的重要指标之一，森林、草地等植被对有害烟尘和粉尘具有很大的阻挡作用。绿色植物通过吸滞空气中的粉尘，还减少了细菌的载体，此外，植物能分泌杀菌素，杀死大气中的细菌。研究表明，针叶林的滞尘能力为 $33.2t/hm^2$，阔叶林的滞尘能力为 $10.11t/hm^2$，平均值为 $21.65t/(hm^2 \cdot a)$。以削减粉尘成本为 170 元$/t$ 计，单位面积的林地滞留过滤降尘飘尘的生态价值为：$21.65t/(hm^2 \cdot a) \times 170$ 元$/t = 3680.5$ 元$/(hm^2 \cdot a)$。

④ 隔离噪声的生态价值。噪声是一种特殊的污染，它给人们的日常生活和工作带来有害的影响。园林树木能有效减弱噪声的影响，主要是通过以下方式：a. 噪声波被树叶向各个方向不规则反射，从而使噪声减弱；b. 噪声波造成树叶、枝条微振动而使声能消耗，减弱噪声的影响。树木、草坪均有很大的隔声和吸声作

用、乔、灌、草结合的绿地，平均可以降低噪声 5dB；而密植的灌、乔混合林地，可降低噪声响度达 1/3 之多。森林生态系统降低噪声价值以造林成本的 15% 计，平均造林成本 240.03 元/m³，成熟林单位面积蓄积量 80m³/hm²，因此单位面积的林地降低噪声的生态价值为：240.03 元/(m³·a)×80m³/hm²×15% = 2880.36 元/(hm²·a)。

具体计算上，根据园地、耕地、草地所发挥生态服务功能的实际效果，将其净化空气和消减噪声的单位面积生态价值进行折算，折算系数分别为 0.6、0.2 和 0.3。计算得到园地、耕地和草地净化空气和隔离噪声的价值。

(4) 修正价值与弹性系数 根据对我国城市的单位面积的土地利用类型生态系统服务价值的系数的调整，结合文献（袁丽丽，2006；顾湘等，2006）报道的我国生态系统单位价值系数，本书总结了我国城市的生态系统服务价值系数如表 6-1 所示。

构造生态价值弹性系数 CR（喻建华等，2005），用来表示某一土地类型面积增加/减少时引起的生态系统服务价值的变化的敏感性，以此分析土地利用的动态变化对于城市生态系统服务价值的影响，从而为区域土地利用管理提供重要的参考。CR 的具体计算公式为：

$$CR = \left| \frac{(ESV_j - ESV_i)/ESV_i}{(A_j - A_i)/A_i} \right| \tag{6-10}$$

其中，A 为某一土地利用类型的面积，i 和 j 分别指两个时间状态；CR 表明了某一土地利用类型的变化对于整个生态系统服务价值的重要性。当 CR>1 时，表示这一类土地利用方式的变化对于整个生态系统服务价值的影响明显；当 CR<1 时，表示这一类土地利用方式的变化对于整个生态系统服务价值的影响较弱。

表 6-1　修正的城市生态系统单位面积服务价值

类型	耕地	园地	林地	草地	其他农用地	水体	居工矿	交通	未利用地[3]
基础价值	6114.3	11600.4	19334.0	6406.5	1222.9	40676.4	−24830.0	−1690.0	371.4
直接产出	—[1]	11984.0	3696.0	—[1]	—[1]	—[2]	—[2]	—[2]	—[1]
吸收 SO_2	739.2	2217.6	456.2	1108.8	—[2]	—[2]	—[2]	—[2]	—[1]
吸收 NO_x	1216.0	3648.0	6080.0	1824.0	—[2]	—[2]	—[2]	—[2]	—[1]
滞尘价值	736.1	2208.3	3680.5	1104.2	—[2]	—[2]	—[2]	—[2]	—[1]
降噪价值	576.1	1728.2	2880.4	864.1	—[2]	—[2]	—[2]	—[2]	—[1]
修正总计	9381.7	33386.5	36127.1	11307.6	1222.9	40676.4	−24830.0	−1690.0	371.4

① 文献来源：袁丽丽，2006. 顾湘等，2006。

② 无直接生态价值。

③ 未利用地以荒漠计量，单位：元/（hm²·a）。

（5）综合效益　城市土地利用的综合效益，主要是三部分构成：社会效益、经济效益和生态效益。城市土地利用综合效益的计算公式为：

$$\text{Lub}_i = \text{CV}_i + \text{EV}_i + \text{ESV}_i \tag{6-11}$$

式中，Lub_i 代表第 i 年的综合效益，其余符号含义同前文。

城市土地利用综合效益是衡量城市土地利用合理与否的重要特征，以往对城市土地利用效益的定性研究偏向于基于指标分析的综合评价，即选取代表土地利用的社会经济生态效益的多个指标，以数学方法计算这三个子系统的相对发展水平，并用指数代表土地利用的综合效益（佟香宁等，2006）。这样得到的效益指数是一个相对值，尤其易受到指标选取的不确定性、数学方法的多样性等因素的影响，得到的结果具有局限性，不能实现多个研究、多个案例之间的直接对比。

6.1.2　土地利用综合效益分析

由于北京市建成区面积大、人口众多、经济活动剧烈，因此城市生态系统的土地利用人为影响剧烈，城市系统的复杂程度很高，工矿企业用地、道路用地等比例较大，城市化进程中对自然生态系统的影响较为明显，土地利用的动态变化与经济发展的耦合关系较为显著。因此，研究北京城市土地利用的动态变化与土地利用综合效益，有助于分析我国快速城市化、经济迅速发展条件下的社会、经济与生态、环境的协调，对于促进社会经济的和谐发展具有重要意义，而且，对于我国诸多城市的可持续发展也具有重要的参考价值。

6.1.2.1　土地利用动态变化

土地利用是一个将土地的自然生态系统变为人工生态系统的过程。土地利用的变化是土地覆盖格局变化的外在驱动力，它一方面改变了生态系统的结构，使生态景观格局多样性损失，生态系统初级生产力下降；另一方面改变了生态系统的功能，导致水土保持能力降低，原有生态平衡破坏。随着人类对土地资源开发利用强度的加大，北京市的土地利用结构发生了显著的变化。根据前述方法计算北京市土地利用类型总体动态度（tK）和城市土地利用的信息熵（H），得到结果如图6-2所示。

北京市土地利用变化的动态度（tK）在1996～2004年间，呈现出总体上升的趋势，但在2001年出现了一个突变点，而熵值 H 也具有这种突变效应，熵值呈现出总体下降的趋势，但在2001年出现了突变下降的特点。动态度的上升说明了人类活动对北京市的土地利用产生持续的影响效果，而熵值的下降变化趋势，则说明北京市的土地利用类型的有序度上升，不确定性下降。2001年发生突变的主要原因，是当年北京市调整了较多农业用地（主要是耕地和牧草地）的面积，耕地减少而牧草地增加，由于牧草地的水保效果不明显，因此，随后又减少了牧草地的面积，而改为发展林地和园地。

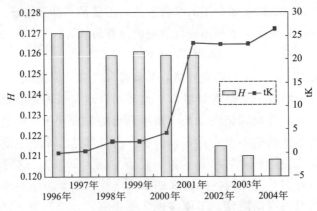

图 6-2　土地利用变化的总动态度和熵值

tK—总动态度，H—熵值

6.1.2.2　弹性系数

分析计算生态价值的弹性系数 CR，可以得到影响北京市土地利用生态系统服务的主要因素（表 6-2）。可见只有单位面积生态价值对应的林地、水域、其他农用地和未利用地的弹性系数大于 1，分别是 1.37、2.38、1.15 和 1.34；而总生态价值、人均生态价值的弹性系数均小于 1，其中水域对应这两者的弹性系数为0.60，其余土地利用类型的弹性系数更小。

表 6-2　各种土地利用类型的 CR 值

类型	耕地	园地	林地	牧草地	其他农用地	水利水域	居工矿	交通	未利用地
CR_ESV	0.10	0.13	0.34	0.06	0.29	0.60	0.15	0.07	0.34
CR_ESV_a	0.41	0.52	1.37	0.25	1.15	2.38	0.61	0.27	1.34
CR_ESV_m	0.10	0.13	0.34	0.06	0.29	0.60	0.15	0.07	0.34

由此可见，水域是影响北京市土地利用生态效益的最主要的土地利用类型，其次是林地、未利用地和其他农用地。其中，未利用地以荒草地、荒漠、沙地、盐碱地等为主，其他农用地包括田埂、坑塘、晒谷场、畜禽养殖地等，它们是重要的农田整理后备用地。因此，要保证北京市城市土地利用的生态价值，主要通过以下手段：①首先是要保障水域面积不减少；②其次是要保持林地面积，不仅要保证林地的面积，更要增加林地的郁闭度，提高林地的绿量，最大限度地发挥植被的生态效益；③保护荒草地、沙地、沼泽等自然生态类型，减少对脆弱生态类型的人为干预；④加强农业用地的整理，争取最大限度地发挥农用地的生态效益。

6.1.2.3　区县差异

对北京市 18 个区县 2004 年的土地利用类型和面积进行分析，并计算各区县的人均生态效益和地均生态效应。计算结果表明，北京市各区县的人均生态效益［图6-3(a)］和地均生态效益［图 6-3(b)］与北京市的城市发展功能区域设置是基本相

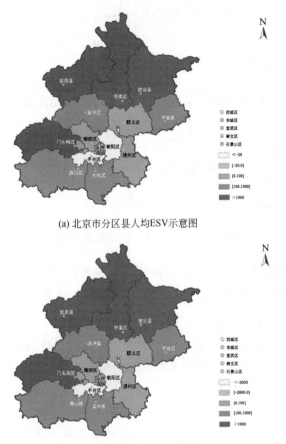

(a) 北京市分区县人均ESV示意图

(b) 北京市分区县地均ESV示意图

图 6-3　土地利用生态效益的区县差异

符的，生态效益由城市中心向城市外围区域逐步递加。

北京市各区县人口密度（x，人/km²）与地均生态效益（y，元/hm²）的关系呈现出负相关关系（图 6-4）。其可以用两种形式来表示：①对数线性关系，即：$y = -8776.1\ln x + 66005 (R^2 = 0.9102)$，图中以实线所示；②二次方程关系，即：$y = 9 \times 10^{-5} x^2 - 3.9132x + 15228 (R^2 = 0.8126)$，图中以虚线所示。

可见，人口密度越大的区域，城市化程度越高，其土地利用的人为开发作用越明显（张有全等，2007），而相应的地均生态效益则越低。如北京市的东城区、西城区、崇文区和宣武区，人口密度在 2×10^4 人/km² 以上，是完全城市化的区域，土地覆盖以商业和居民建筑、道路等为主，缺乏天然植被覆盖和水域，其生态效益均为负数。随着北京中心城区的扩展，朝阳、丰台、海淀、石景山等区域也已经进入快速城市化阶段，这些区县的生态效益也较低，由于海淀和石景山具有较好的景观绿化公园等区域，使其生态效益保持正值，而朝阳和丰台的生态效益也同中心城 4 区一样是负值。反之，人口密度较低的区域，地均生态效益则相对较高，如怀

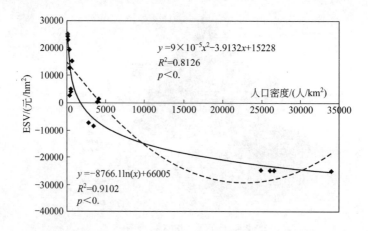

图 6-4 地均生态效益与人口密度的相关关系

柔、平谷、密云和延庆等区县。北京市区县人口密度与地均生态效益的负相关关系，说明北京市中心区域的生态效益由于人口压力而变低。

6.1.2.4 综合效益变化

计算北京市土地利用的社会价值、经济价值和生态价值，结果如图 6-5 所示。总体上，土地利用的社会经济价值及其生态价值都呈现上升趋势。但是北京全市的生态价值小于社会经济价值。1996 年北京市的生态系统服务总价值为 250.52 亿元，占当年土地利用经济价值的 14%；2004 年为 258.65 亿元，仅占当年土地利用经济价值的 4.3%。可见，虽然在近年来北京市生态服务价值略有增加，但其增长速度小于城市经济发展的速度。

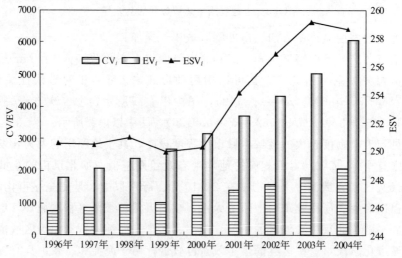

图 6-5 土地利用的社会、经济、生态价值变化（单位：万元）

CV_i—社会价值；EV_i—经济价值；ESV_i—生态系统服务价值

根据土地利用动态度和信息熵的讨论，2001年北京市的用地类型发生了较大变化，部分耕地实现了退耕还草，这对于生态系统服务效益的增加具有较为明显的作用，2001年以后的生态效益相对于1996年有了较大幅度的增加。相对而言，社会价值和经济价值的增长趋势较为稳定，而生态系统服务价值由于受到土地利用类型面积的变化影响，增长趋势略有变化。

表6-3列出了各年的效益值和人均效益值。北京市1996～2004年的生态系统服务价值从250.52亿元上升到258.65亿元，社会经济从1996年的2556.20亿元上升到2004年的8135.90亿元，而综合效益从2806.7亿元上升到8394.6亿元，社会经济效益与综合效益的上升幅度大大超过生态价值。人均社会经济效益从1996年的2.03万元/人上升到5.45万元/人，人均生态服务价值从1996年的0.20万元/人下降到2004年的0.17万元/人，人均综合效益从1996年的2.23万元/人上升到2004年的5.62万元/人。

表6-3　北京市1996～2004年土地利用综合价值变化

时间	1996	1997	1998	1999	2000	2001	2002	2003	2004
ECV_i	2556.20	2926.30	3303.40	3693.10	4398.90	5122.60	5903.30	6820.30	8135.90
ESV_i	250.52	250.45	250.94	249.91	250.26	254.06	256.86	259.14	258.65
LuB_i	2806.70	3176.70	3554.30	3943.00	4649.10	5376.60	6160.20	7079.40	8394.60
ECV_m_i	2.03	2.36	2.65	2.94	3.23	3.70	4.15	4.68	5.45
ESV_m_i	0.20	0.20	0.20	0.20	0.18	0.18	0.18	0.18	0.17
LuB_m_i	2.23	2.56	2.85	3.14	3.41	3.88	4.33	4.86	5.62
H_i	0.13	0.13	0.13	0.13	0.13	0.13	0.12	0.12	0.12

注：ECV为社会经济价值总量，亿元；ESV为生态系统服务价值总量，亿元；LuB为土地利用综合价值，亿元；ECV_m为人均社会经济价值量，万元/人；ESV_m为人均生态系统服务价值量，万元/人；LuB_m为人均土地利用综合价值，万元/人。

可见，人均效益的变化情况与综合效益的变化是基本类似的。近10年来，北京市的生态服务价值变化范围不大，虽总体上稍有上升，但是其上升的幅度远小于社会经济价值上升的幅度。而实际上，由于人口的增加的速度大于生态效益增加的速度，因此人均生态服务价值反而呈现下降的趋势。

6.1.2.5　土地利用效益总结

城市土地利用的动态演变，会导致生态环境的变化，并且会直接体现在区域生态系统服务价值的动态变化上。本书对北京市近年来的土地利用动态变化进行了分析，并计算了与此对应的土地利用综合效益，得到如下结果。

(1) 北京市土地利用的动态度逐年上升，说明人类活动对北京市的土地利用产生持续的影响效果；而熵值则呈下降趋势，这说明北京市的土地利用类型的有序度上升，不确定性下降。

(2) 水域是影响北京市土地利用生态效益的最主要的土地利用类型，其次是林地、未利用地和其他农用地。

（3）北京市各区县人口密度（x，人/km²）与地均生态效益（y）的关系呈现出对数负相关关系：$y = -8776.1\ln x + 66005(R^2 = 0.9102，p < 0.01)$。

（4）对北京市土地利用生态效益和综合效益的计算表明，北京市1996～2004年的生态系统服务价值从250.52亿元上升到258.65亿元，而综合效益从2806.70亿元上升到8394.60亿元，上升幅度大大超过生态价值上升的幅度。而人均效益及地均效益的变化情况与此类似。但是由于常住人口急剧增加，人均生态服务价值反而呈现下降的趋势。

因此，在当前城市化进程背景下，北京市要实现经济、社会和环境可持续发展的目标，就必须在保持经济发展良好势头的前提下，维持生态系统服务功能的完整性和稳定性。当前，城区范围的扩大是不可避免的趋势，而积极退耕还草，保护天然林和水源涵养林，遏制景观破碎化，保护湿地，实施盐碱地改良是恢复区域生态系统服务功能的有效途径，同时也是实现城市可持续发展的重要举措。

6.2　交通道路的便捷性评价

6.2.1　交通便捷性估值方法

可达性是指在特定的交通系统中，完成某个区位活动的便利程度，与交通成本、时间、风险、区位吸引力、端点选择等相关（王真等，2009）。常见的交通可达性评价方法包含三类，第一类是以交通的一些基本属性为指标评价可达性的好坏程度，如Forckenbrock与Weisbrod（2001）的研究；第二类是使用Marshallian消费者剩余和Hicksian补偿变量等微观或宏观经济学方法的评估（Banister and Berechman，2000；Rietveld and Bruinsma，1998）；第三类是基于基础设施条件的可达性估值方法（Ewing，1993）。其中前两类方法较为常见，第一类方法可以确定可达性的好坏程度，但无法确定可达性的经济效益；第二类方法较为准确，但需要大量的分区调查，难度较大；第三类方法能够估计交通可达性的经济效益，并且所需数据比第二类方法大大减少，但没有考虑到土地利用变化对交通战略的作用，是静态的估值方法，因而在中长期模型中，必须做出相应的参数调整，预测能力较第二类弱。

由于可达性的绝对值难以度量，且绝对值的意义不明确，因此本书拟以出行时间作为关键指标，推导某一路段的交通便捷程度。因此首先定义交通便捷性为：某一路段的交通便捷性为利用该段道路到达某一区位比利用其他道路节约的时间。当这一路段为日常出行所使用的路段时，其便捷性即为出行节约的时间。而交通的便捷性则是可达性的一个重要参考变量，交通越便捷，可达性越高。为推导可达性指标，本书做出以下四个假设：

① 所有出行者都是理性的，即会选取可达性最高（出行时间最短）的出行

方式。

② 交通道路的便捷性由两部分组成，一是通过便捷性，由节点 1 到达节点 2 节约的出行时间与通过该区域的机动车之积表示，即采用本条路径比采用别的路径节约的时间。当从出发点 A 到目的地 B 点仅有一条公路时，其比较基准为步行。由于出行者是理性的，所以不存在通过便捷性小于 0 的情况。二是到达便捷性，为不存在这条路时，通过其他方式到达与本条道路相关的区域所需要的时间和流量的乘积表示，到达便捷性可以看作是通过可达性的特殊形式。

③ 假设未发生替代时所有机动车都按照设计速度或道路平均速度行驶，发生替代后，如果发生拥堵，则车辆会以饱和密度与最低速度从拥堵路段通过。

④ 假设某一路段限行，则其临近替代路段不再限行，即每一路段与其他路段相互独立。这一假设基于实际城市交通管制（如游行、大型会议等）多数仅限制某一路段，而不限制替代路段的使用。

(1) 单路段的便捷性计算方法　基于以上假设，可以计算单一路段的便捷性，如图 6-6。公路 BC 段的通过便捷性可以表现为通过 BC 段公路比通过其他替代公路节约的时间，即

$$TA_{BC} = T_{BEFC} - T_{BC} 或 T_{BGHC} - T_{BC} \tag{6-12}$$

而到达便捷性即到达 T 点节约的时间：

$$TA_T = T_{BEMT} - T_{BNT}$$

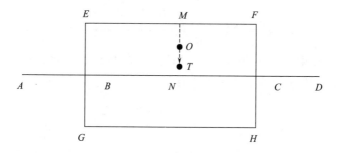

图 6-6　公路便捷性示意图

考察 BEFC 段，假设其为 BC 段的最佳替代路段，则，原 BC 段的车流全部转入到 BEFC 段中通过。再考察 BE 段，由于车流量增加，车流密度增大，车速降低，由于不考虑拥堵情况，车流密度达到饱和密度后车速保持最低速度，其计算方法为：

$$v'_{BE} = n\rho'_{BE}Q'_{BE} \tag{6-13}$$

其中 n 为车道数，v'_{BC} 为车流合并后 BC 段的车速，Q_{BE} 和 Q_{BC} 分别为 BE、BC 段原来的车流量，ρ'_{BE} 为平均车占位长度，其计算方法为：

$$\rho'_{BE} = \max\left\{\frac{1}{\dfrac{1}{\rho_{BE}} + \dfrac{1}{\rho_{BC}}}, \sum_i d_{i\min}\alpha_i\right\} \tag{6-14}$$

其中 $d_{i\min}$ 分别为各类车行驶时的占用的最小长度，本书假设各类车的最小占位长度为车身长与最小运行间距（1.5m）之和，α_i 为各类车型的车流比例。

因此，合并交通流后 BE 段的所有机动车通过时间为：

$$t'_{BE} = \frac{L_{BE}}{v'_{BE}} = \frac{L_{BE}n}{\rho'_{BE}Q'_{BE}} \tag{6-15}$$

同理可以得到 t'_{EF}，t'_{FC}，此外通过 $BEFC$ 段还将两次左转弯，两次右转，因为多数公路右转不受红绿灯限制，因此仅计算每次左转弯等待的时间为：

$$t_{\text{wait}} = \frac{l_{\text{wait}}}{l_{\text{gp}}} t_{\text{int}} = \frac{t_{\text{int}} Q_{\text{tl}} \sum\limits_i d_{i\text{wait}}\alpha_i}{v_{\text{tl}}t_{\text{tl}} \dfrac{\sum\limits_i d_{i\text{wait}}\alpha_i}{\sum\limits_i d_i\alpha_i}} t_{\text{int}}$$

$$= \frac{t_{\text{int}}^2 Q_{\text{tl}} \sum\limits_i d_i\alpha_i}{v_{\text{tl}}t_{\text{tl}}} \tag{6-16}$$

其中 l_{wait} 为十字路口等待左转车队长度；l_{gp} 是单次通行过的车队长度；Q_{tl} 为十字路口左转车的流量；$d_{i\text{wait}}$ 为等待左转时的每一类车的占用车道长度；v_{tl} 是左转时平均行驶速度；t_{tl} 是红绿灯左转通行时间。

因此 BC 段的通过便捷性为：

$$TA_{BC} = \sum_j \frac{L_j n_j}{\rho'_j Q'_j} + \frac{2t_{\text{int}}^2 Q_{\text{tl}} \sum\limits_i d_i\alpha_i}{v_{\text{tl}}t_{\text{tl}}} - \frac{L_{BC}}{v_{BC}} \tag{6-17}$$

j 为路段，在本例中为 BE、EF、FC。当通过路段有两条相等的替代路线时，如 $BEFC$ 和 $BGHC$，则其通过便捷性为：

$$TA_{BC} = \sum_j \frac{L_j n_j}{\rho'_j Q'_j} + \frac{\sum\limits_k t_{\text{int}}^2 Q'_{\text{ktl}} \sum\limits_i d_i\alpha_i}{v_{\text{tl}}t_{\text{tl}}} - \frac{L_{BC}}{v_{BC}} \tag{6-18}$$

其中 $Q'_{\text{ktl}}Q_{\text{ktl}}$ 为 k 点合流后左转的车流量，此处例子中 k 为 BC 两点或 GH 两点。同样的道理，T 点的到达便捷性为 $BEMT$ 与 BNT 之间的时间差表示，假设 $BEFC$ 区块内部存在次一级低速公路，则 T 点的到达便捷性为：

$$RA_T = \sum_j \frac{L_j n_j}{\rho'_j Q'_j} + \frac{t_{\text{int}}^2 (Q_{\text{Btl}} - Q_{\text{Ntl}}) \sum\limits_i d_i\alpha_i}{v_{\text{tl}}t_{\text{tl}}} - \frac{L_{BN}}{v_{BC}} \tag{6-19}$$

此处的 j 路段为 BE 和 EM，Q_{Btl} 和 Q_{Ntl} 分别是 B 点和 Q 点左转的车流量。不难证明当 T 点为三角形 BOC 的重心时，RA_T 就是 RA 段到达便捷性的平均值，若 $BEFC$ 为长方形，则重心离 BC 段公路的距离为 $L_{\text{NO}}/3$。

(2) 复路段的便捷性计算方法 当 AB 路段为快速路，不存在红绿灯时，而替代路线为主干道或支路，分为若干段时，则发生多段替代。多段替代比上述单段替代多出（$n-1$）次红绿灯直道等待时间，如图 6-7。AB 段的替代路线，与单段替代路线相比，多出 D、E 两点直道等待时间，每一次红绿灯等待时间为：

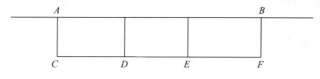

图 6-7　多段替代示意图

$$t_{gth} = \frac{l_{waitstr}}{l_{ps}} t_{int} = \frac{t_{int} Q'_{CD} \sum\limits_i d_{iwait} \alpha_i}{v_{str} t_{str} \dfrac{\sum\limits_i d_{iwait} \alpha_i}{\sum\limits_i d_i \alpha_i}} t_{int} = \frac{t_{int}^2 Q'_{CD} \sum\limits_i d_i \alpha_i}{v_{str} t_{str}} \qquad (6\text{-}20)$$

式中，$l_{waitstr}$，l_{ps} 分别为 D 点等待直行通过的车队长度和每次红绿灯通过的车队长度；v_{str} 为直行通过交通道口的速度；t_{str} 为每次红绿灯允许直行通过的时间。

（3）转折路段的便捷性计算方法　当存在弯道时，如图 6-8 所示。ABC 的替代路段是 ADC，ADC 路线比 ABC 路线多出一个右转弯，

图 6-8　弯道替代示意图

但实际生活中多数右转弯都不受红绿灯限制，因此本书将右转弯忽略不计。ABC 的节约的时间仅为 ABC 与 ADC 所用时间的差值：

$$TA_{ABC} = \sum_j \frac{L_j n_j}{\rho'_j Q'_j} - \frac{L_{ABC}}{v_{ABC}} \qquad (6\text{-}21)$$

（4）拥堵的触发条件与拥堵时间计算方法　拥堵发生是因为该路段上的机动车流出量低于流入量，造成了机动车的净累计。在流入速度一定的情况下，影响流出的最主要因素就是十字路口信号灯控制的流出量大小。通常在一个路口红绿灯信号周期 t_{int} 内，排队等待流出的车辆数如果超过该信号周期内右转、直行和左转全部车辆之和，则在道路输出口造成了车辆的净累计，也即拥堵。根据以上分析，可得：

$$Q t_{int} \leqslant Q_{tr} t_{int} + Q_{str} t_{str} + Q_{tl} t_{tl} \qquad (6\text{-}22)$$

但使用上式确定是否拥挤需要大量的调查数据，如三个方向的车速、红绿灯信号时间等，在数据条件难以支撑情况下，可以近似的以是否达到最低占位长度为标准判断是否造成拥堵。因为机动车净累计一段时间完全拥堵后，路段上每个车辆都以最低占位长度运行。

当已经发生拥堵时，机动车通过路段的耗时受十字路口信号灯控制，为简便起见，假设每次流出时间为信号灯周期的一半，即 $t_{int}/2$。

$$t = \frac{l}{l_{\text{out}}} t_{\text{int}} = \frac{l}{v_{\text{out}} \rho_0 / \rho} \tag{6-23}$$

式中，ρ_0 为等待红灯时的平均机动车占位长度；ρ 为运行时的占位长度。

在城市交通中，往往某一路段的替代路线不止一条，若将城市公路分为快速路、主干道和支路，则这三类公路都可以作为替代路线。定义：将替代路线比原有路线分别同等级、低一级和低二级的，分别叫做 0 级替代、1 级替代和 2 级替代。根据前述假设 1，不可能出现−1 级替代的现象。

6.2.2 北京市交通道路的便捷性评价

根据《北京市交通发展年度报告 2006》与第三次北京市城市交通综合调查，北京市生活性出行（生活、购物、文化娱乐）占总出行的 66.0%，远远超过工作出行，比例与 2004 年基本持平。出行方式上，除步行外，自行车占总出行的 30.30%，小型车出行占 29.8%，公交车占 22.74%。出行耗时上，小型车单次出行耗时 26min，公交车单次出行耗时 50.3min，各类主体的出行统计见表 6-4。表中的平均速度包含了交通工具在各类路口等待的时间，并且可能受到了交通拥挤的影响。小型车的平均速度接近城市主干道上测定的行驶速度，由于小型车在路线选择上较为灵活，较多使用快速路，因此受十字路口等待的影响较少。公交车除十字路口等待以外，进出公交站所用的时间也导致了平均速度的降低，与自行车速度相当，在各类出行中速度较慢、耗时偏长，根据调查，公交仅在费用方面保持优势，对出行的吸引力增长不及小型车。

表 6-4　2005 年各类主体出行属性表

车型	日出行次数	出行比例	每次出行距离/km	单次出行耗时/min	平均速度/(km/h)
小型车	3.16	29.80%	14	26	32.3
地面公共交通	5.44	22.74%[2]	9.5	50.3	11.57
货车及其他	2.47	17.163%	28.5	75.4	20.33
自行车	2.64[1]	30.30%	2.85	15	11.4
居民	2.64		9.3		

① 自行车日出行次数缺乏调查，用居民平均出行次数代替。
② 根据综合调查与年度报告数据折算而成。

当出行距离一定时，居民选用交通工具主要取决于成本、时间、居住条件和居民自身条件所决定（北京市城市规划设计研究院，2002）。以时间为衡量对象，不同路段的出行速度不同，到达目的地的时间也不同。假设某一路段不可用时，该路段的交通流会选取可达性最高的替代路段以达到出行目的地。表 6-5 是根据前述的推导公式计算得出的每一段路节约时间，即其便捷性，距离长度通过 Arcview3.2 测量得出，替代路线选取标准为距离最短的同级与低一级公路，可知：

表 6-5　不同路段的便捷性估计

路段	替代级别	长度	增加左转次数	增加直通次数	计算占位/(m/辆)	最低占位/(m/辆)	便捷性/min	平均便捷/(min/km)
东二环 9.6km	0	东三环快速路 11.6km,主干道 1km	0.5	0	15.03	7.72	20.4	2.1
	1	10.2km 主干道	0	9	12.51	7.03	87.7	9.1
北二环 7.7km	0	北三环 9.8	0	0	14.34	7.65	13.0	1.7
西二环 8.7km	0	西三环 20.8km	0	0	10.94	7.47	42.1	4.8
	1	主干道 9.0km	1	7	9.71	7.18	75.2	8.6
南二环 8.1km	0	南三环 11.5km,主干道 1.2km	0.5	1	22.96	7.24	33.6	4.1
东三环 11km	0	东二环 11.6km,主干道 2.7km	0.5	0	15.03	7.72	24.9	2.3
南三环 12.5km	0	南二环 12.3km,主干道 2.7km	0.5	0	22.96	7.24	22.7	1.8
西三环 14.6km	0	18.2km	0	0	10.94	7.47	31.0	2.1
北三环 12.8km	0	北四环 19.9km	0	0	17.86	7.59	25.4	2.0
	0	北二环 19.9km	0	0	15.55	7.65	31.3	2.4
东四环 15.1km	0	东三环 16.1km	0	0	15.54	7.68	16.0	1.1
	0	南三环 16.8km,支路 5km	2	4	20.71	7.04	95.8	5.8
南四环 16.4	0	南三环-西四环 27.1km	0	0	20.71	7.04	36.9	2.2
	0	南三环-卢沟桥路绕行 20.9km,主干道 2.9km	1	1	20.71	7.04	53.7	3.3
西四环 18.6km	0	西三环 23.5km	0	0	13.39	7.29	31.8	1.7
北四环 15.0km	0	北三环 18.3km	0	0	19.71	7.59	20.8	1.4
苏州街-京石高速路口 11.1km	0	中关村南大街-三里河-广安路 14.4km	3	2	16.47	6.66	52.5	4.7
中关村大街 5.2km	0	苏州街-西三环辅路 7.5km	1	−0.5	16.47	6.66	18.4	3.5
长安街(石景山-东四环)23.8km	0	莲花池路-宣武门-前门-崇文门-通惠河路 16.1km	2.5	2	15.74	6.66	68.3	2.8
新东路-工体东路-东大桥路 4.3km	0	东四环辅路 8.6km	1	1	15.74	6.66	23.7	5.5
	1①	支路 4.8km	1	1			25.3	5.9

① 支路设计最大流量较低,一般不足以承受大流量,因此本书按照拥堵与最小车距计算。

(1)从全城环路的流量看,北京南部车辆较少,通过平均流量计算快速路平均占位长度超过 20m,车速降低较小,仍然可以满足正常出行需求,因而发生 0 级替代时,平均每千米增加耗时较短。东西北三面车流量较大,发生替代时容易造成拥堵，如西三环的一级替代和西二环的 0 级替代都接近最低占位长度，较易发生拥堵。

（2）快速路、主干道与支路作为替代路线的平均便捷程度不同。环形高速路因为其设计流量大、无红绿灯信号障碍，作为 0 替代路线比原有路线出行平均耗时多出约 2.6min/km，造成耗时加长的原因主要是流量显著放大导致的车速降低和路线变长；主干道作为 0 级替代的平均增加出行时间 4.1min/km，作为 1 级替代路线的平均时间进一步增高到 8.9min/km，这是因为主干道不足以承载快速路的所有流量，当快速路的车流涌入到主干道时，主干道的车速将显著降低，并且增加了环形高速路不存在的红绿灯等待时间，因此在有 0 级替代时，1 级替代是不可取的。因此，当交通拥堵，有多种替代路线时，居民出行使用环路等快速路作为替代路线将节约较多时间，而支路替代因为时间浪费较多，最不可取。

（3）从平均便捷程度和替代路线与原路线之间的距离差来看，距离差越大，平均便捷性值越高。图 6-9 为快速路（二、三、四环路）发生纯 0 级替代时，平均便捷性与距离差之间的关系，由图可知，替代距离差每增加 1km，平均便捷性增长约 0.2203min/km，即原公路节约的时间提高 0.2203min/km。因此，具有多条替代路线时，越短的 0 级替代路线所用的通行时间越短。主干道的平均便捷性也呈现类似规律，但主干道的平均便捷性还受红绿信号灯的个数影响，信号灯越多增加的时间越多。

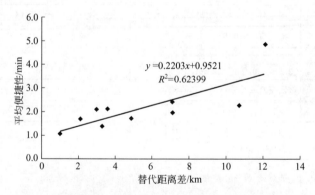

图 6-9　快速路的 0 级替代距离差与平均便捷性之间的关系

（4）假设居民出行主要利用快速路和主干道出行，并且原定出行路段全不可用，必须全部使用替代路线时，则平均每次出行 9.3km 多使用的时间为 24.2～38.1min。根据第三次北京市交通综合调查估算，北京市城八区 2005 年共计出行 91.85×10⁸ 人次，其中工作时间中出行 15.58∂10⁸ 人次，若按北京是人均工作一小时创造的 GDP 为 22.4 元计，现有交通为工作出行共节约（140.8～221.6）×10⁸ 元（假如生活出行不产生 GDP），占 GDP 总量的 2.0%～3.1%。

交通基础设施的估值是一个非常复杂的问题，本书限于数据获取的难度，仅能通过 GDP 方式估算其价值，作者认为更为精确的估值方法为分区确定各分区出行的 OD 矩阵，并把出行分配到网络路径当中估算每一类公路的出行分担率，进而与上述不同类型路段的便捷性估算结果共同估算每年节约的出行时间，此外生活出行节约的时间价值可以通过时间价值调查确定，本书限于时间、资金支持与人力等原因，只能在今后研究中进一步实现。

6.3　交通对土地价格影响的量化评价

土地是人类生产与生活活动的空间场所，是城市发挥正常功能的承载体（黄国和等，2006）。城市的土地价格通过价格机制对土地资源的总量及结构配置有基础性作用（曾乐春，2006），因此研究土地价格及其驱动机制对城市土地资源开发和优化配置具有重要作用。城市土地价格受交通（王真等，2009）、基础配套措施、商业环境、区位因素等影响（陈程飞等，2006）。国外学者主要采用定性定量方法从可达性、交通与土地互动关系等地理学方面（Peiser，1987；Srour *et al.*，2002；McDonald and Osuji，1995）或税收、地租等经济学（Colwell and Munneke，1997；Aaron and Gale，1996）两方面阐述土地价格的驱动因子，国内学者从宏观、规划的角度探索土地价格的影响因素（毛蒋兴和阎小培，2005），通常采用定性或引用国外研究成果等研究方法，与国外研究相比，国内仍然欠缺微观性与实证研究，对城市土地价格影响机制揭示尚显不够。

6.3.1　交通对土地价格影响的量化评价方法

6.3.1.1　模型框架

本书拟通过多元回归方法找出居住用地价格与各种变量之间的关系，因此要求因变量土地价格是正态分布的。但因在回归分析前其他的数据操作也部分要求自变量呈正态分布。因此，本书使用 Box-Cox 变换将除逻辑变量外的其他所有变量转变为正态的。Box-Cox 变换方法为：

$$\begin{cases} x_i' = \ln x_i & \lambda = 0 \\ x_i' = x_i^\lambda & \lambda \neq 0 \end{cases}$$

按照 Box-Cox 法，使以下对数似然函数 L 取最大值的 λ 就是使原始数据按上式变换后最接近正态分布的最佳值（陶澍，1994）。

$$L = -\frac{v}{2}\ln s^{2'} + (\lambda - 1)\frac{v}{n}\sum \ln x_i \qquad (6\text{-}24)$$

式中，v 和 n 分别代表样本的自由度和样本量；$s^{2'}$ 是变换后数据的方差。

由于收集的数据并不一定与研究目标存在必然关系，因此本书通过三步确定或排除无关的影响因素：①按年份分组，检验两组之间的交易价格是否存在显著不同，确定是否将研究数据按照时间分组研究；②通过二元相关分析，研究因变量（$x_2 \sim x_{10}$）与自变量 y 之间的相关关系，排除相关性低或不相关的因变量；③对

0，1 型变量（$x_{11} \sim x_{13}$），通过分组的独立总体均值的 t 检验比较两组间是否有明显差异，若有则保留该变量，在回归中进一步做虚拟变量回归。经过因子排除后，保留的数据通过因子分析分组，每一组代表某一类别影响因素，因子分组结果作为回归模型选取的标准，即回归模型中应含有每一组因子中至少一个因子。最后对保留的数据进行多重共线性判断，当存在多重共线性时，使用多元线性岭回归确定因变量与自变量之间的数量关系，当多重共线性较弱时，采用 Stepwise、Forward、Backward、Remove 等多种方法回归，以因子分析结果作为参考，选取最优回归结果，并对结果作出合适解释，本书的研究技术路线如图 6-10 所示。

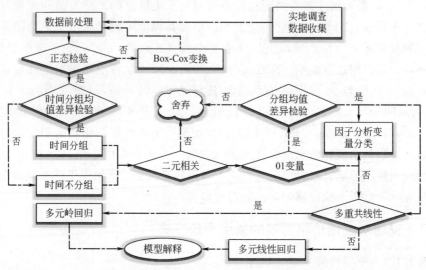

图 6-10　交通对居民用地价格影响研究的技术路线图

6. 3. 1. 2　多元岭回归

当多元回归中自变量存在多重共线性，即自变量之间存在相关关系时，回归矩阵的秩 $\mathrm{rank}(X) = p+1$ 虽然成立，但是 $| X'X | \approx 0$，这样各个参数的估计的精度会降低，此时虽然得到的参数仍然是最小二乘无偏估计，但回归系数的估计值对样本数据的微小变化变得非常敏感，回归系数的估计值的稳定性很差。此外存在多重共线性时，F 检验会具有很小的显著程度，而 T 检验往往不能通过，在自变量完全自相关时，$\mathrm{rank}(X) < p+1$，此时 $(X'X)^{-1}$ 不存在，回归参数的最小二乘估计表达式不成立（景继等，2007）。因此，当多重共线性存在时，通常需要采用其他修正的回归方法重新对自变量进行回归。

当自变量存在多重共线性时，常用的方法包括：

(1) 直观法　当重要的自变量的回归系数 t 检验结果不显著，但 F 检验却得到了显著的通过，则可能存在多重共线性；此外多重共线性发生时，回归系数的符号与专业知识或一般经验可能相反。

(2) 方差扩大因子法

$$\text{VIF}_j = (1 - R_j^2)^{-1} \tag{6-25}$$

式中，R_j^2 是以 X_j 为因变量对其他自变量的复测定系数。一般认为 $\text{VIF}_j > 10$ 时，即存在多重共线性。

(3) Pearson 相关系数法 对自变量矩阵做 Pearson 相关系数分析，当自变量两两之间的相关系数大于 0.6，且 t 检验显著，则可能发生多重共线性。

当多重共线性发生时，其常见的处理方法为，增加样本容量或减少不重要的解释变量。当多重共线性严重，无法增加样本容量，或减少解释变量仍然存在多重共线性时，则可以使用变量的差分法、偏最小二乘法、岭回归法等方法，本书在处理多重共线性时，使用岭回归方法，其基本原理如下：

多元回归矩阵 $y = x\beta + \varepsilon$ 的普通最小二乘估计为 $\beta = (X'X)^{-1}X'y$，当存在多重共线性时 $|XX| \approx 0$，此时给矩阵加上一个系数矩阵 kI，则 $\beta = (X'X + kI)^{-1}X'y$。$k$ 值的确定方法较多（何秀丽和王浩华，2008），本书以岭迹法确定 k 值大小，即将 k 值在 $0 \sim 1$ 之间以 0.01 的步长，采用 SPSS16.0 编程逐次回归，将每次回归的 β 对 k 值作图，当 β 变化稳定后，取稳定区内的 k 值，此时 k 值的变化对回归系数的影响已不大，不影响回归结果的准确性。

6.3.2 北京市交通对土地价格的影响

本书通过对 2003～2004 年北京市居住用地交易监测，收集了 73 个交易样本，每个交易样本包括土地交易单价 y(元/m^2)、交易日期 x_1、土地距离市中心的距离 x_2(m)、与最近商业中心的距离 x_3(m)、与最近道路的距离 x_4(m)、与火车站的距离 x_5(m)、与最近学校的距离 x_6(m)、与最近医院的距离 x_7(m)、与最近公园的距离 x_8(m)、1000m 内的公交路线数 x_9、容积率 x_{10}、1000m 内有无公园 x_{11}、文体设施 x_{12} 及轨道交通 x_{13} 等变量，其中 $x_{11} \sim x_{13}$ 为 $0 \sim 1$ 变量。交易样本主要分布在北京市城八区内，如图 6-11。

根据前述计算方法，本书计算步骤如下。

(1) 数据前处理 使用 SPSS16.0 对样本按时间分组检验结果显示，方差齐性假设成立（显著水平 $0.898 > 0.05$），其对应的 t 检验结果显著性水平为 0.950，> 0.05，所以在 95% 置信度下，2003 年的交易数据与 2004 年的交易数据不存在明显的差异，因此本书忽略时间因素的影响，不对数据按时间分类处理。

根据正态检验结果，采样数据呈现不同程度的偏度，不符合严格的正态分布，因此本书按照 Box-Cox 变换计算了最优转换系数，对数据进行转换。以土地价格变换为例（如图 6-12），迭代的最优 λ 为 0.04，使用该 λ 使转换后的数据满足正态分布，其 95% 的置信区间为 $[-0.16, 0.25]$，因该区间包含 0，为计算简便，通常取既满足条件，又使变换较为简单的取值，所以取土地价格变换的 $\lambda = 0$。其他

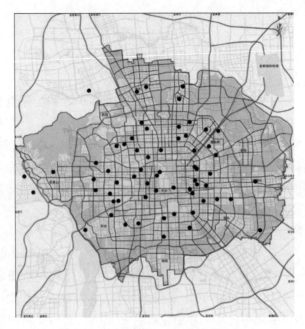

图 6-11　居住用地土地交易样本分布图

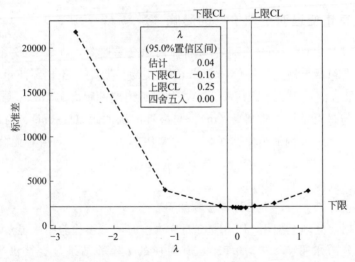

图 6-12　土地交易价格的 Box-Cox 变换迭代过程

各个变量的置信区间与取值见表 6-6。变换后的变量使用相应的大写字母 Y 和 X_i 表示。

(2) 指标筛选　本书采用 Pearson 相关分析方法对各连续变量与土地交易价格进行相关分析，结果见表 6-7。离商业中心、道路、学校、医院和公园的距离经过变换后与 Y 之间相关性很低，且 $P>0.05$，因此，不能确定它们与 Y 之间有明显的相关性。保留的自变量有距离市中心的距离、距离火车站的距离、公交路线数和容积率，它们经过变换后与变换后的交易价格呈显著的相关性（$P=0.000<0.01$）。

表 6-6　变量的 Box-Cox 变换 λ 取值

	最优估计值	95％置信区间	计算值		最优估计值	95％置信区间	计算值
x_2	0.2	$[-0.03,0.48]$	0	x_7	-0.06	$[-0.34,0.23]$	0
x_3	0.19	$[-0.07,0.50]$	0	x_8	0.3	$[0.02,0.61]$	0.5
x_4	-0.17	$[-0.36,0.08]$	0	x_9	0.22	$[-0.01,0.49]$	0
x_5	0.28	$[0.04,0.53]$	0.5	x_{10}	-0.14	$[-0.67,0.34]$	0
x_6	-0.19	$[-0.55,0.13]$	0				

表 6-7　Pearson 相关分析结果

保留变量	与 Y 的相关性	P	排除变量	与 Y 的相关性	P
X_2	-0.807[①]	0.000	X_3	0.132	0.265
X_5	-0.727[①]	0.000	X_4	-0.075	0.529
X_9	0.651[①]	0.000	X_6	-0.151	0.202
X_{10}	0.622[①]	0.000	X_7	-0.191	0.105
			X_8	-0.045	0.706

[①]显著水平为 0.01（双尾），其他未加注的相关性数据的显著水平为 0.05（双尾）。

　　0~1 型变量做分组均值差异的显著性检验结果见表 6-8，三个变量均通过方差齐性检验（$P>0.05$），其中 X_{12} 与 X_{13} 的 t 检验的 P 值都小于 0.05，说明 1000m 内是否有文体设施与轨道交通对居民用地的价格具有显著的差异；而 X_{11} 的 t 检验的 P 值为 $0.469>0.05$，说明 1000m 内是否有公园对居民用地的价格不具有显著差异，因此可以排除 1000m 内是否有公园该变量对居民用地价格的影响。

表 6-8　0~1 变量的 T 检验结果

变量	方差齐性检验		均值差异的 T 检验		
	F	P	t	P（双尾）	95％CI 偏差
X_{11}	0.187	0.667	-0.729	0.469	$[-0.658,0.306]$
X_{12}	1.827	0.181	-3.133	0.003	$[-1.176,-0.261]$
X_{13}	0.969	0.328	-4.922	0.000	$[-1.803,-0.689]$

　　(3) 因子分析　经过 Pearson 相关分析和 t 检验过程后，本书采用多元统计的因子分析法进一步分析筛选得到变量的结构关系，并明确各变量的贡献率，根据因子方差累积贡献率（一般取值 85％以上）确定 4 个公因子数（刀谞等，2008），并进行方差极大旋转，求主因子解，结果如表 6-9。四个公因子的累积贡献率达到 93.46％，说明这四个公因子能够充分反应北京市土地价格的驱动力。

　　从表 6-9 可知，第一公因子与距离市中心的距离、距离火车站的距离和 1000m 以内公交路数经过转换过的变量具有较高的相关性，反映了交通距离与出行的可达性因素，代表了交通对居民用地价格的影响；第二公因子与容积率相关，反映了土地开发强度因素，通常土地开发强度越大，土地的集约化利用程度越高，土地的利用率越高（章波等，2005）；第三公因子与文体设施相关，代表了文化娱乐设施的影响；第四公因子与1000m内是否有轨道交通相关，一方面轨道交通的快速性淡化了距离的影响因素，提高了交通沿线的可达性，使居民的活动空间沿轨道交通沿线扩张（周俊和徐建刚，2002；王锡福等，2005）；另一方面，与公交系统相比，提高了出行的效率与舒适性，轨道交通空间分布的非均质性导致它与距离、公交等均质性变量不同，这可能是其未并入第一公因子的原因。

表 6-9　旋转后的因子载荷

转换变量	公因子			
	1	2	3	4
X_2	0.906	−0.199	−0.215	−0.115
X_5	0.954	−0.044	−0.178	−0.059
X_9	−0.805	0.264	0.011	0.199
X_{10}	−0.237	0.949	0.112	0.152
X_{12}	−0.191	0.103	0.971	0.034
X_{13}	−0.169	0.144	0.035	0.973

(4) 回归结果　因子分析只是理清了自变量间的结构关系，并没有明确它们与因变量之间的关系，因此本书进一步使用多元回归方法确定因变量与自变量之间的数量关系。前述的 Pearson 相关分析结果中（未在表 6-7 中列出），X_2 与 X_5，X_9 高度相关，相关系数分别达到 0.939 $(P=0.000)$ 和 −0.693 $(P=0.000)$；与 X_{10} 弱相关，相关系数为 −0.460 $(P=0.000)$。因此存在明显的多重共线性，因此本书采用多元岭回归法，降低多重共线性对回归结果的影响。取 k 值步长为 0.01，计算 k 的岭回归线如图 6-13。从图中可以看出，当 $k<0.2$ 时，岭回归线波动较大，各驱动因子的回归系数不稳定，当 $k>0.6$ 时，岭回归线趋于平稳。因此本书取 k

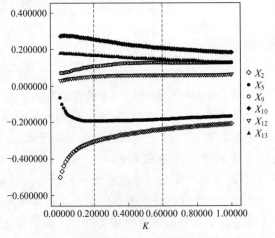

图 6-13　居民用地价格驱动因素的岭回归线

值为 0.6，得出回归模型。模型的可决系数达到 0.732，相关系数为 0.856，可以解释 73.2%Y 的变动，其残差符合平均值为 0.005，标准差为 0.530 的正态分布，如图 6-14。根据以上公式得到还原后土地价格的变动方程。

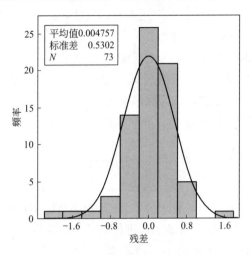

图 6-14　预测残差的分布

$$Y = 10.566 - 0.282X_2 - 0.003X_5 + 0.115X_9 + 0.529X_{10} + 0.121x_{12} + 0.382x_{13}$$
$$\qquad\quad (0.0339)\ (0.0005)\ (0.0343)\ (0.0990)\quad (0.0821)\quad (0.1059)$$
$$t = -8.33\ -6.18\qquad 3.34\qquad 5.35\qquad\quad 1.47\qquad\quad 3.60$$
$$(\overline{R}^2 = 0.708,\ R^2 = 0.732,\ P = 0.000,\ DF = 66)$$

$$y = \frac{x_9^{0.115} x_{10}^{0.529}}{x_2^{0.282}} e^{10.566 - 0.003\sqrt{x_5} + 0.121x_{12} + 0.382x_{13}}$$

(5) 讨论　回归模型中，与市中心距离的转换变量（X_2）的 $\beta = -0.240$，是居民用地价格最重要的影响因素，这与地理学研究结论是一致的，城市中心通常是政治、经济和文化的中心，也是城市居民生产生活的中心区域，因此与市中心距离的大小反映了到达市中心的可达性的强弱，可达性越强对居民的吸引力就越大（Hunt et al.，2005），用地需求也越大，因此用地价格也会越高。同样，距离火车站的距离 X_5（$\beta = -0.182$）、公交路线数 X_9（$\beta = 0.126$）同样表现了可达性的强弱，但距离市中心较远而接近区中心较近的区域也可能距离火车站较近和公交线路数较高，市中心距离与距离火车站的距离与土地价格呈反向变化，而公交路线数越多，可达性越强，越有利于土地升值。容积率的转换变量（X_{10}）代表了土地开发强度大小，其 $\beta = 0.211$，列第二，说明它的影响力仅次于市中心距离。大城市中土地市场比较完善，并且需求较大，但需求较大的区域往往供给较少，因此出现高强度开发，同时土地需求越大导致土地价格也越高。根据 t 检验，文化设施与轨道交通对居住用地的价格存在明显的影响。文化设施与轨道交通的回归系数分别为 0.121（$\beta = 0.059$）、0.382（$\beta = 0.143$）表明了两类基础设施对周边 1km 内居民用地价格增长的贡献。可见城市副中心等高强度开发方式、多元的文化体育设施和新型、快速的交通方式驱动城市扩张，抵消了距离因素的作用，促进居民居住地与城市中心的分离，有助于提高土地利用效率。

若不使用多元岭回归方法，而采用逐步回归法，得到回归模型。回归模型的修正的可决系数达到 0.748，可决系数（R^2）达到 0.759，并通过 1‰ 的显著性检验，三个自变量的 P 值都小于 0.05，容忍值最低为 0.749，方差膨胀因子较小（小于 1.33），模型受多重共线性干扰虽然较低（蔡建琼等，2006），但模型舍弃了 X_5、X_{10} 两个参数，数据利用率较低，无法解释第三类公因子对土地价格的贡献，此外从系数上看，放大了 X_2、X_{10} 和 x_{13} 对 Y 值的影响。

$$Y = 14.711 - 0.735X_2 + 0.690X_{10} + 0.484x_{13}$$
$$(0.080) \quad (0.172) \quad (0.170)$$
$$t = -9.192 \quad 4.018 \quad 2.844$$
$$(\overline{R}^2 = 0.748,\ R^2 = 0.759,\ P = 0.006,\ DF = 69)$$

从岭回归结果可以看出，居民土地价格的 6 个影响因素中，交通相关的 4 个变量（距离市中心的距离，距离火车站的距离，1km 内是否有轨道交通和公交路线数）重要性分别排在第一、第三、第四和第五位，对土地价格具有重要的作用。从逐步回归结果中可以看出，尽管舍去了一些数据，距离仍然在居民土地价格决定中作为首要因素，轨道交通对周边 1km 内的土地价格也具有重要作用，若容积率与距离不变，轨道交通对 Y 值的贡献达到 0.484。

(6) 结论　用统计学方法分析得到北京市城市居住用地价格的驱动因子包括可达性、土地开发强度、与新型交通方式，其代表性的因子为与市中心的距离、容积率与 1000m 以内是否存在轨道交通等因子贡献了北京市城市居民用地价格变化的 73.2%，其中与市中心的距离是影响居住用地价格的最重要因素，距离越远居住用地价格越低，容积率越高，地价越高，而文化设施和轨道交通对周边的土地价格存在明显的增值作用。根据本书研究结论可以提出以下建议：

① 通过城市副中心等高强度开发土地的方式和轨道交通提高城市功能扩展区、郊区的土地价值与可达性，促进城市地价空间分布的优化，有助于提高土地的利用效率，最大化实现土地的利用价值（章波等，2005）。

② 利用建成区的交通优势，进一步对中心城区的"城中村"等低效率的土地利用方式进行改造，加强土地利用的集约化程度，实现城市功能的优化，提高城市的整体价值。

③ 加强小区文化建设与基础设施建设，增加土地价格附加值。

④ 科学的把握地价与城市功能区、城市基础设施之间的关系，掌握城市土地储备的时机，提高城市土地储备的效益，分享土地增值收益，促进城市地产业的健康发展。

7 基于城市生态系统的可持续交通综合评价

7.1 城市生态系统健康综合评价

7.1.1 城市生态系统健康评价与诊断

7.1.1.1 评价目标与基本思路

城市化的快速发展，使发达国家近百年中出现的城市问题在我国近 20 年内集中爆发，产生"城市病"。"城市病"是一种形象的描述，它与人们日常所说的城市问题概念相似，意即城市生态系统的结构、功能等出现了问题，城市功能无法正常实现，城市的社会经济发展产生了阻碍因素。因此，建立一套城市生态系统健康的理论和方法体系，并开发一套一体化的城市病诊断、治疗综合支持系统（王如松，2000a），对我国具有典型城市病问题的城市进行案例研究，对于指导城市可持续发展具重大意义。

城市生态系统健康评价（urban ecosystem health assessment，UEHA）的目的，不只是为了诊断城市病，还需要定义城市生态系统健康的一个期望状态，确定城市生态系统被破坏的阈限范围，并在法律、政策、道德、文化等的约束下（Ronald et al.，1999），实施有效的生态系统管理（马克明等，2001）。城市生态系统健康，是保证城市的各项生态系统功能的得以实现的前提，城市生态系统只有保持了结构和功能的完整性，并具有抵抗干扰和恢复能力，才能长期为人类社会提供服务（曾晓舵等，2004）。因此，本研究将城市生态系统的功能归纳为承载力、支持力、吸引力、延续力和发展力 5 大子系统。在此基础上，进行城市病的诊断和城市生态系统健康的评价。

城市病是城市的社会、经济、生态环境等各个层面的发展不协调而引起的，它们之间具有相互影响和相互作用的内在联系（胡春雷等，2003）。城市生态系统健康指标，是为了从全局分析出发，找出城市病因症结所在，以便提出实用的诊断和应对方案。具体而言，城市病诊断与城市生态系统健康评价的目的就是：①发现可能发生的城市生态系统退化/恶化的特征指标，并以此实现城市病早期预警的功能；②确定城市生态系统健康状况的时间序列变化水平（纵向）、研究某一城市与大多数城市发展水平的差异（横向），确定城市生态适宜度；③城市病原因诊断，确定表征城市生态系统退化/恶化、偏离健康的特征性指标，从而为解决城市病问题找到突破点。

对城市生态系统进行健康评价，一般遵循以下 5 种最基本的思路：①基于可持续发展理论，对影响或限制城市可持续发展的因素进行分析和评价（Yu et al.，2005）；②根据城市复合生态系统理论，建立基于社会-经济-生态环境 3 个子系统的评价体系（Huang，2002）；③根据 Rapport 的活力-组织力-恢复力（VOR）理论（Rapport et al.，1997），结合城市复合生态系统的特征，从活力、组织结构、恢复力和服务功能等方面建立城市生态系统健康的评价体系（郭秀锐等，2002）；④基于结构-功能-系统水平（S-F-SL）的评价方法（Xu et al.，2001），主要借鉴自然生态系统的方法，对城市生态系统进行健康评价；⑤根据压力-状态-响应（PSR）及其衍生理论（Jerry et al.，2001），如驱动力-压力-状态-暴露-响应（DPSEEA）理论，筛选影响城市生态系统健康的指标，并按照 PSR 及其相关子系统的逻辑划分指标，从而对城市生态系统健康的综合水平进行评价。

基于可持续发展理论和复合生态系统理论的城市生态系统健康评价，难以突出反映城市病的关键特征（Grove et al.，1997）；而 VOR 和 S-F-SL 法最初仅仅运用于对自然生态系统健康评价的研究之中，它不能揭示城市复合生态系统亚系统相互作用的特征（胡廷兰等，2005）；基于 PSR 理论的城市生态系统健康评价，更倾向于关注城市人群的健康问题，对于城市系统本身的诊断探索较少（Rapport et al.，2002）。城市是一个具有复合生态系统特征的有机体，城市病就是城市的功能不能实现时所体现的问题，城市病的显著特征，就是城市功能出现了障碍。因此，对城市病进行诊断，就是找出制约城市生产和生活运转的障碍因子、制约城市发展的瓶颈因子，并对城市生态系统健康展开评价。

7.1.1.2 城市生态系统健康评价模型

城市的功能主要体现在：城市是承载了较多的人口，在相对密集的区域，实现了土地的集约利用，促进了经济的发展等。参考自然生态系统健康评价的体系（孔红梅等，2002），本书将城市的功能归纳为 CSAED（carrying，supporting，attractive，evolutional，developing）模型，主要包括以下 5 个子系统。

(1) 承载力（carrying capacity，CC） 城市的生态环境对于城市生产、生活的承载功能；城市的大气环境、水环境等介质接纳了城市生产、生活排放的废弃物；城市的景观生态具有消纳污染物的功能；城郊区的自然保护区对于城市的综合承载力也有很大贡献（Aguilar，1999）。

（2）支持力（supporting capability，SC） 城市的土地资源为人类各项社会经济活动提供了基本的场所，而且城市的河流水系、地下水等自然资源也是城市赖以发展的重要资源。

（3）吸引力（attractive capability，AC） 城市的吸引力来自城市地理学（周一星，1995）的概念；城市生态系统的吸引力主要体现在城市的交通和基础设施为城市经济发展提供的功能支持。

（4）延续力（evolutional capability，EC） 主要体现在城市人口、社会和经济的可持续发展，人民生活水平不断提高，城市的经济功能不断加强。

（5）发展力（developing capability，DC） 通过管理政策的不断整合和技术手段的不断更新，达到城市生态系统向更高水平发展的目的（Lyons，1997）。这 5 个子系统之间相互联系，体现了城市生态系统既具有生态系统的一般特点，又是一个具有社会经济特性的特殊生态系统，如图 7-1 所示。

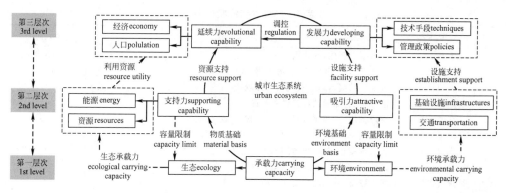

图 7-1　CSAED 模型 5 个子系统之间的关系

依据 CSAED 模型，城市生态系统是由承载力、支持力、吸引力、延续力和发展力等互相关联又具有各自特点的 5 个子系统组成的复合生态系统。5 个子系统在城市生态系统中，分别处在不同的层次，对城市的功能作用也互不相同，主要体现在以下 3 个层次。

（1） 首先，承载力是基础，它处在城市生态系统的第一层次。它包括生态和环境两个方面，它不但为城市生态系统提供物质基础和环境基础，也是城市生态系统存在的基本介质，为城市提供还原功能。

（2） 城市生态系统的第二层次是支持力和吸引力。前者表示城市对自然资源和矿产能源等天然物资的需求，以及人们对这些资源能源的利用，从而对城市发展产生支持力；后者代表人类对城市进行开发和建设以后，使得城市产生了更多有利于人们生产生活的功能，如交通设施、给排水设施等。支持力和吸引力体现了人们利用资源和建设城市的能力，也是城市生态系统区别于自然生态系统或农业生态系统的本质区别之一。

（3） 第三层次代表了人类在城市中的主导地位。首先，城市密集的人口、高度发展的经济，都是城市功能和活力的体现，这是支持城市延续发展的基础，所以称为延续力。而人们在对城市进行管理时所采用的技术手段和管理政策，则是城市生态系统与一般自然生态系统具有最显著差别的一个子系统。这里体现了人们对城市生态系统的各个方面，尤其是人口社会及经济的调控作用，这是城市可持续发展的根本，所以称之为发展力。

综上所述，CSAED体现了城市生态系统从生态环境基质→物资开发利用→社会经济调控等3个层次的系统特征，它与VOR、S-F-SL、PSR等方法的本质区别就在于以下2个方面：①CSAED模型是针对城市这一特殊生态系统的健康评价的；②CSAED模型最注重的不是生态系统的性质，而是要表征生态系统的功能。因此，本书提出的基于CSAED模型的UEHA，将城市这一特殊生态系统的功能健康与否作为评价的关键，并分析城市功能发生问题时的情况，即所谓的城市病，对于解决我国快速城市化过程中出现的城市病问题具有重要意义。城市病症状诊断见表7-1。

表 7-1　城市病症状诊断

对象	城市病症状	策略
生态	城市生态恶化,绿化面积少	CC
环境	水质恶化,大气污染,垃圾肆虐,人居环境恶化	CC
资源	人地矛盾突出,住宅拥挤,资源短缺	SC
能源	能源匮乏,能源消耗弹性系数高	SC
交通	交通拥阻,交通尾气污染,噪声扰民,交通事故	AC
基础设施	城市防灾体系不健全,给排水设施落后	AC
人口	人口密度过高,居民健康水平下降	EC
经济	经济粗放型增长,工业污染重,第三产业发展落后	EC
管理政策	投入资金不足,治理力度不够	DC
技术手段	高科技含量低,三废综合处理率低	DC

注：CC—承载力，carrying capacity；SC—支持力，supporting capacity；AC—吸引力，attractive capacity；EC—延续力，evolutional capacity；DC—发展力，developing capacity。

对城市病的诊断，就是基于CSAED模型，通过一系列的模型算法，检查以上各个方面对应的具体问题，找出城市病的病征对应的"瓶颈因子"。对城市病进行综合诊断，针对以上CSAED模型，本研究将城市病的诸多症状总结为与此相对应的能源、资源、环境、生态、交通、土地和人口等10个方面，从而展开诊断分析。

7.1.1.3　评价方法与步骤

一般来说，环境科学领域的可持续发展评价主要分为4种：经济学模型、生态学模型、社会政治型模型、指标体系与综合评价方法（温宗国等，2005）。对城市生态系统这个复合生态系统进行评价时，也应该兼顾经济、生态、社会政治等多个层面，对其进行健康评价一般采取建立指标体系并综合评价的方式。本书提出的城市生态健康评价步骤如图7-2所示。

7.1.1.4　指标体系

城市健康指标的选择与标准值的确定必须既全面又简明，而目前学术界还没有

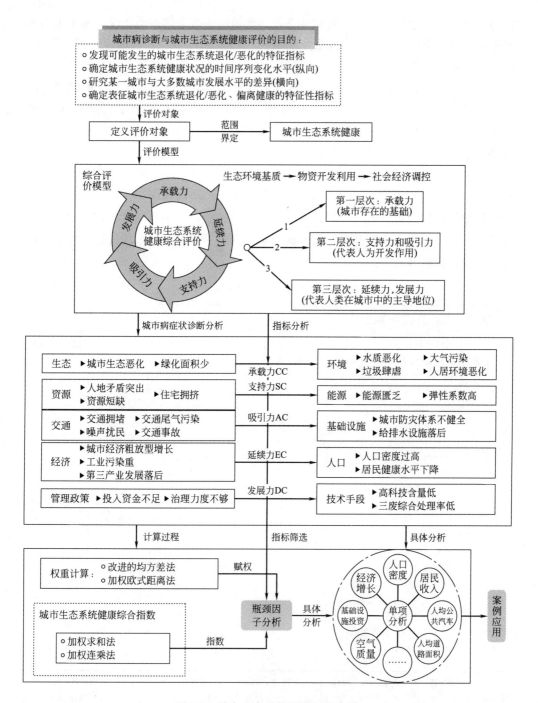

图 7-2　城市生态系统健康评价步骤

统一的城市生态系统健康标准（官冬杰等，2006）。按照上述对城市病综合诊断的 5C 框架，对照城市各项功能和能力建设，根据以下原则确定城市生态系统健康评价的单项指标及指标体系：①指标体系要体现城市生态系统的动态性，便于进行时间序列分析、历史特征回顾和发展水平预测；②指标体系具有通用性和可移植性，便于多个城市之间的比较研究；③指标体系应该可以全面反映案例城市的各个子系统的特征（Chakrabarty，2001）；④选择可以量化的指标；⑤指标具有前瞻性，既要体现我国作为发展中国家的城市特色，也要为城市的进一步发展留下余地（Oswal et al.，2003）；⑥对那些目前统计数据不完整，但对于城市病诊断又十分重要的指标，可以用类似指标代替。

根据以下原则确定指标的目标值：①尽量采用已有国际/国内标准的指标目标值；②参考国内外文献，确定目标值；③对有退化趋势的指标，可以采用历史上较好年份的数据作为目标值；④对于有上升趋势的指标，可由我国城市现状值作趋势外推来确定目标值。在此基础上，本研究最终确定了城市生态系统健康评价的指标体系以及目标值（表7-2）。

表 7-2　城市生态系统健康指标体系

子系统	No.	指标	目标值	出处	子系统	No.	指标	目标值	出处
CC	1	城区绿化覆盖率/%	>60	a1	EC	22	城区人口密度/(10^4/km²)	3500	a4
	2	单位耕地化肥施用量/(t/hm²)	<0.471	b		23	城市化率/%	85	a4
	3	城区 PM_{10} 平均浓度/(g/m³)	<0.100	c		24	人口自然增长率/%	0.80	a4
	4	城区道路噪声/dh	<50	c		25	城市家庭恩格尔系数/%	35	a3
	5	建成区区域噪声/dh	<50	c		26	学龄儿童入学率/%	100	d
	6	河段水质达标率/%	100	d		27	城市人均支配收入/元	15000	d
SC	7	年降水量/mm	>585	f		28	农民人均纯收入/元	8000	a1
	8	人均耕地面积	1.62	a2		29	GDP 增长率/%	>10	d
	9	地均 GDP 产值/(10^4 元/km²)	10400	a3		30	第三产业占 GDP 比重/%	45	a7
	10	城镇人均住宅使用面积/m²	>20	a4		31	人均 GDP/元	80000	a1
	11	城区人均道路面积/m²	>8	a5		32	第三产业从业人员比率/%	45	a8
	12	单位 GDP 能耗/(tSce/10^4 元)	<0.5	a6	DC	33	利用外资占 GDP 比重/%	5	d
AC	13	公路网密度/(km/km²)	1	d		34	环境保护投资占 GDP/%	>5	a1
	14	千人私人汽车拥有量	120	e		35	固定资产投资占 GDP/%	>40	a5
	15	万人拥有公交车辆	100	a1		36	工业固废综合利用率/%	80	g
	16	每千 km² 公安消防车辆数	25	d		37	工业增长率/%	10	d
	17	房地产投资占 GDP 比重/%		a1		38	工业废水达标排放率/%	100	d
	18	人均邮电业务量/元	2500	g		39	工业废水排放量/(t/10^4 元)	8.6	a2
	19	小学专任教师负担学生数	10	h		40	工业固废产生量/(t/10^4 元)	0.5	a2
	20	每千人拥有执业医师数	5	a5					
	21	每千人拥有医院床位数	8	a5					

注：文献来源：a1. 谢花林，2004a；a2. 余丹林，2003；a3. 李成阳，2004；a4 谢花林，2004b；. a5. 桑燕鸿，2006；a6. 陈彦光，2006；a7. 杨志峰，2004；a8. 黄首春，2001；b. 以 1995 年为基准值；c. 国标；d. 理想目标；e. 世界平均值；f. 多年平均降水量；g. 趋势外推；h. 以 2005 年为基准值。

本书提出的城市生态系统健康综合评价的指标体系框架如图7-3所示，综合评价分为承载力、支持力等5个子系统，每个子系统分别包含5~11个具体的指标，

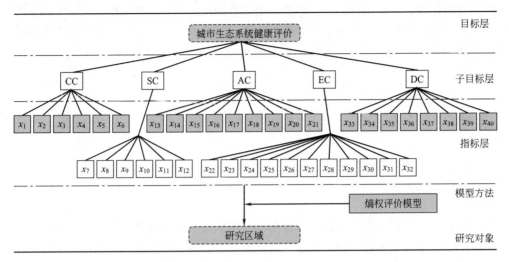

图 7-3　城市生态健康综合评价指标体系

通过主权重、分权重将三层评价系统（目标层、子目标层、指标层）联系在总的框架下面，从而得到综合评价的结果。

7.1.1.5　城市生态系统综合评价模型

一个城市生态系统健康评价模型如果要便于推广，那么需要满足两个基本条件：①模型运行得到的城市生态系统健康评价结果，应该适于纵向研究，即可以反映离散时间序列的动态特征（Grimm，2000）；②适于不同城市生态系统健康的横向比较，方便不同城市案例之间的比较（傅伯杰等，2001）。

目前常见的评价方法，主要可以归纳为两种：①首先划分"病态-不健康-亚健康-健康-很健康"的 5 级指标值（刘明华等，2006），再用模糊数学、人工神经网络等方法计算各指标的属性值；②用主成分分析等方法，直接对指标矩阵产生内生权重，得到相对健康指数（高吉喜等，2006）。基于 5 级指标的城市生态系统健康评价模型，能够很好地对比城市之间的健康水平差异，但是对 5 个级别的确定却带有一定的人为因素；而基于主成分分析的评价方法，虽然可以避免对指标进行分级导致的人为任意性，但是，这种内生权重的计算方法，也直接导致了评价体系的移植性较差，不适于多个城市之间的横向比较。

为了克服上述不足，本书基于复合生态系统理论，从城市的 CSAED 模型出发构建城市生态系统健康评价模型，以通用的指标目标值为标准，首先用规范化方法计算各个单因子与目标值之间的距离，这样可以对城市生态系统进行单因子诊断；然后，用改进均方差法得到权重，避免了人为确定权重的主观性，再通过加权欧氏距离法并结合加权求和法、加权连乘法，从而计算城市生态系统健康综合指数。该模型可以清晰地辨识城市生态系统的单个瓶颈因子，也可以分析城市的总体发展状况和各子系统的相对健康水平，同时还能够展开时间序列分析，还能进行多个城市间的横向比较，为城市病的诊断医治、城市管理决策提供科学依据。

(1) 原始数据集 根据表 7-2 的指标体系，确定 $f=1, 2, \cdots k$ 个子系统的数据矩阵，其中，第 f 个子系统的原始数据矩阵 X 和目标值矩阵 X_h 分别是：

$$X = \begin{bmatrix} x_{11} & x_{12} & \cdots & x_{1n} \\ x_{21} & x_{22} & \cdots & x_{2n} \\ \cdots & \cdots & \cdots & \cdots \\ x_{m1} & x_{m2} & \cdots & x_{mn} \end{bmatrix} = (x_{ij})^{m \times n} \tag{7-1}$$

$$X_h = \begin{bmatrix} x_{h1} & x_{h2} & \cdots & x_{hn} \end{bmatrix} \tag{7-2}$$

式中，x_{ij} 代表第 i 年的第 j 个指标；健康态 x_{hj} 代表第 j 个指标的目标值（$i = 1, \cdots m$；$j = 1, \cdots, n$）。

(2) 原始数据规范化和单因子诊断 根据城市生态系统健康的发展特点，本书采取阶梯形隶属度函数，对原始数据进行规范化，采用的阶梯形状如图 7-4 所示。

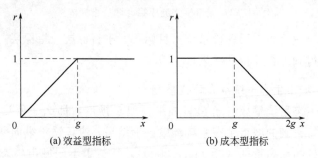

图 7-4 阶梯形隶属度指标

然后用隶属度法则计算出规范化矩阵，如下所示，从而将矩阵 X 转换为指标隶属度矩阵 $R = (r_{ij})^{m \times n}$，健康目标值矩阵 X_h 转化为：$R_h = \begin{bmatrix} 1, & 1\cdots, & 1 \end{bmatrix}^{1 \times n}$。

效益型指标：
$$R_{ij} = \begin{cases} 1 & x_{ij} \geqslant x_{hj} \\ \dfrac{x_{ij}}{x_{hj}} & x_{ij} < x_{hj} \\ 0 & x_{ij} = 0 \end{cases} \tag{7-3}$$

成本型指标：
$$R_{ij} = \begin{cases} 0 & x_{ij} \geqslant 2x_{hj} \\ 1 - \dfrac{x_{ij} - x_{hj}}{x_{hj}} & 2x_{hj} > x_{ij} > x_{hj} \\ 1 & x_{ij} \leqslant x_{hj} \end{cases} \tag{7-4}$$

(3) 确定综合评价权重 各子系统的单项指标权重采用改进的均方差法确定（桑燕鸿等，2006）。均方差法不仅能反映指标间的相对重要性，还能初步反映指标间的协调程度。评价指标权重的确定步骤：

① 对原始矩阵 X 进行无量纲化处理：$\quad y_{ij} = x_{ij} / \max(x_i) \tag{7-5}$

② 计算评价指标的均值：$\quad \overline{y_i} = \dfrac{1}{m} \sum_{i=1}^{m} y_{ij} \tag{7-6}$

③ 计算评价指标的方差平方 $\qquad s_j{}^2 = \dfrac{1}{n}\sum\limits_{i=1}^{n}\left[y_{ij} - \overline{y_i}\right]^2$ $\qquad$ (7-7)

④ 确定权重 $\qquad w_j = s_j \Big/ \sum\limits_{j=1}^{m} s_j$ $\qquad$ (7-8)

其中，w_j 满足 $\qquad \sum\limits_{i=1}^{m} w_j = 1$ $\qquad$ (7-9)

(4) 计算加权欧氏距离 用加权欧式距离法 (Deng，2000；董旭等，2005)，计算各子系统每一年份到健康态的距离：

$$d_{ih\_f} = \sqrt{\sum_{j=1}^{n}\left[w_j \times (r_{ij} - r_{ih})^2\right]} \qquad (7\text{-}10)$$

各子系统的健康指数用下式计算：$h_{ih\_f} = 1 - d_{ih\_f}$

重复 k 次上述第①～③步骤，分别计算得到各个子系统对应的 d_{ih_f} 和 h_{ih_f}。d_{ih_f} 代表第 f 个子系统与健康态的距离，h_{ih_f} 代表第 f 个子系统的健康指数（$f=1, 2, \cdots, k; k=5$）。d_{ih_f} 越大说明距离健康态越远，而 h_{ih_f} 越大则子系统 f 的健康指数越高。

(5) 计算综合健康指数 首先用改进的均方差法计算各子系统的权重 W_f，计算方法与指标权重计算方法类似，然后，分别用"加权求和法"（桑燕鸿等，2006）和"加权连乘法"（胡廷兰等，2005）计算城市生态系统的综合健康指数：

① 加权求和法 $\qquad \mathrm{HA}_i = \sum\limits_{f=1}^{k} w_f \times (h_{ih\_f})$ $\qquad$ (7-11)

② 加权连乘法 $\qquad \mathrm{HB}_i = \prod\limits_{f=1}^{k} h_{ih\_f}{}^{w_f}$ $\qquad$ (7-12)

式中，HA_i 和 HB_i 分别代表两种算法的第 i 年的复合健康指数，其余变量含义同上。

7.1.2　城市生态系统健康综合评价

7.1.2.1　评价目标及权重分析

2005 年北京市常住人口 1538.0 万人，其中城镇人口 1286.1 万人，农村人口 251.9 万人，城市化率在国内处于较高水平。因此，我国城市化进程中所呈现的"城市病"问题在北京市得到了较为集中的体现（郁亚娟等，2008）。对北京市城市生态系统健康进行评价，目的是为了诊断出限制发展的生态瓶颈因子，并结合本研究所关注的对象：可持续交通系统，找出限制北京市交通可持续发展的主要因素。

由于北京市建成区面积大、人口众多、经济活动剧烈，因此城市生态系统的复杂程度很高，具有多种病症相互交织的特点，例如基础设施发展不平衡导致交通阻塞，而交通拥堵又导致街道空气质量恶化、道路噪声嘈杂，大气和声环境恶化又引起居民生活质量的下降，同时由于人口密集、工业发达，因此对于水、土地等各种自然资源的需求也产生较大缺口。总之，北京是我国城市化进程中产生城市病问题典型城市，对北京的城市病进行诊断，并研究北京的城市生态系统健康问题，对于解决我国诸多城市的生态环境问题都具有重要的指导意义。

本书所做的城市生态系统健康综合评价，一方面是为了总体上分析北京市发生城市病的主要症状，另一方面，是为了给本研究的可持续交通系统诊断提供基础，即在全面诊断的基础上，对北京市的交通环境问题做出有针对性的诊断和评价。尤其是本书提出的 CSAED 概念模型中有关城市的承载力（CC）、吸引力（AC）的研究，直接对应于交通问题和环境问题，是可持续交通综合评价的重要内容之一。

根据上述建立的城市生态系统健康评价的模型方法，以北京市为案例进行城市病诊断和城市生态系统健康评价研究。首先根据前述计算方法，分别计算各二级指标的权重，以及各子系统的权重（表 7-3）。

表 7-3　健康评价各子系统和二级指标的权重

子系统	w_{f1}	w_{f2}	w_{f3}	w_{f4}	w_{f5}	w_{f6}	w_{f7}	w_{f8}	w_{f9}	w_{f10}	w_{f11}	W_f
CC	0.1668	0.1649	0.1658	0.1661	0.1654	0.1711	—	—	—	—	—	0.2018
SC	0.1532	0.1663	0.2013	0.1408	0.1681	0.1703	—	—	—	—	—	0.1979
AC	0.1081	0.1177	0.1089	0.1137	0.1170	0.1149	0.1053	0.1065	0.1079	—	—	0.2034
EC	0.0918	0.0927	0.1102	0.0874	0.0977	0.0832	0.0848	0.0842	0.0952	0.0845	0.0882	0.2051
DC	0.1787	0.1212	0.0806	0.0836	0.1251	0.0948	0.1860	0.1300	—	—	—	0.1918

注：w_{fi} 代表二级指标的权重（$f=1\sim5$；$i=1\sim11$）；W_f 代表 5 个子系统的权重（$f=1\sim5$）。

7.1.2.2　瓶颈因子诊断

瓶颈因子的诊断主要是通过比较和分析，查找限制系统发展的"最低"因子，结合前文的生态系统健康评价的 5S 系统，根据城市生态系统健康评价的规范化方法和单因子评价模型，运行程序得到健康状态的单因子分析结果，如图 7-5 所示。它表示 40 个指标从 1999～2005 年间的属性值，隶属度低的指标在图中显示出缺口的形状，由此可以得到较为直观的指标因子判断。表 7-4 列出了属性值小于 0.5 的 10 个指标，据此可以对城市病的限制因子展开分析。

由图 7-5 可看出，第 3、6、8、9、12、15、22、31、39、40 指标明显偏低。根据"水桶效应"理论，这些指标是阻碍和制约城市发展的瓶颈因子，其对城市生态系统健康的整体水平具有瓶颈作用，会抑制城市的总体发展（胡廷兰等，2004）。就单因子诊断而言，约有 1/4 的指标隶属度＜0.5，因此对这些指标需要引起足够的重视，从这些指标也可以找出限制城市生态系统发展的瓶颈因素。

(1) 大气污染不可忽视　从第 3 指标（城区 PM_{10} 平均浓度）的单因子评价可以看出，北京市大气中的可吸入颗粒物浓度水平较高，这影响了整个城市生态系统的健康水平。但是从 1999～2005 年的趋势也可以看出，北京的大气环境虽然起点较差，但是有逐渐改善的趋势。

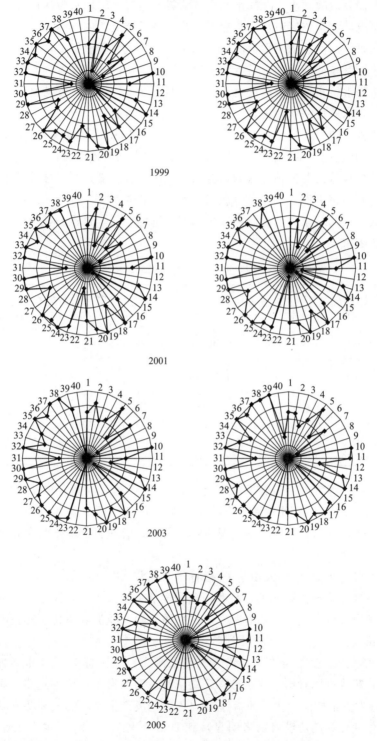

1999

2001

2003

2005

图 7-5   城市生态系统健康评价瓶颈因子诊断

（2）水资源短缺和水质性缺水并重 从第 6 指标（河段水质达标率）的单因子评价可以看出，北京市河流水质落后于城市生态系统健康的总体发展水平。由于资料关系，本研究以河流水质指标和年降水量指标代表水资源特征，事实上，前者体现了水质达标率较低的问题，后者的隶属度大于 0.5，因此没有列在表 7-4 中。但实际上，年降水量指标的隶属度也不高，仅略大于 0.5。这些情况说明，北京市的水资源短缺和水质性缺水并重。

（3）资源短缺 从指标 8（人均耕地面积）和指标 22（城区人口密度），指标12（单位 GDP 能耗）的隶属度可以看出，北京的人均耕地较低，而且呈下降趋势，说明北京的粮食等需要依赖外区域的输入。城区人口密度过高，导致城市的土地资源紧张，引起房价上涨、就业竞争激烈等更深层次的问题。而单位 GDP 能耗的隶属度也较低，说明北京市的能源消耗仍然有改进的空间，这也是城市生态系统健康发展的内在需求。

表 7-4　属性值＜0.5 的指标单因子诊断

指标编号	1999	2000	2001	2002	2003	2004	2005	平均值
3	0.2000	0.3800	0.3500	0.3400	0.5900	0.5100	0.5800	0.4214
6	0.4584	0.4160	0.3980	0.3640	0.4220	0.4520	0.4530	0.4233
8	0.2469	0.2222	0.2037	0.1605	0.1667	0.1481	0.1420	0.1843
9	0.0153	0.0181	0.0212	0.0248	0.0287	0.0355	0.0403	0.0263
12	0.0000	0.0000	0.0000	0.1800	0.3600	0.5000	0.6000	0.2343
15	0.0995	0.1041	0.1113	0.1235	0.1329	0.1454	0.1355	0.1217
22	0.6258	0.4226	0.2992	0.1365	0.0694	0.0307	0.0097	0.2277
31	0.2675	0.3015	0.3375	0.3855	0.4361	0.5137	0.5681	0.4014
39	0.0000	0.0000	0.0000	0.0000	0.7560	1.0000	1.0000	0.3937
40	0.0000	0.0000	0.0000	0.0000	0.0620	0.3240	0.5600	0.1351

（4）公共交通等基础设施发展不足 指标 15（每万人拥有公交车辆的隶属度平均值）仅 0.1217，说明北京的公共交通服务距离国际先进水平仍有较大差距，尤其是在北京市人口密度较大的情况下，发展公共交通服务，是减少交通拥堵的重要措施。

（5）经济发展仍有巨大潜力 指标 9（地均 GDP 产值）和指标 31（人均GDP）的隶属度均较低，尤其是前者，隶属度都小于 0.1。说明北京市的土地产值仍有巨大潜力可以发掘，迫切需要发展占地面积少、经济效率高、先进技术含量高的经济增长点。

（6）在减少工业污染方面，仍然有巨大潜力。 从指标 39（工业废水排放量）的近年变化趋势可以看出，北京市在工业减污方面取得了巨大的进步，隶属度从 0增长到 1，发生了质的变化。而指标 40（工业固废产生量）的隶属度虽然也有好转的趋势，但变化的趋势没有前者明显，到 2005 年刚超过 0.5，说明工业固废减排和资源循环利用方面，仍有较大的挖掘空间。

7.1.2.3 综合评价

单因子诊断是为了寻找引起城市病的关键因子，但实际上，任何城市问题都不是独立的，各病症之间具有相互作用（Önal，1999）。因此，有必要对城市生态系统的总体状况作更进一步的分析。根据上文的城市生态系统健康综合评价模型，分别计算得到北京城市生态系统健康指数（表7-5）。

表 7-5　北京市城市生态系统健康综合评价指数

时间	1999	2000	2001	2002	2003	2004	2005
CC	0.8115	0.8290	0.8280	0.8203	0.8530	0.8445	0.8470
SC	0.7108	0.7079	0.7096	0.7270	0.7389	0.7536	0.7636
AC	0.8701	0.8790	0.8824	0.8889	0.8920	0.9011	0.9010
EC	0.9082	0.9061	0.9061	0.9000	0.8999	0.9011	0.8954
DC	0.7990	0.8007	0.8001	0.7986	0.8634	0.8999	0.9121
HA[①]	0.8209	0.8256	0.8263	0.8280	0.8450	0.8603	0.8639
HB[②]	0.8181	0.8226	0.8233	0.8255	0.8479	0.8583	0.8621

① 加权求和法得到的综合健康指数。
② 加权连乘法得到的综合健康指数。

从1999～2005年，北京市CSAED的5个子系统大部分都呈上升趋势，其中，承载力从0.8115上升到0.8470，支持力从0.7108上升到0.7636，吸引力从0.8701上升到0.9010，延续力从0.9082稍微下降到0.8954，发展力从0.7990上升到0.9121。CSAED中，资源和能源支持力（SC）相对较低，说明北京市本身的人均资源和能源相对欠缺，在一定程度上需要外区域的输入作为补充，今后北京市CSAED模型的5项功能如果要协调并进，最迫切的就是要加强支持力建设。

根据城市病发展的4阶段论（周家来，2004），城市化率在10%～30%之间是城市病的隐性阶段，城市化率在30%～50%是城市病的显性阶段，城市化率在50%～70%是城市病的发作阶段，城市化率达到70%以上，则进入城市病的康复阶段。北京市1999～2005年的城市化率为77.29%～83.62%，按照4阶段论，北京市的城市病在这7年间是处于发作阶段后期并走向康复阶段的时期。根据本研究的计算，加权求和法（HA）和加权连乘法（HB）计算得到的北京市城市生态系统健康指数差别不大，其中HA居于0.8209～0.8639之间，HB居于0.8181～0.8621之间，城市总体健康水平较高，而且近年来基本呈现缓慢上升的趋势，这个结果与城市病的4阶段论相吻合。但是，城市病的康复不会随着城市化进程而自动消失，而是需要进行一系列的调控措施，尤其注重对瓶颈因子的调控。

7.2　可持续交通系统综合评价

7.2.1　概述

我国城市交通规划已开始从考虑单一的交通条件约束转向综合考虑交通与环境

的双重约束（卫振林等，1997）；并将可持续发展理论引入到交通规划理论体系中（陆化普，1999），构建了可持续发展的交通规划理论框架（王炜，2001），指出城市交通规划的发展方向是面向环境，综合考虑环境容量和环境支撑能力，即发展可持续的城市交通研究（王智慧，2000）。与此相对应的评价模型，就是可持续交通系统综合评价模型，它是一个以城市交通系统为评价对象，以环境约束和支撑能力为评价的首要原则的模型方法。

一定时期内，城市环境对于交通运行的支撑能力是有限的，这一限制就是城市交通环境容量的限制（申金升，1997b），即交通环境所能容纳的交通系统排放物的最大负荷或其利用资源的最大使用量。可持续交通所代表的城市交通必须是在满足城市交通需求的同时，以城市的可持续发展为前提，也就是要求在环境允许的范围内发展城市交通。交通结构不同、生态环境特征不同的城市，它们的可持续交通指数是不一样的（王振报等，2005）。一般而言，可持续交通指数不是一个确定的数值，而是具有一定弹性（resilience）的数值空间，因此探索如何科学地计算可持续交通指数并指导城市交通环境建设，是一个非常有意义的课题。

可持续交通指数从环境学的角度反映了生态环境对城市交通的制约以及支撑关系。它强调的是环境系统资源对交通系统的支撑能力，突出的是对城市环境系统的量化测度。因此，它应该是一个兼顾了城市生态环境系统特征和城市交通系统特征的多元模型，它反映了城市交通发展与城市环境相互作用的特征，也反映了城市交通与自然-社会-经济复合生态系统之间相互作用（申金升，1997b）的关系，如图7-6所示。

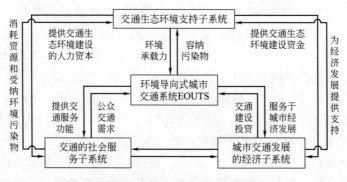

图 7-6　可持续交通与城市复合生态系统的关系

城市社会经济系统的正常运转需要多种形式的交通支持，城市人口、经济活动、社会发展等因素共同决定了对城市交通环境的需求。而生态环境系统则为城市交通的正常运行与建设提供资源和场所，并消纳交通环境污染等。生态系统服务功能对城市各项基础设施的基本支撑能力是城市社会经济系统发展的约束条件，同时也决定了城市交通系统发展的极限，满足生态环境极限约束是城市交通环境系统正常运转的基础。

7.2.2 概念模型与指标体系

城市交通的环境特性是城市环境系统固有功能的表现形式之一，它不仅与城市环境系统本身的结构有关，还与交通系统发展状态、区域自然-社会-经济复合生态系统的输入输出有关。若将可持续交通指数看成是一个函数，那么此函数至少包含5个自变量：时间（t）、空间（s）、环境状态（E）、交通系统发展状态（T）以及城市的社会经济发展行为（B）：

$$\mathrm{EOUTSCAM} = \int_{t_1}^{t_2} \int_{s_1}^{s_2} g(t) \cdot h(s) \cdot f(E, T, B)$$

式中，t_1 和 t_2 代表研究时间段的起点和终点；$g(t)$ 是时间函数；$[s_1,\ s_2]$ 代表研究区域的范围；$h(s)$ 是空间函数；$f(E,\ T,\ B)$ 是指与可持续交通相关的自然-社会-经济复合生态系统的多变量函数。在实际研究中，时间和空间变量可以是离散的，也可以是连续的。当它们是连续函数时，即采用积分形式；当它们是离散函数时，可以用离散函数的形式代替其中的积分形式。

由上式可见，可持续交通指数所代表的是一个多变量、多目标的复杂函数。为了提取可持续交通系统的特征，可以采用指数评价模型，这也是目前量化评价中应用较多的一种方法（王俭，2005）：首先建立指标体系；然后应用统计学方法或其他数学方法计算出综合指数，实现对可持续交通的评价。本书选取矢量模法计算综合可持续交通指数，将其视为一个包含 n 维空间的矢量，每一维即代表与城市交通环境有关的社会经济活动指标。设某一时期有 m 个城市或某个城市有 m 个时期的发展状态，分别对应着 $m \times n$ 个指标值和 m 个综合可持续交通指数。对 m 个指数而言，每个有 n 个指标，将之进行归一化，并计算 n 维向量的模（标量），就得到某个城市或某个时期的综合可持续交通指数，通过比较各矢量模的大小来比较同一时期不同城市之间，或同一城市不同时期之间可持续交通指数的差异（表 7-6）。

表 7-6　可持续交通指标体系

序号	子系统	指标类型	举例
1	交通的社会服务需求	城市公共交通发展水平 城市交通可达性 交通服务的社会公平性	每万人拥有公共交通车辆;城市公共交通覆盖面积;城市公交运营时段长度 路网密度[②];轨道交通覆盖率 人均道路面积;自行车专用道百分比
2	城市经济发展的交通支撑	交通建设水平 道路建设投资 道路辅助设施建设水平	路段平均路宽;一级道路百分比;二级道路百分比;高速公路百分比 道路建设投资占 GDP 的比例[②] 路灯路段占总路段百分比

序号	子系统	指标类型	举　例
3	交通生态环境子系统	道路绿地建设 交通空气质量 交通噪声情况 道路防洪排污能力 交通道路空气污染情况	人均公共道路绿地面积；道路绿化百分比；绿地喷灌率；景观绿地郁蔽度 全年空气质量达到或优于二级的天数 噪声分贝[①]；道路噪声达标百分比；噪声超标百分比[①]；振动程度[①] 路基透水率；地下管道覆盖率 TSP、PM_{10}、SO_2、NO_2 等特征因子的浓度水平[①]（小时均值、日均值或年均值）

[①] 指标是负向指标；其余是正向指标，越大越好。
[②] 在一定限度以内，越大越好。

建立可持续交通的指标体系主要依据以下原则：

（1）环境主导原则　为了充分体现城市的环境容量特征，为城市交通建设规划提供生态环境约束条件的分析，以及环境承载的瓶颈分析，可持续交通指标体系必须是以环境为主导的（王智慧，2000；黄国和，2006）。

（2）通用性原则　指标应该是国内外学者广泛接受和公认的，这样才能便于交流，并利于不同城市之间、某城市的不同时期之间进行比较。

（3）实用性原则　选取数据易于获取和处理计算的指标，这样便于推广可持续交通的计算方法，使该方法更易于被各级地方政府、广大研究者所接受和采纳。

（4）可比性原则　如城市公共交通车辆总量和人均占有公共交通车辆数这两个指标都可以表现某个城市的公交发展水平，但前者对于城市规模相差很大的两个城市而言，就不具可比性，而后者则可以在人口总量不同的各个城市之间进行比较，并且可以反映公共交通发展的社会公平性。

基于复合生态系统理论，可持续交通主要包括以下3种分量：交通的社会服务水平、城市经济发展的交通体现、交通生态环境子系统。因此在一定时期内，可持续交通指数主要取决于交通环境质量、交通环境污染水平、道路绿地建设水平、道路建设水平、城市交通的社会公平性、城市交通可达性等因素（Munda，2006；Botteldooren，2006；魏后凯，2001）。

7.2.3　综合方法与步骤

可持续交通系统综合评价的基本步骤如图7-7所示，主要分为：定义对象→初步确认评价标准→输入原始数据→建立指标备选集→指标筛选→指标确定→应用数学方法→输出综合评价结果8个部分。

根据可持续交通评价的概念模型，对于原始数据的预处理（阳洁，2000）过程及综合评价计算部分，主要包含以下3个步骤。

步1：按照上述指标体系，结合实际情况和数据可得性，得到原始数据矩阵 R：

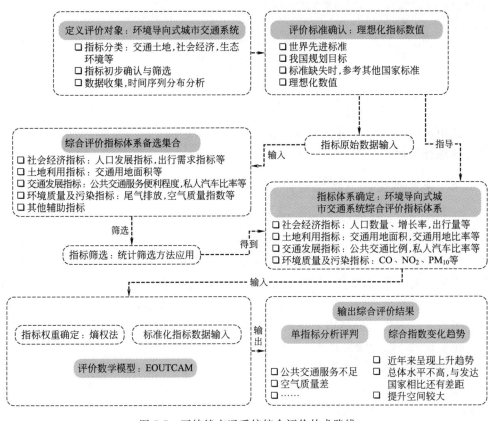

图 7-7 可持续交通系统综合评价技术路线

$$R_{m \times n} = \begin{bmatrix} R_{11} & R_{12} & \cdots & R_{1n} \\ R_{21} & R_{22} & \cdots & R_{2n} \\ \vdots & \vdots & \vdots & \vdots \\ R_{m1} & R_{m2} & \cdots & R_{mn} \end{bmatrix} \tag{7-13}$$

式中，i 代表城市的数量（$i=1，2，\cdots，m$）；j 代表本次研究选择的指标数量（$j=1，2，\cdots，n$）。因此原始数据 R 是一个 $m \times n$ 维的矩阵。

步2：对矩阵 $R_{m \times n}$ 进行归一化并消除量纲，这里将指标划分为正向和负向两种类型。

对于正向指标，归一化函数为：

$$P_{ij} = \frac{R_{ij}}{C_{ij}} \tag{7-14}$$

对于负向指标，归一化函数为：

$$P_{ij} = 1 - \frac{R_{ij}}{C_{ij}} \tag{7-15}$$

式中，R_{ij} 代表原始数据；C_{ij} 是指标 j 对应的最高限度值；P_{ij} 是指标预处理后的值，$i=1$，2，$\cdots$，m；$j=1$，2，$\cdots$，n。

步 3：计算综合指数：

$$F_i = \sum_{j=1}^{n} W_{ij} \times P_{ij} \tag{7-16}$$

$$\sum_{j=1}^{n} W_{ij} = 1 \quad (i = 1,2,\cdots,m; W_{ij} \neq 0)$$

式中，W_{ij} 是对应于第 i 个城市和第 j 个指标的权重；F_i 是第 i 个城市的可持续交通综合指数。

7.2.4 可持续交通系统综合评价

可持续交通系统的目标，是实现城市交通系统可持续发展的最优状态。可持续交通系统的综合评价，是基于交通发展的以下 5 个要素：①可持续性，②社会公平性，③能源消耗低，④环境外部性低，⑤对经济发展的支持力等。按照综合评价模型，本研究选取我国北京、天津、沈阳、长春、哈尔滨、上海、南京、杭州、郑州、武汉、广州、济南、成都、贵阳、昆明、西安 16 个城市作为可持续交通评价的研究对象，采集目标城市相应的指标数据，依据上述模型利用 MATLAB 软件（version 7.01）进行编程处理。

按指标选取原则，选取表 7-7 中的每万人拥有公共交通车辆（标台）、人均道路面积（m²）、路网密度（km/km²）、噪声达标率（%）、空气质量达到及好于二级的天数、可吸入颗粒物 PM$_{10}$ 浓度（mg/m³）、SO$_2$ 浓度（mg/m³）、NO$_2$ 浓度（mg/m³）、路段平均路宽（m）、人均公共绿地面积（m²）等指标，纳入可持续交通指数模型进行计算。各指标的最高极限值是根据具体情况设定的。交通大气污染的指标，例如可吸入颗粒物（PM$_{10}$）、SO$_2$、NO$_2$ 等，均根据我国《空气质量标准》（GB 3095—1996）规定的二级标准的年平均值，作为空气质量指标的上限。16 个城市的实际指标值是国家环保总局和建设部提供的 2003 年数据（表 7-7）。在本研究中，变量 $m=16$，$n=10$。

表 7-7 可持续交通系统综合评价的原始数据

城市	P1	P2	P3	P4	P5	P6	P7	P8	P9	P10
北京	26.37	10.98	1.76	56.4	224	0.141	0.061	0.072	36	11.25
天津	9.38	8.80	0.55	83.0	264	0.133	0.074	0.052	26	6.67
沈阳	9.74	8.49	0.87	97.8	298	0.135	0.052	0.036	33.7	6.77
长春	11.40	7.03	0.32	76.2	342	0.098	0.012	0.022	29.8	5.23
哈尔滨	13.14	6.34	0.61	84.3	297	0.121	0.043	0.065	17	5.78
上海	16.78	12.46	1.51	47.4	325	0.097	0.043	0.057	20	7.35
南京	10.00	12.13	1.12	76.0	297	0.12	0.03	0.049	29.4	10.02
杭州	17.03	10.67	1.39	80.2	293	0.119	0.049	0.056	16.3	7.02
郑州	10.55	7.63	0.84	87.3	308	0.107	0.05	0.033	43.5	6.80
武汉	13.75	8.38	0.70	44.6	246	0.133	0.049	0.052	18.7	8.32

城市	P1	P2	P3	P4	P5	P6	P7	P8	P9	P10
广州	15.97	11.16	1.23	72.5	314	0.099	0.059	0.072	23	9.44
济南	8.76	10.62	0.98	69.0	214	0.149	0.064	0.046	46.9	5.96
成都	11.23	12.49	1.02	81.4	312	0.118	0.052	0.046	44.7	6.98
贵阳	11.42	3.17	0.32	46.1	351	0.104	0.089	0.019	23.7	8.50
昆明	14.49	5.02	0.26	55.3	363	0.086	0.045	0.033	30	7.87
西安	10.37	6.24	1.00	64.3	252	0.136	0.057	0.035	23.6	3.80
目标值	45.00	15.00	5.4	100	365	0.10	0.06	0.04	55	14.50

注：P1—每万人拥有公共交通车辆，标台；P2—人均道路面积，m^2；P3—路网密度，km/km^2；P4—噪声达标率，%；P5—空气质量达到及好于二级的天数；P6—可吸入颗粒物（PM_{10}），mg/m^3；P7—二氧化硫（SO_2），mg/m^3；P8—二氧化氮（NO_2），mg/m^3；P9—路段平均路宽，m；P10—人均公共绿地面积，m^2。

收集包括北京市在内的 16 个目标城市的相应数据，计算原始数据矩阵，进行数据预处理，得到了单指标分析的结果如图 7-8 所示。由图 7-8（a）可知，影响北

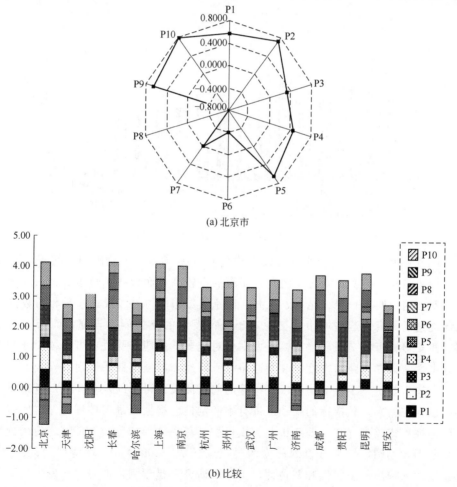

(a) 北京市

(b) 比较

图 7-8　若干城市可持续交通单指标评价

京市可持续交通系统的关键因子是环境质量（或污染物浓度），其中，P6（可吸入颗粒物 PM_{10} 浓度）、P7（SO_2 浓度）和 P8（NO_2 浓度）这 3 个指标是负数，尤其是 NO_2 浓度值最低，即北京市大气污染的首要污染源正从工业/交通混合污染，转变为交通为主的污染类型。另外，由 7-8（b）可知，16 个城市之间的比较可以看出，北京市的 P1（每万人拥有公共交通车辆）、P2（人均道路面积）、P3（路网密度）、P9（路段平均路宽）和 P10（人均公共绿地面积）等指标值与其他 15 个城市相比相对较高，说明北京市的基础设施建设、城市绿化建设等，处于国内领先地位。然而，由于大气质量相对较差等原因，影响了可持续交通指数的总体排名。

在各指标权重相同的假定下，计算得到 16 个城市的综合指数，将之排序，如图 7-9 所示。由图可见，北京市的综合指数在全国 16 个主要城市中排名第 8，其顺序为：长春＞昆明＞上海＞南京＞成都＞郑州＞贵阳＞北京＞广州＞沈阳＞杭州＞武汉＞济南＞西安＞哈尔滨＞天津。

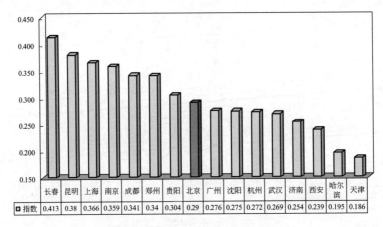

	长春	昆明	上海	南京	成都	郑州	贵阳	北京	广州	沈阳	杭州	武汉	济南	西安	哈尔滨	天津
□指数	0.413	0.38	0.366	0.359	0.341	0.34	0.304	0.29	0.276	0.275	0.272	0.269	0.254	0.239	0.195	0.186

图 7-9　若干城市可持续交通指数

16 个城市的可持续交通指数大小均处在 [0，0.5] 的范围内，其中，长春的综合指数最高，昆明、上海、南京等城市的也较高；而天津、哈尔滨、西安等城市的较差。这说明，长春、昆明、上海、南京等城市的可持续交通水平相对较高，即从环境角度而言，这些城市的交通对于城市发展的支持能力较强，而天津、哈尔滨、西安等城市的交通环境支撑能力则相对较弱，迫切需要改善可持续交通的各项指标水平，如提高路网密度、改善道路空气质量、加强道路绿地建设等。

上述指数是基于各个指标权重相等的前提假设而得到的，事实上，各指标的权重应该存在差别，且指标的筛选也带有不确定性。根据不确定性理论，主要有 4 种不确定性单式类型存在，即随机性、模糊型、灰色性和未确知性。将之应用到环境研究范围，不确定性又可以划分为两类（郭怀成，2006）：①环境规划的预先性，②系统输入输出的随机性和灰色性。由于本研究不是预测，而是对已发生事件的评价，因此这里的不确定性主要是指后一类不确定性，即系统输入输出的随机性和灰

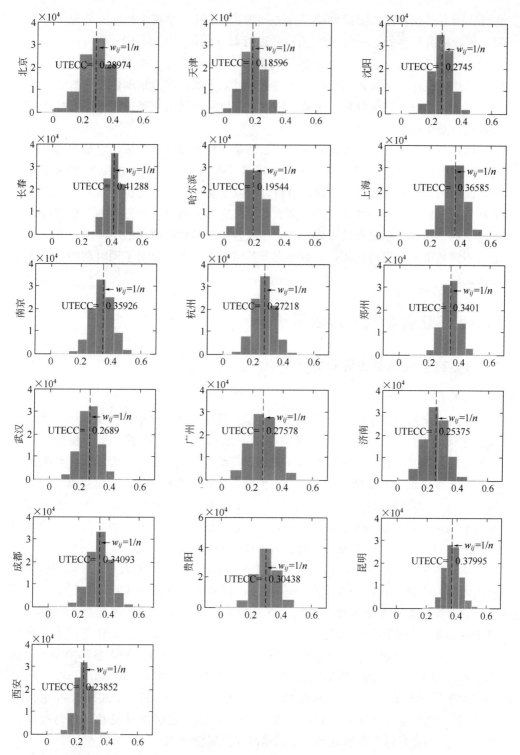

图 7-10 可持续交通指数的不确定性分布

色性。为了消除权重相等假设带来的这一类不确定性，以权重的随机分布代替单一权重值，随机产生 $m \times n \times r$ 个权重，并进行归一化得 W_{ij}（$i=1, 2, \cdots, m$；$j=1, 2, \cdots, n$）。取 $r=10^5$，运行程序得到 m 个城市的综合指数分布，如图 7-10。图中以竖虚线标注了权重相等时的指数值，可以看到，该值基本位于分布空间的中部，因此，在进行政策分析、决策参考时，可以采用权重相等的假设对可持续交通指数进行简化计算。

此处初步构建了一套评价可持续交通的量化模型和指标体系的定量方法，可为进行缓解导向式城市交通系统分析以及协调城市发展与交通环境保护提供决策支持。此外，对评价指数的不确定性分析仅仅基于指标权重的随机分布不确定性，而实际上，只要有充分的数据支持，那么作不确定性分析时，还可以考虑指标筛选的不确定性、指标信息重叠的不确定性，以及各指标最优值遴选的不确定性等。此处是对不同城市进行横向比较，在数据充分的情况下，还可以对不同时期的指数进行纵向比较。

7.3 在驶量承载力综合评价

7.3.1 在驶量承载力评价方法

7.3.1.1 方法框架

在城市交通研究中有微观和宏观两类基本研究方法。微观方法从城区道路调查或起讫点（OD）调查开始，通过采集基础单元的车流量、车速、车型比例分布和运行工况等数据，修正道路或机动车基本运行状况，模拟每个单元的实际状况；宏观方法从城市道路和机动车的平均参数出发，计算道路和机动车的总量特征（郝吉明，2002）。本研究目的是揭示城市交通与资源和环境之间的关系，为特大城市的城区交通规划和发展提供依据，因此，选择适于快速开展、适应城市和区域规划与管理需要的宏观方法作为城市交通承载力研究的基本方法。

本研究中建立城市交通承载力的宏观定量模型。模型研究的对象是以客运交通为主体的特大城市。模型模拟机动车出行，其他出行方式（步行、自行车、摩托车、轨道交通等）可作为修正参数影响基础承载力。模型将汽车划分 11 种车型，其中客运车型分重型（不含公交车）、公交、中型、轻型、微型、轿车（不含出租车）和出租车共 7 种，货运车型分重型、中型、轻型、微型 4 种。各车型的动力分为 4 种，即柴油、汽油、压缩天然气（CNG）和液化石油气（LPG）。

由于机动车出行量在 24h 内的分布不均，白天 12h 客运出行量占全天的 86.84%（北京市交通发展中心，2002）。因此，模型假设每日机动车通行时间为 12h，使模型计算结果更精确地和实际情况建立对应关系。

特大城市的城区交通普遍受到路网容量、燃油消耗、大气环境质量 3 个基础承载力制约，前两者为资源承载力，后者为环境承载力。本研究中选择"机动车在驶量"作为城市交通承载力的定量指标，建立城市基础承载力和城市经济活动之间的联系，构建的城市交通承载力定量模型框架，如图 7-11 所示。模型将基础承载力分为 3 个模块，即路网资源承载力、燃油资源承载力和大气环境承载力。其中，大气环境承载力选用 CO 和 NO_x 两项指标。3 个模块分别研究基础承载力对城市交通的承载作用，并根据最低限制因子原则确定城市交通承载力，以机动车在驶量进行表征。

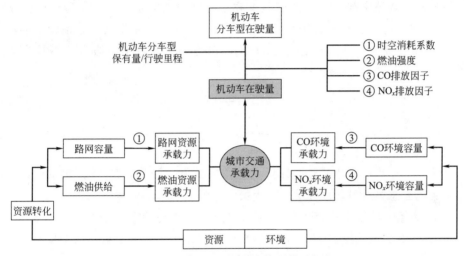

图 7-11　城市交通承载力定量模型概念

7.3.1.2　模型方法

机动车在驶量可采用主观法或客观法分配给不同车型。主观法根据各种车型对资源的消耗情况，结合研究区域的经济社会发展情况、政策、法律法规，综合确定各种车型的资源分配系数；客观法通过现有各车型的保有量、年行驶里程、资源利用强度（道路时空消耗、燃油强度、排放因子）计算各车型实际分配比例，以实际分配比例作为分配系数。模型的具体计算方法如下。

（1）路网承载力　路网资源承载力由路网总容量和各车型时空消耗决定。

$$VC_i = \frac{C_i \times C}{S_i} \tag{7-17}$$

式中，VC_i 为第 i 种车型路网容量制约的最大在驶量，10^4 辆；C_i 为分配系数，无量纲；C 为道路路网总容量，10^4 标准辆；S_i 为标准车型单车时空消耗与第 i 种车型单车时空的比值，标准辆/辆。C 由路网结构和平均车速决定，路网结构包括各种道路类型的长度和通行能力。

$$C = C_快 + C_主 + C_次 + C_支 + C_街 \tag{7-18}$$

$$C_n = \frac{L_n u_n}{V_n} \tag{7-19}$$

式中，C_n 为第 n 种道路的总容量，10^4 标准辆；$n=$ 快、主、次、支、街，分表代表道路类型为快速路、主干道、次干道、支路、街坊路；L_n 为第 n 种道路的总长度，km；V_n 为平均车速，km/h；u_n 为第 n 种道路标准车型的实际通行能力，10^4 辆/h。u_n 受到车道和道路类型等因素影响，其计算方式如下：

$$u = U \times \eta \times \mu \times 2 \tag{7-20}$$

式中，U 为标准车型的理论通行能力，10^4 辆/h；η 为车道修正系数，无量纲；μ 为道路类型修正系数，无量纲；2 为双向车道系数，无量纲。

(2) 燃油资源承载力　燃油资源承载力由燃油供给总量和各车型燃油强度决定。式(7-23)定义了单车全勤年行驶总里程。"全勤年"是指某一车型的车辆在驶量计算条件下日通行 12h 连续通行 1 年，它是一个计算中的假设，不具有实际意义。

$$VF_i = \frac{F_i \times F}{f_i} \tag{7-21}$$

$$f_i = FE_i \times L_{std} \times \rho \times 0.1 \tag{7-22}$$

$$L_{std} = v \times 0.438 \tag{7-23}$$

式中，VF_i 为第 i 种车型燃油供给制约的最大在驶量；F_i 为分配系数，无量纲；F 为燃油总供给量，10^4 t/a；f_i 为第 i 种车型单车全勤年燃料消耗量，t/(a·辆)；FE_i 为第 i 种车型的燃油强度，10^{-2} L/km；L_{std} 为单车全勤年行驶总里程，10^4 km/a；ρ 为燃料密度，g/L；0.1 为单位换算系数，10^{-2} t/kg；0.438 为单位换算系数，10^{-4} h/a；v 为平均车速，km/h。

(3) 大气环境承载力　大气环境承载力由大气环境容量和各车型排放因子决定。

$$VE_i = \frac{E_i \times E}{EM_i} \tag{7-24}$$

式中，VE_i 为第 i 种车型大气环境质量制约的最大在驶量，10^4 辆；E_i 为分配系数，无量纲；E 为污染物的环境容量，10^4 t/a；EM_i 为第 i 种车型单车全勤年排放总量，t/(a·辆)。EM_i 根据排放因子 EF_i 计算。EF_i 有两种表示方法：①以里程计算（g/km），适用式(7-25)；②以发动机做功计算，g/(kW·h)，适用式(7-26)。

$$EM_i = EF_i \times L_{std} \times 0.01 \tag{7-25}$$

$$EM_i = EF_i \times P_i \times \alpha_i \times 0.00438 \tag{7-26}$$

式中，0.01 为单位换算系数，10^{-4} t/g；P_i 为第 i 种车型的发动机平均最大净功率；α_i 为第 i 种车型的发动机平均运行功率和平均最大净功率的比值；0.00438 为单位换算系数，(t·h)/(kg·a)。

(4) 城市交通承载力　根据各个模块计算结果和最低限制因子原理，按式(7-27)计算得到各车型的最大在驶量。

$$V_i = \min(\mathrm{VC}_i, \mathrm{VF}_i, \mathrm{VE}_i) \qquad\qquad (7-27)$$

7.3.2 北京市在驶量承载力综合评价

在快速城市化进程中，交通规划、建设和技术的滞后导致了道路拥挤、资源浪费和环境恶化等一系列城市交通问题（王炜，2002）。1970年以来，研究多集中在城市交通的环境影响，如交通尾气排放污染大气（Streets，2000）并导致人体健康风险（Friedman，2001），随地表径流影响水体（Shutes，1999），产生噪声（Ouis，2001）和固废（Ghose，2006），以及对生态系统产生干扰（Forman，1998）等。2000年以来的研究更多关注城市交通的能源消耗（Gusdorf，2007；Burgess，2003）。这些研究为解决城市交通问题提供了思路和方法，但目前仍缺乏从整体出发指导交通发展与规划的综合研究。近年来，我国试点通过机动车限行应对交通环境问题，例如北京市"奥运空气质量测试"采取单双号限行措施，建设部发起并在全国108个城市开展"中国城市公共交通周及无车日活动"。这些举措试图从机动车在驶数量上实施总量控制，但在控制规模和预期效果的联系上尚缺少理论支持。"承载力"与交通的结合为此问题提供了可行的研究思路。国内已有学者提出交通环境承载力的概念，其影响因素包括资源（土地、路网、能源）、环境（大气）、社会心理、经济等方面（程继夏，2003；李晓燕，2003；刘志硕等，2004；卫振林等，2004）。但是，这些研究存在3点不足：①将交通环境承载力独立于城市生态系统承载力之外，缺失承载力的系统属性；②只关注资源和环境对交通的承载作用，忽视交通对经济活动的承载作用；③模型结构不完善，缺乏实证研究。为此，本研究中将城市交通承载力作为城市复合生态系统承载力的有机组成，研究城市交通承载力的影响因素及其对经济活动的承载作用，并以"机动车在驶量"为指标建立完整的定量模型并开展实证分析，期望为机动车限行等交通环境政策提供定量依据。

承载力是系统内部结构与功能的重要表征。城市复合生态系统承载力具有两层结构：①底层为基础承载力，是环境子系统对经济社会子系统的支持和制约作用；②上层为优化承载力，是经济社会子系统内部对资源和环境的利用进行优化所增加的承载能力（图7-12）。优化承载力通过转化基础承载力，以及对物质、能量、信息在经济子系统内部的分配的形式以增加承载能力。

城市交通承载力是城市交通系统在可供利用资源和环境达标的前提下所能支持的最大交通活动（交通工具数量或交通运输能力）。它是城市复合生态系统承载结构的优化承载力，并受到基础承载力的制约。这些制约既包括交通用地、路网通行能力、停车位、燃油供应等资源因素，也包括大气、噪声、城市生态等环境因素。城市基础承载力决定着该城市所能支持的交通活动量，而对其分配则体现了城市交通在配置城市系统人流和物流的能力。例如，公共交通优先的配置能够实现更大的人流，发展私人小汽车能够刺激出行需求。

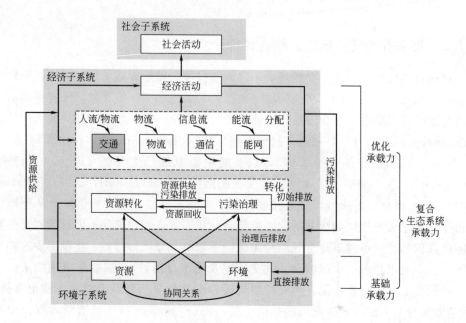

图 7-12　城市复合生态系统承载力及交通承载力

城市交通承载力的定量研究包括两部分：①城市基础承载力所能提供的资源和环境数量；②城市交通的分配方式。本研究中提出"机动车在驶量"作为城市交通承载力的定量指标。"机动车在驶量"定义为同一时刻城市路网上行驶的机动车的数量，在驶量越大，则对资源和环境的影响越大。在驶量持续增加，其对资源供给能力或环境同化能力产生损害的临界点称为"最大在驶量"，即为城市交通承载力。机动车在驶量可以按照时空消耗、能源消耗和污染排放等方面在各车型之间进行分配。因此，采用"机动车在驶量"指标定量城市交通承载力比"机动车保有量"等更能反映资源、环境和经济之间的相互关系（程继夏，2003；李晓燕，2003；刘志硕，2004；卫振林，2004）。

7.3.2.1　参数设定

根据相关部门的统计数据，确定北京市分车型汽车保有量和实际年行驶里程（表 7-8）。相关计算参数：V_n 取 23km/h，P_i 经抽样调查，中型为 68kW，重型为 181kW，α_i 参照 GB 17691—2001 中的工况设定为 55%。

北京市路网中各种类型路段的长度、车道数根据北京市发展研究中心（2006）的调查统计确定。车道修正系数 η 和道路类型修正系数 μ 根据王炜（1999）提出的经验系数确定，根据前述方法计算得北京市城区路网容量为 73.4×10^4 标准辆/h。各车型的道路时空消耗：重型载货汽车为 1.8，重型载客汽车和公交车为 2，中型车为 1.4，其他车型为 1（王炜，1999）。

表 7-8　北京市 2005 年机动车保有量　　　　　　　单位：10^4 辆

汽车类型		柴油①	汽油①	CNG②	LPG②	行驶里程③/(10^4km/a)
载货汽车	重型	2.4	0	0	0	1.41
	中型	3.3	0.1	0	0	1.41
	轻型	10.4	1.3	0	0	1.41
	微型	0	0.2	0	0	1.41
载客汽车	重型	1.7	0.1	0	0	0.61
	公交	1.5	0	0.2	0.17	3.02
	中型	9.7	1.2	0	0	0.61
	轻型	10.7	10.7	0	0	0.61
	微型	0	21.6	0	0	0.61
	轿车	0	124.1	0	0	2.46
	出租	0	3.6	0	3.1	10.86

数据来源：① 2006 年北京市统计年鉴，2006 年中国汽车工业年鉴；柴油和汽油比例来自柯晓明（2005）；②全国燃气汽车信息网（http://www.cngv.gov.cn）；③北京交通发展研究中心（2002）。

北京市柴油车和汽油车的数量占总保有量的 98.3%（表 7-8），车用汽柴油消耗的基准值取北京市 2005 年能源平衡表（实物量）统计中交通运输业与生活消耗两项之和。本研究中假定北京市车用汽柴油的供应在基准值上具有 20% 的弹性，则城区交通所能消耗的汽柴油总量分别为汽油 182.23×10^4t、柴油 75.06×10^4t。各车型能源强度如表 7-9。

表 7-9　北京市分车型能源强度

载货汽车	柴油	汽油	载客汽车	柴油	汽油
重型	22.6	—	重型	24.8	24
中型	17.5	25.1	公交	24.8	24
轻型	11.5	12.7	中型	19.2	23
微型	—	6.5	轻型	8.5	8.5
			微型	—	6.3
			轿车	—	6.9
			出租	—	6.9

数据来源：国务院发展研究中心，2001；重中型汽油客车来自郝吉明（2002）。—：车型保有量为 0。

用 A 值法确定北京市大气环境容量，$A = 4.85$（郭怀成，2001）；北京市城区面积取城八区的面积，为 1369.9km²；CO 和 NO_x 浓度参照 GB 3095—1996 的 II 级标准，取 CO 日平均浓度 4mg/m³，NO_2 年平均浓度 0.08mg/m³，确定排放分担率为 0.78 和 0.46（傅立新等，2000）。计算得到北京市交通大气环境容量 CO 为 560.07×10^4t，NO_x 为 6.61×10^4t。

考虑到北京市实施国家各阶段排放标准的起始日期以及北京市机动车的车龄分布，本研究中选择北京市 2003 年施行的国家第 II 阶段标准（以下简称国 II 标准）的排放限值作为排放因子，近似反映 2005 年北京市机动车排放情况，排放因子如表 7-10 所示。

表 7-10　北京市机动车分车型排放因子

汽车类型		CO 排放因子				NO$_x$ 排放因子			
		柴油	汽油	CNG	LPG	柴油	汽油	CNG	LPG
载货汽车	重型	4[①]	17.4[①]	—	—	7[①]	2.4[①]	—	—
	中型	4[①]	9.7[①]	—	—	7[①]	1.76	—	—
	轻型	1.25	4	—	—	0.89	0.27	—	—
	微型	1	2.2	—	—	0.63	0.22	—	—
载客汽车	重型	4[①]	17.4[①]	—	—	7[①]	2.4[①]	—	—
	公交	4[①]	17.4[①]	4[①]	4[①]	7[①]	2.4[①]	7[①]	7[①]
	中型	4[①]	9.7[①]	—	—	7[①]	1.76	—	—
	轻型	1.25	4	—	—	0.89	0.27	—	—
	微型	1	2.2	—	—	0.63	0.22	—	—
	轿车	1	2.2	—	—	0.63	0.22	—	—
	出租	1	2.2	—	2.2	0.63	0.22	—	0.22

① 单位为 g/(kw·h)；未注明单位为 g/km。—：车型保有量为 0。

数据来源：根据车型分类标准对应 GB 17691—2001、GB 14762—2002、GB 18352.2—2001 中的标准限值。其中，GB 14762—2002 和 GB 18352.2—2001 的 NO$_x$ 由 NO$_x$＋HC 估算。

7.3.2.2　计算结果

根据各模块确定的资源和环境总量以及消耗系数，前述公式计算各基础承载力和北京城市交通承载力。由表 7-11 可知，在 2005 年机动车出行比率和平均时速（23km/h）下，北京城市交通承载力为 45.35×10^4 辆，其中轿车在驶量为 29.73×10^4 辆。而据表 7-11 和在驶量定义计算，2005 年北京市实际平均在驶量为 43.94×10^4 辆，其中轿车 30.30×10^4 辆，柴油动力的重型载货汽车、重型载客汽车和公交车分别为 0.34×10^4 辆、0.10×10^4 辆和 0.45×10^4 辆。北京市实际在驶量已经逼近交通承载力，其中轿车已略超出城市的承载力。同时，北京城市交通具有明显的早晚高峰，总计 2h 内出行量占到全天出行量的 30%～40%。经计算，高峰时期轿车在驶量约为 65.75×10^4 辆（平均时速假设为 18km/h），已经远远超出北京市交通承载力。因此，北京市交通发展面对的直接压力来自于在驶的机动车总量偏高，解决交通问题应当优先考虑控制在驶的机动车数量。

表 7-11　北京市交通承载力（根据 2005 年出行比率分配，平均时速为 23km/h）

汽车类型		柴油	汽油	CNG	LPG
载货汽车	重型	0.43(a)	—	—	—
	中型	0.59(a)	0.01(b)	—	—
	轻型	1.86(a)	0.18(b)	—	—
	微型	—	0.03(b)	—	—
载客汽车	重型	0.13(a)	0.01(b)	—	—
	公交	0.58(a)	—	0.08(a)	0.07(a)
	中型	0.75(a)	0.07(b)	—	—
	轻型	0.83(a)	0.64(b)	—	—
	微型	—	1.28(b)	—	—
	轿车	—	29.73(b)	—	—
	出租	—	3.81(b)	—	4.28(a)
总计		45.35	5.17	35.76	0.08	4.34

注：括号中内容为该车型主要限制因子，a 为 NO$_x$ 环境容量限制，b 为汽油供给限制；—：车型保有量为 0。

重型载货汽车（柴油）和轿车（汽油）分别是载货汽车和载客汽车以及柴油和汽油动力的代表车型。表 7-12 给出了两个代表车型各模块承载力大小和最终结果及最低限制因子分析。

表 7-12　代表车型总承载力分析和实际在驶量比较　　　单位：10^4 辆

项　　目	重型载货汽车(柴油)	轿车(汽油)
路网资源承载力	0.55	49.27
燃油资源承载力	0.48	29.73
CO 环境承载力	16.07	1449.36
NO_x 环境承载力	0.43	38.79
最低限制因子	NO_x 环境容量	汽油供给量
总承载力	0.43	29.73
实际在驶量	0.34	30.30

由表 7-11 和表 7-12 可知，NO_x 容量是制约机动车在驶量的主要因素之一，并且是柴油各车型在驶量的最低限制因子。比较大气环境的两个指标，CO 环境承载力远远高于 NO_x 环境承载力，这是因为国Ⅱ标准制定了严格的 CO 排放限制，对比 1995 年的排放因子（郝吉明，2002）计算，NO_x 排放削减了 51.7%，而 CO 削减率则高达 95.2%。随着国Ⅱ标准及其后更严格标准的实施，北京市机动车排放 CO 对大气污染的贡献率已经显著降低，今后应主要关注 NO_x 的排放污染。

由表 7-11 可知，NO_x 对柴油车型的制约作用要大于汽油车型。这是由于国Ⅱ标准对柴油车 NO_x 排放控制较汽油车宽松，重型柴油车（包括载客汽车、载货汽车和公交车）的排放因子经单位转换为 696.85g/h，而 1995 年实测重型柴油车的排放（郝吉明，2002）经单位换算为 621.46g/h。即使考虑 10 年来柴油发动机功率的大幅上升，国Ⅱ标准对重型柴油车的排放限制仍较低。这一原因导致重型柴油车以仅 2.7% 的保有量却排放了 51.7% 的 NO_x。因此，在现有基础上进一步降低 NO_x 的排放量，主要应当对柴油车的排放作出更严格的限制。

由于排放因子较高的重型柴油车型平均在驶量和北京市平均在驶量均略低于北京市城市交通承载力，因此，北京市交通排放控制基本能够保证 NO_x 达到Ⅱ级标准。这一结果在北京市空气质量中得到验证。据北京市环境保护局资料分析，北京市 2005 年空气质量 80.8% 的天数能够达到 NO_2 Ⅱ级标准。但同时，北京市平均在驶量与实际在驶量的差值很小，说明在保有量快速增长的背景下，2002 年起实施的国Ⅱ标准只能勉强适应 2005 年的在驶量。保有量的持续增长，势必对在驶量增长造成更大的压力，进而影响大气环境质量。因此，北京市提前实施国Ⅲ和国Ⅳ标准，具有积极的政策意义。

由表 7-11 和表 7-12，燃油供给量是限制机动车在驶量的另一个主要因素，并且是汽油各车型的最低限制因子，即如果汽油车各车型在驶量超出其最大在驶量，则北京市必须在比现有汽油供给量增加 20% 的基础上进一步加大汽油供应量，对交通投入更多的能源。"十一五"规划制定的能耗指标对国民经济发展提出了新的要求。北京市应当优化交通能源结构，降低单车能耗，并控制机动车在驶数量。

根据以上分析，北京市城市交通的主要限制因子为 NO_x 排放和汽油消耗。逼近城市交通承载力的实际在驶量正成为北京市交通发展的瓶颈。

7.3.2.3 讨论

城市交通承载力和城市机动车的平均行驶速度有密切关系，运用本书模型研究在驶量，必须给出在驶量的计算条件。研究借鉴王炜等（2002）的微观研究结果，以本研究计算的北京市交通承载力为基准模拟不同行驶速度下城市交通承载力变化情况，如图 7-13 所示。

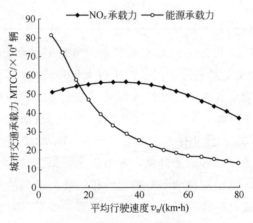

图 7-13　平均行驶速度与城市
交通承载力关系

从图 7-13 可知，在低速情况（0~15km/h）下 NO_x 是制约城市交通承载力的主要因素，大于 15km/h 则为能源消耗制约。在 15km/h 时，城市交通承载力能够达到最大。但在较低的行驶速度下，每辆在驶机动车满足出行需求的能力也较低，因此城市交通承载力必须与城市出行需求结合考虑。研究假设不同行驶速度下，城市总出行需求不变，则城市实际在驶量的变化和交通承载力的变化如图 7-14 所示，行驶速度越低，满足城市出行需求的实际在驶量越高，超出城市交通承载力的幅度也越大。北京市机动车行驶速度在 20km/h 时，实际在驶量与城市交通承载力基本相当。增大行驶速度，则实际在驶量将小于城市交通承载力，交通带来的环境影响将得到缓解。而在 0~15km/h 时，北京市机动车在驶量将显著超出城市交通承载力，带来显著的环境压力。由此可知，在不改变出行需求的前提下，减少交通拥堵和提高机动车行驶速度对改善北京交通对环境的影响具有积极意义。

模型揭示了在一定计算条件下城市的在驶机动车数量。确定了交通承载力，则城市机动车所能分担的出行需求基本确定。城市总出行需求是固定的，因此，剩余的出行需求可以通过两种途径分担：①通过其他出行方式分担，例如城市轨道交

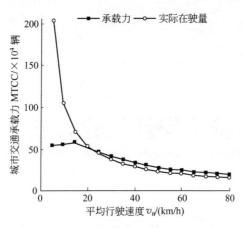

图 7-14 不同平均行驶速度下的城市
交通承载力与实际在驶量

通、摩托车、助动车、自行车等；②提高机动车的客货位利用率。本研究中计算的交通承载力还需要和出行方式建立直接联系，并结合总出行需求做出进一步的政策分析与建议，这将作为未来研究方向。

基于以上分析，本书认为解决城市交通问题可以通过政策和工程措施，以城市交通承载力大于实际在驶量为突破口。在现实管理层面上，北京市交通改善包括 3 个思路：①提高城市交通承载力；②降低实际在驶量；③提高机动车行驶速度。相应的，有 3 组措施可以借鉴：①制定和修订机动车污染物排放和能源消耗标准，减少机动车的环境影响；②控制机动车保有量合理增长，优化出行结构，增加公共交通和轨道交通出行比率，合理限制私人小汽车出行；城市功能区合理布局，减少过大的出行距离；③减少交通拥堵，引导车流和建设城市快速路。

8 城市可持续交通优化管理

　　交通问题是一个复杂的系统问题，本章拟采用城市可持续交通管理的理念对城市交通进行优化管理。EST 优化调控涉及连续型和非连续型优化两部分，连续型优化用于处理机动车保有量及其相关参变量的变化，而非连续型则涉及交通系统政策等非连续参变量的优化。因此 EST 优化管理是本书的重点和核心内容，是以 IQP-MADM-Backcasting 三部分联立而成的，其中 IQP 用于求解 EST 问题中的最优调控目标，即满足出行与环境破坏最小等多重约束下，EST 最终要达到的调控目标；多属性决策方法（multi-attribute decision making，MADM）对不同的调控政策与方法进行评估，对适合 EST 管理的一系列政策工具做出优先性排序，最后 Backcasting 方法对优先性排序的结果进一步优化，按照时间尺度上的可能性对 EST 调控工具做出时间上的安排。

8.1　优化管理目标确定

8.1.1　不确定性二次优化方法

　　二次规划（quadratic programming，QP）是环境系统重要的分析工具之一，并得到较为广泛的应用。二次规划与线性规划相比，实现了对非线性系统的模拟优化，比线性规划具有更高的精度，但其缺点也较为明显，即其全局最优值的条件与算法较为复杂（Hillier and Lieberman，1986；Facchinei，1997）。对于环境系统中复杂的非线性与不确定性问题，通常的解决办法是将不确定性研究方法引入到二次规划的算法当中，常见的不确定二次规划有随机二次规划、模糊二次规划和不确定二次规划三种。Kulkarni 等（2007）使用了网格计算法（grid-computing framework）处理随机不确定条件下的二次规划，并大大简化了二段规划（two-period stochastic programming）的计算；Rockafellar 和 Wets（1986）提出了拉格朗日有限生成技术解决线性或二次的二阶段随机规划。Canestrelli 和 Giove（1991）就使用模糊算法解决具有二次目标和模糊线性参数的最优化问题；Sugimoto（1995）

提出了平行松弛方法解决具有区间数约束的二次规划；Huang 等（1994；1995）提出了灰色二次规划（grey QP）与灰色模糊规划（grey fuzzy QP）方法，并将这两种方法应用到了固体废弃物管理系统规划当中。Chen 和 Huang（2001）提出了不确定二次规划（inexact quadratic programming）的衍生算法，并将该衍生算法与 Huang 等（1995）的算法做了比较，认为衍生算法计算量更小，在大型 IQP 建模中具有更高的效率；此后 Huang 的研究小组又在原有算法上做出一系列改进，完善了二阶段二次规划的算法。不管哪一类方法，建模的难度除了表现在算法上以外，在实际的复杂系统中如何建立相应的二次关系也是最大的难点之一（Huang *et al.*，1995）。

通常二次规划问题可以表示为：

$$\min f(x_j) = \sum_{j=i}^{n} (c_j x_j + d_j x_j^2) \tag{8-1}$$

s. t.

$$\sum_{j=1}^{n} a_{ij} x_j \leqslant b_i, i = 1, 2, \cdots, n \tag{8-2}$$

$$x_j \geqslant 0 \tag{8-3}$$

式中，a_{ij} 为约束方程变量系数；b_i 为约束目标；c_j，d_j 为目标函数方程的变量系数。公式（8-1）称为目标函数，公式（8-2）是目标函数的一系列线性约束方程，公式（8-3）是变量的非负约束。目标函数（8-1）必须满足凸性条件，二次规划才有解。

不确定性二次规划（IQP）与前文提及的 SD 模型相结合，利用 SD 模型生成的结果作为参考取值范围，结合交通环境健康评价、交通 CO_2 的经济影响等评价结果，能够生成不同条件下的二次模型。再利用二次模型的优化结果与情景分析结合，生成各种情境下的最优机动车保有量结构，确定调控目标，为 MADM 模型与 Backcasting 模型提供支持。本书所形成的 IQP 模型的目标函数为各类环境污染所造成的经济损失最小，根据评价结果，对具有非线性关系的评价对象做拉格朗日展开，并作二次处理得到目标函数的二次关系，进一步作不确定化为：

$$\min E_{\text{LOSS}}^{\pm}(x_{it}) = \sum_{t}^{T} \sum_{j}^{n} \sum_{i}^{m} (\delta_{ijt}^{\pm} x_{it}^{2\pm} + \gamma_{ijt}^{\pm} x_{it}^{\pm} + \lambda_{ijt}^{\pm}) \tag{8-4}$$

s. t.

约束函数为：

NO_x 环境容量约束：

$$\sum_{i}^{n} (x_{it} \cdot NOX_{it} \cdot Road_{it}) \leqslant Total\_NO_x\_ECC_t$$

CO 环境容量约束：

$$\sum_i^n (x_{it} \cdot CO_{it} \cdot Road_{it}) \leqslant Total\_CO\_ECC_t$$

CO_2 排放约束：

$$\sum_i^n (x_{it} \cdot CO_{2it} \cdot Road_{it}) \leqslant Total\_CO_{2t}$$

PM_{10} 排放约束：

$$\sum_i^n (x_{it} \cdot PM_{10it} \cdot Road_{it}) \leqslant Total\_PM_{10}\_ECC_t$$

能源消耗约束：

$$\sum_i^n Total\_Transengy_t^{\pm} \leqslant Total\_ENGY_t$$

机动车增长约束：

$$\sum_i^n x_{it}^{\pm} \leqslant total\_VaR\_x_t$$

路网承载力约束：

$$x_{it}^{\pm} \cdot LAND_i^{\pm} \leqslant Total\_LAND\_SUP_t$$

出行约束：

$$x_{it}^{\pm} \cdot SEAT_{it}^{\pm} \geqslant prct(i,t) \sum_i^n (x_{it}^{\pm} \cdot SEAT_{it}^{\pm})$$

$$\sum_i^n (x_{it}^{\pm} \cdot SEAT_{it}^{\pm}) \geqslant Pop_t^{\pm} \cdot TRIP_t^{\pm}$$

逻辑约束：

$$x_{it} \geqslant 0$$

式中：$E_{LOSS}^{\pm}(x_{it})$ 为第 t 年的经济损失，10^4 元；$x_{it}^{\pm}$ 为第 i 种车型在第 t 年的保有量，10^4 辆；$\delta_{ijt}^{\pm}$，$\gamma_{ijt}^{\pm}$，$\lambda_{ijt}^{\pm}$ 为第 i 种车型在第 t 年的第 j 种污染物的经济损失回归参数；NOX_{it} 为第 i 种车型在第 t 年的 NO_x 排放系数，t/km；$Road_{it}$ 为第 i 种车型在第 t 年的平均行驶里程，km/a；$Total\_NO_x\_ECC_t$ 为第 t 年的 NO_x 环境容量，10^4 t；CO_{it} 为第 i 种车型在第 t 年的 CO 排放系数，t/km；$Total\_CO\_ECC_t$ 为第 t 年的 CO 环境容量，10^4 t；CO_{2it} 为第 i 种车型在第 t 年的 CO_2 单位排放系数，t/km；$Total\_CO_{2t}$ 为第 t 年允许排放的 CO_2 的总量，10^4 t；PM_{10it} 为第 i 种车型在第 t 年的 PM_{10} 单位排放系数，t/km；$Total\_PM_{10}\_ECC_t$ 为第 t 年的 CO 环境容量，10^4 t；$Total\_Transengy_t^{\pm}$ 为第 t 年交通总的能耗量，MJ；$Total\_ENGY_t$ 为第 t 年能耗约束值，MJ；$total\_VaR\_x_t$ 为 SD 与 VaR 预测的第 t 年在 VaR 某一概率条件下的总机动车保有量，10^4 辆；$LAND_i^{\pm}$ 为第 i 种车运行时的交通土地占用面积，m^2；$Total\_LAND\_SUP_t$ 为第 t 年交通土地占用面积供应的约束

值，m^2；$SEAT_{it}^{\pm}$ 为第 i 类车在第 t 年的载客人次，人次；$prct(i,t)$ 为第 i 类车在第 t 年的允许载客比例，无量纲；$Pop_t^{\pm}$ 为第 t 年的总人口，10^4 人；$TRIP_t^{\pm}$ 为第 t 年人均出行次数，次/（人年）。

不确定性二次规划的简化算法（Chen and Huang；2001）是：①使用区间中值代入到模型当中，计算模型的中值；②计算具有相反符号的一二次项的判定标准值：

$$2\delta^+(x)_{\text{mvopt}} + \gamma^+ \tag{8-5}$$

式中，$(x)_{\text{mvopt}}$ 为区间中值模型的最优解。

若上式大于零，则：

$$f^+(x_{\text{opt}}^+) \geqslant f^+(x_{\text{opt}}^-)$$

反之则：

$$f^+(x_{\text{opt}}^+) \leqslant f^+(x_{\text{opt}}^-)$$

根据此判断标准，Huang 等 1995 年的拆解方法，可将具有相反一二次项符号的部分拆分为两个子模型，大大简化了 Huang 等（1995）提出的子模型算法。拆解出子模型后，将中值模型结果作为约束条件加入到两个子模型中分别求解，即得到不确定性二次规划的最优解。

8.1.2　北京市机动车保有量结构的优化调控目标

根据机动车在驶量承载力计算结果，北京市交通大气环境容量 CO 为 560.07×10^4 t，NO_x 为 6.61×10^4 t。同样使用 A 值法，确定 PM_{10} 的交通排放分担率为 0.3，参考 GB 3095—1996 的 II 级标准，计算得到 PM_{10} 的交通大气环境容量为 5.39×10^4 t。根据 Annika Carlsson-Kanyama（1999）估计，2005 年人均消耗能源为 38400MJ/（人·a）。交通能耗占 30% 左右，即交通 2005 年交通能源消耗为 11520MJ/（人·a）。参考 PAGE2002 模型中的减排情景计算结果，则 2010 年、2015 年、2020 年的 CO_2 允许排放量分别为：2142.8×10^4 t、3362.0×10^4 t 和 5150.6×10^4 t。机动车增长约束为 VaR 预测中相同概率条件下的上下限的均值，机动车增长不超过目前的增长趋势。北京市城区路网容量为 73.4×10^4 标准辆/h。根据北京市人口 SD 预测情况，假设出行次数按照年均 1986～2002 年年均增长率 4% 增长，得到 2010 年、2015 年、2020 年的总出行次数为：111.7×10^8 人次、136.0×10^8 人次和 165.4×10^8 人次；根据北京市交通发展纲要，实现公共交通承担的出行量达到 40% 以上，2015 年、2020 年并没有明确指出目标，本书假设公交分担率分别达到 45% 与 50%。

对于目标函数，考察本章各模块计算的经济损失与保有量之间的关系，呈现近似的 2 次关系，展开 $(ax_1+bx_2)^2$ 含有 x_1x_2 项，目前尚无较为完善的算法将不确定型的二次项 $x_1^{\pm}x_2^{\pm}$ 拆分（Chen and Huang，2001），且其凸性难以判定，因此本书使用非线性回归对其进行处理，使其能够符合标准二次规划的要求：

$$(\sum_i^n a_i x_i)^2 = \sum_i^n \mu_i x_i^2 + \sum_i^n \nu_i x_i + \alpha + o(\beta) \tag{8-6}$$

式中，a_i 为 x_i 的系数；μ_i，ν_i，α 分别为回归方程的参数；$o(\beta)$ 为误差项，为了防止出现某一变量不进入回归方程而出现该变量过分放大的溢出现象，本书使用 SPSS16.0 强行将一次项全部保留，经过多次 Stepwise 回归后得到最优的回归结果为：

$$y = 2591x_1 + 5410x_2 + 427x_3 + 4214x_4 + 498x_5 + 1040x_6 + 29x_7$$
$$+ 2.27x_1^2 - 1551x_6^2 + 899143 \quad (R^2 = 0.998)$$

将以上公式区间化后，在 LINGO11.0 利用其 quadratic programing 全局最优化模块，将 IQP 方程根据判别标准依次分解为两个子模型，编程得到北京市 ES-TIQP 优化模型实例。在人机交互的情况下，生成基准情景（BAU）、公交优先（PTP）、提高能源效率（UPEE）、提高排放标准（UPFA）4 种情景，每种情景中包含 7 种车型变量，16 个约束方程，共计 122 个参数。各种情景的计算结果如表 8-1。

表 8-1　四类情景优化结果

项　目		小轿车 /10^4 辆	大型客车 /10^4 辆	中小型客 车/10^4 辆	大型货车 /10^4 辆	中小型货 车/10^4 辆	出租车 /10^4 辆	摩托车 /10^4 辆	损失 /10^8 元
基准情景									
2010	中值	226	5.1	3.6	2.6	8.6	5.1	0	161.0
	上限	305.6	5.1	7.1	5.2	8.6	6.9	0	172.2
	下限	203.3	4.9	1.3	4.8	2.1	4	0	165.2
2015	中值	275.1	5.4	6.7	7.7	2.1	6	1.3	180.0
	上限	372.1	12	6.7	9.5	8.6	7.4	1.3	199.1
	下限	203.3	5.4	2.8	4.8	2.1	4	0	165.6
2020	中值	334.6	5.7	10.1	3.4	8.8	5.84	0	202.7
	上限	452.6	5.7	17.7	5.2	8.8	7.9	0	224.2
	下限	247.3	5.7	4.9	3.3	6.8	4.3	0	183.4
公交优先									
2010	中值	250.4	4.9	4.7	7	0.6	5.1	1.7	171.4
	上限	358.4	12.52	4.7	9.5	0.6	6.9	1.7	195.1
	下限	167	5.3	2.95	7	0.6	3.8	0	152.4
2015	中值	284.6	5.3	6.95	7.5	1.2	5.5	1.4	184.3
	上限	372.1	11.5	6.95	10.3	1.2	7.4	1.4	198.7
	下限	203.3	5.3	2.95	5.3	1.2	4	0	165.7
2020	中值	334.6	5.72	10.1	3.4	8.8	5.84	0.2	202.7
	上限	453.6	12.8	10.1	8	8.8	7.9	0.2	228.6
	下限	247.3	5.72	4.93	3.3	6.8	4.3	0	183.4
提高能源利用效率									
2010	中值	226	4.9	4.7	2.6	8.6	5.1	0	160.9
	上限	321.8	4.9	11.8	12.7	8.6	7.9	1.3	177.9

项　目		小轿车/10⁴辆	大型客车/10⁴辆	中小型客车/10⁴辆	大型货车/10⁴辆	中小型货车/10⁴辆	出租车/10⁴辆	摩托车/10⁴辆	损失/10⁸元
2010	下限	167	4.9	1.3	1.9	6.4	3.8	0	149.9
2015	中值	275.1	5.3	7.1	2.9	9.6	5.5	0	179.1
	上限	438.3	5.6	9.9	3.9	13.1	7.4	0	219.3
	下限	203.3	5.3	2.9	2.1	7.1	4	0	164.5
2020	中值	390	6.2	7.5	8.9	1.1	5.8	1.4	228.4
	上限	533.6	6.2	13.5	10.5	1.1	7.9	1.4	259.1
	下限	279.3	6.2	3.1	6.4	1.1	4.3	0	198.8
排放因子2010年实行四级标准,2015年实行5级标准									
2010	中值	250	5.1	3.54	6.9	0.7	5.1	1.7	171.2
	上限	358.5	5.1	7.1	9.5	0.7	6.9	1.7	191.8
	下限	166.9	5.1	1	5	0.7	3.8	0	151.2
2015	中值	275.1	5.3	10.1	8.1	0	5.5	0	181.0
	上限	390.5	5.3	12.1	8.1	5.2	7.4	0	202.2
	下限	203.3	5.3	3	6	0	4	0	166.0
2020	中值	334.6	5.8	9.7	9.5	0	5.8	20.7	205.0
	上限	467	5.8	14.7	11.1	0	12.2	35	216.6
	下限	247.3	5.8	4.9	7	0	4.3	0	184.9

从表 8-1 中可以看出，在提高公交出行效率、提高能耗和提高排放因子并能在既满足出行需求又符合环境、能源、土地承载力的情况下，优化结果能不大幅度增加经济损失。从总体上来看四个情景的总量、保有结构在多重约束条件下具有趋同特征，在 2010 年最理想的机动车保有量为 (183～395)×10⁴ 辆，2015 年的理想保有量为 (222～478)×10⁴ 辆，2020 年的理想保有量为 (269～574)×10⁴ t 辆，如图 8-1～图 8-3。值得注意的是提高能源利用效率和提高交通污染物排放标准，能够较为明显地提高机动车的理想保有量，因此可以作为今后调控中的应用方向之一。

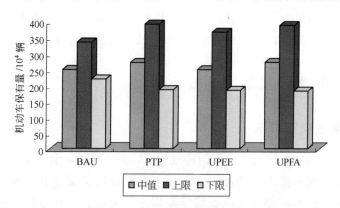

图 8-1　2010 年四种情景机动车最优目标保有量的对比

在经济损失方面，因为机动车保有量受交通出行需求和一定货运需求的驱动，保有量将逐渐提高，造成的环境排放量相应的提高，其造成的经济损失也越来

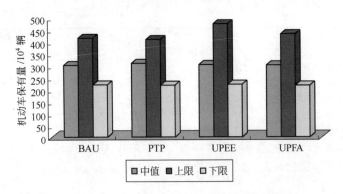

图 8-2　2015 年四种情景机动车最优目标保有量的对比

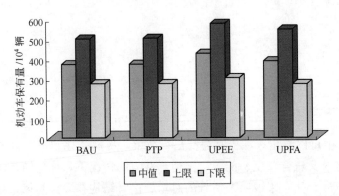

图 8-3　2020 年四种情景机动车最优目标保有量的对比

大。不论在什么情景下，因为模型的目标函数为环境造成的经济损失最低，也即交通的环境污染最小，因此近、中、远期的损失量大致相当，因此可以认为，本书设立的最终调控目标的绝对值受各种调控手段的影响较小。并且本小节的主要目的是确定经济损失最小时的最优交通结构，因此本书不将以上多个情景条件下的 EST 最终优化目标分别处理，即以四种情景的综合的上下界作为调控目标。

8.2　政策在水平尺度上的安排

8.2.1　多属性决策方法

在确立最优调控目标后，使用何种政策手段用于调控，如何安排政策顺序是调控的关键问题。而政策优化的最大难点在于各种政策效果及其成本难以量化，因此，必须借助于调查手段与文献查阅手段估计政策效果，并使用模糊语言将其量化。由于政策影响的广泛性不同，每一项政策又具有多重属性，因此对政策的重要性和优先性排序就涉及多重属性的决策。多属性决策是解决具有多重属性的离散型决策问题的工具之一。

多属性决策（multi-attribute decision making，MADM）又称多指标决策或离散的多准则决策，是在 20 世纪 60 年代，管理学和运筹学的通径分割研究（path-breaking research）基础上发展起来的（张运涛和苗泽伟，1995；Bernard and Daniel；1997）。由于实际工作中的问题常常都具有多种决策属性，因此 MADM 方法受到越来越多的关注。经过 30 年多的发展，MADM 已经形成约 30 种决策方法，这些方法大体可以分为 3 类：多属性效用理论方法、超序关系方法和交互方法（Bernard and Daniel；1997；Guitouni and Martel，1998）。其中较为常见的方法有 SWA、AHP、TOPSIS、EL ECTRE 系列和 PROMETHEE 系列等。随着 MADM 理论的发展，其应用的领域也越来越广、经济、环境、农业、林业等领域都得到不同程度的研究与应用（张运涛和苗泽伟，1995；Ute et al.，2004；Nijs and Frank；2002；Raju and Kumar，1999；孙见荆和王应明，1996；廖显春等，1998）。

运用 MADM 分析方法解决实际问题时，通常分为以下 4 个步骤：①资料收集与构造决策矩阵；②计算决策偏好信息；③运用某一种或几种 MADM 方法评估各个方案；④提出决策建议。本书通过查阅文献、专家咨询调查的方法，选择政策的效果、难度等指标对政策进行综合评判，得到其描述性决策矩阵，再对成本型指标与效益型指标进行模糊量化与归一性处理。偏好信息计算中，采用主观与客观相结合的决策者偏好信息修正的最大熵权法计算各指标的权重。

目前还没有一种完善的多属性决策方法，对同一问题，采用不同的方法可能得出不同的排序结果，因此本书选取了 TOPSIS、EL ECTRE、SMART、PROMETHEE 和 GRA5 种 MADM 决策方法，分别对各种不同的政策措施进行评价，然后进行综合分析，得到最终的方案排序，并给出优化后的推荐实施方案。研究方法框架详见图 8-4。

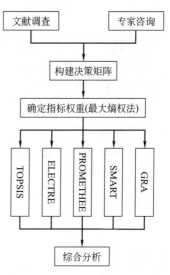

图 8-4　MADM 研究方法框架

(1) 决策者偏好信息修正的熵权法　最大熵权法是通过各方案的指标值本身提供的信息量作为基础的一种权重计算方式，它能够识别出模糊指标值本身蕴涵的信息。通过决策者偏好信息修正的熵权不仅能够有效利用模糊指标的信息量，而且能反映出决策者的偏好信息。其计算方法为：

$$w_j = \frac{\lambda_j \beta_j}{\sum_{j=1}^{m} \lambda_j \beta_j} (j = 1, 2, \cdots, m) \tag{8-7}$$

式中，w_j 是所有 MADM 方法的权重；λ_j 是决策者对 j 指标的偏好；β_j 是最大熵权法确定的 j 指标的权重。

(2) TOPSIS 决策方法 TOPSIS（technique for order preference by similarity to ideal solution）使用正负理想点距离作为评判标准的一种多属性决策方法，其决策程序为：①将决策矩阵归一化；②计算带权的决策矩阵 $v_{ij}=w_j r_{ij}$，$i=1$，2，…，n；$j=1$，2，…，m；③确定正负理想点 A^+ 和 A^-；④计算贴近度，贴近度越大代表方案的排序越靠前。

$$A^+=\{(\max_j v_{ij}\,|\,i\in I),(\min_j v_{ij}\,|\,i\in I')\,|\,j=1,2,\cdots,m\}$$
$$A^-=\{(\min_j v_{ij}\,|\,i\in I),(\max_j v_{ij}\,|\,i\in I')\,|\,j=1,2,\cdots,m\} \tag{8-8}$$

式中，I 为效益型指标；I' 是成本性指标。

贴近度计算方法为：

$$c_i=\frac{C_i^-}{C_i^++C_i^-} \tag{8-9}$$

$$C_i^+=\sqrt{\sum_{j=1}^n(v_{ij}-A_j^+)^2}$$

$$C_i^-=\sqrt{\sum_{j=1}^n(v_{ij}-A_j^-)^2}$$

根据 C_i 的大小可以排定各可行方案的优先次序，c_i 越大，其对应的方案越优。

(3) ELECTRE 决策方法 ELECTRE（elimination et choice translation reality）是最早基于超序关系的多属性决策方法，目前演变出 ELECTRE Ⅰ，ELECTRE Ⅱ，ELECTRE Ⅲ，ELECTRE Ⅳ，TRI 等决策方法。本书应用改进型 ELECTRE 方法，其决策过程如下。

① 决策矩阵归一化和带权矩阵算法与 TOPSIS 方法相同。

② 计算优势集 $C_{jj'}=\{i\,|\,x_{ji}\geqslant x_{ji'}\}$ 和劣势集 $D_{jj'}=\{i\,|\,x_{ji}<x_{ji'}\}$。

③ 计算优势矩阵 $c_{jj'}$ 与劣势矩阵 $d_{jj'}$：

$$c_{jj'}=\sum_{i\in C_{jj'}}w_j$$

$$d_{jj'}=\frac{\max_{j\in D_{jj'}}|v_{ij}-v_{i'j}|}{\max_{k\in I}|v_{ik}-v_{ik}|}$$

④ 计算净优势 c_j 与净劣势 d_j，最后根据净优势和净劣势排序：

$$d_i=\sum_{\substack{i'=1\\i'\neq i}}^m d_{ii'}-\sum_{\substack{i'=1\\i'\neq i}}^n d_{i'i}$$

$$c_i=\sum_{\substack{i'=1\\i'\neq i}}^m c_{ii'}-\sum_{\substack{i'=1\\i'\neq i}}^n c_{i'i}$$

(4) SMART 决策方法 SMART（simple multi-attribute ranking technique）是最早的，也是最常用的 MADM 决策方法，其计算方法简便。

① 使用 0～100 刻度标准化决策矩阵：

$$V_{ij} = \frac{x_{ij} - \min\{x_{ij}\}}{\max\{x_{ij}\} - \min\{x_{ij}\}} \times 100$$

② 计算每一个备选方案的效用，效用最大的方案为最优方案：

$$V_i = \sum_{j=1}^{m} w_j V_{ij}$$

（5）PROMETHEE 决策方法　PROMETHEE（preference ranking organization method for enrichment evaluation）的决策步骤为：

① 为属性 j 建立一般标准 $\{f_j(a), p_j(a,b)\}$，其中 $f_j(a)$ 是备选方案 a 的属性 j 的评价值，$p_j(a, b)$ 为在属性 j 是 a 与 b 之间的偏好信息。一般情况下 $p_j(a,b) = p_j[f_j(a)] - p_j[f_j(b)]$，并且取值在 0 与 1 之间，常用的有一般函数、高斯函数、水平函数等 6 种函数可用于计算 $p_j(a, b)$，本书使用高斯偏好函数计算，其计算方法为：

$$p_j[f_j(a)] = 1 - e^{-a^2/2\sigma^2}$$

式中，σ 是统计指数常数。

② 计算每一对备选方案 (a, b) 的偏好指数：

$$\pi(a,b) = \sum_{j=1}^{n} w_j p_j(a,b)$$

③ 计算净偏好流，并以此作为排序依据。

$$\phi_a = \sum_b \pi(a,b) - \sum_b \pi(b,a)$$

（6）灰色相关分析方法　灰色相关分析（GRA）是一种离散型序列的相关分析方法，近年来，GRA 也被运用于决策支持，其决策步骤为：

标准化决策矩阵，本书中仅考虑成本型和效益型两种情况：

$$r_{ij} = \begin{cases} \dfrac{x_{ij} - \min\limits_i x_{ij}}{\max\limits_i x_{ij} - \min\limits_i x_{ij}} & \text{如果 } x_{ij} \text{ 是效益型} \\[4mm] \dfrac{\max\limits_i x_{ij} - x_{ij}}{\max\limits_i x_{ij} - \min\limits_i x_{ij}} & \text{如果 } x_{ij} \text{ 是成本型} \end{cases}$$

计算最优参考序列：

$$A_j^* = \{\max_j r_{ij} \mid j = 1, 2, \cdots, m\}$$

计算各个备选方案与最有参考序列的相关系数：

$$\Delta_{ij} = |A_j^* - r_{ij}|$$

$$\gamma_{ij} = \frac{\min\limits_i \min\limits_j \Delta_{ij} + \zeta \max\limits_i \max\limits_j \Delta_{ij}}{\Delta_{ij} + \zeta \max\limits_i \max\limits_j \Delta_{ij}}$$

式中，Δ_{ij} 为灰色关联距离；ζ 为分辨系数，通常取值为 0~1 之间，本书取值为 0.5。

计算灰色关联程度，并以此作为排序的标准：

$$\Gamma_i = \sum_{j=1}^{n}(w_j \times \gamma_{ij})$$

8.2.2 北京市交通政策的多属性决策优化

根据系统动力学预测、外部性研究、在驶量综合评价及目标确定的结果，本书认为北京市城市可持续交通的控制重点为机动车保有量、NO_2 和 CO_2 排放量。在研究讨论与文献查阅的基础上，本书提出以下政策包，包括：CO_2 排放标准、能源税、CO_2 排放许可权交易、公路收费、机动车消费税、机动车 V 排放标准、交通导向式发展的土地规划、公共交通优先政策、公路与停车场供给管理、机动车报废年限制度、普通公交车改造为电车、大型公交车和出租车改造为 LPG 或 CNG 型机动车、控制机动车牌照发放、机动车限行政策等 10 余项国内外常见调控政策。研究根据第 3 章 MADM 一节方法，本书首先通过电子邮件形式对环境与交通领域的专家进行咨询，调查内容为政策包的污染物排放控制效果、机动车保有量控制效果和可达性影响等。

共计发放调查问卷 20 份，有效回收 11 份，有效回收率为 55％。由于难以界定每个专家的专业程度优劣，因此本书仅以专业领域划分专家为环境、交通两个小组，其中环境专家 8 名，交通专家 3 名。专家权重取值以领域划分，其中政策的环境影响方面，环境领域专家的评分给予权重 1，交通领域专家给予权重 0.5；在对机动车保有量、可达性等方面的影响，环境专家的评分给予权重 0.5，交通领域专家评分给予权重 1；对与政策的成本，所有专家评分给予权重 1。最后计算其累计平均权重值，作为问卷调查得到的最终政策的评价值，见表 8-2。

表 8-2 政策专家咨询加权平均值表

项 目	CO_2	NO_x	CO	PM_{10}	保有量	可达性	政策难度
CO_2 排放标准（ALT1）	−1.2105	−0.0526	−0.4211	0	−0.3571	0.0714	0.2727
CO_2 能源税（ALT2）	−1.1579	−0.0526	−0.4737	0	−0.5	0	−0.1818
CO_2 排放许可权交易（ALT3）	−1.6316	0	0	0	−0.0714	0	1.1818
公路收费（ALT4）	−0.1579	−0.0526	−0.0526	−0.0526	−0.5714	−1.2143	−1.727
高排量车消费税（ALT5）	−0.4737	−0.4737	−0.4737	−0.4737	−0.3571	0.2143	−1.545
机动车 V 排放标准（ALT6）	−1.6316	−1.6316	−1.1579	−0.1428	0	0.0909
交通导向式土地规划（ALT7）					−0.2143	1.2857	−0.8182
公共交通优先政策（ALT8）	−0.3684	−0.3684	−0.3684	−0.2632	−0.3571	0.1429	−1.1818
公路、停车场供给管理（ALT9）	0	0	0		−1.5	−0.2143	−0.8182
缩短机动车报废年限制度（ALT10）	−0.5789	−0.5789	−0.5789	−0.3684	−0.1428	0	0
公交车改造为电车（ALT11）	−0.3158	−0.3158	−0.3158	−0.1052	0	0	−1.8182
大型公交车和出租车改造为 LPG 或 CNG（ALT12）	−0.2105	−0.2105	−0.2105	−0.1052	0	0	−1.8182
控制牌照发放（ALT13）	−1.3158	−1.3158	−1.3158	−0.5789	−1.7857	1	1.3636
机动车限行（ALT14）	−1.0526	−1.0526	−1.0526	−0.7368	−0.1428	1.7857	0.6364

其中除政策成本难度以外，其他 6 个指标都是收益型指标，本书将政策难度取负数转化会收益型指标，将指标标准化为 0～1 刻度的指标，见表 8-3。

表 8-3 标准化决策矩阵

项目	A1	A2	A3	A4	A5	A6	A7
ALT1	0.1596	0.4809	0.3786	0.4955	0.3964	0.5153	0.4198
ALT2	0.1742	0.4809	0.3641	0.4955	0.3568	0.4955	0.5459
ALT3	0.0428	0.4955	0.4955	0.4955	0.4757	0.4955	0.1676
ALT4	0.4517	0.4809	0.4809	0.4809	0.3369	0.1586	0.9748
ALT5	0.3641	0.3641	0.3641	0.3641	0.3964	0.5550	0.9243
ALT6	0.4955	0.0428	0.0428	0.1742	0.4559	0.4955	0.4703
ALT7	0.4955	0.4955	0.4955	0.4955	0.4360	0.8522	0.7225
ALT8	0.3933	0.3933	0.3933	0.4225	0.3964	0.5351	0.8234
ALT9	0.4955	0.4955	0.4955	0.4955	0.0793	0.4360	0.7225
ALT10	0.3349	0.3349	0.3349	0.3933	0.4559	0.4955	0.4955
ALT11	0.4079	0.4079	0.4079	0.4663	0.4955	0.4955	1.0000
ALT12	0.4371	0.4371	0.4371	0.4663	0.4955	0.4955	1.0000
ALT13	0.1304	0.1304	0.1304	0.3349	0.0000	0.7730	0.1171
ALT14	0.2034	0.2034	0.2034	0.2910	0.4559	0.9910	0.3189

根据决策矩阵，可以确定，最大熵权值为：

$$\beta_j = \{0.1455, 0.1427, 0.1426, 0.1382, 0.1433, 0.1414, 0.1462\}$$

专家修正偏好的最大熵权值为：

$$w_j = \{0.0607, 0.1311, 0.0714, 0.1846, 0.2153, 0.1416, 0.1952\}$$

计算得到各种方法下的排序结果见表 8-4。

表 8-4 MADM 模型计算结果及排序

项目	TOPSIS		ELECTRE		PROMETHEE		SMART		GRA	
	计算值	排序	计算值	排序	计算值	排序	计算值	排序	计算值	排序
ALT1	0.5164	11	1.5421	6	−0.2954	9	43.15	9	0.7308	9
ALT2	0.5438	8	1.1174	7	−0.1117	7	44.46	7	0.7285	10
ALT3	0.4638	12	4.1738	4	−0.7408	12	39.97	12	0.7576	6
ALT4	0.5901	7	0.3751	9	0.6474	6	49.88	6	0.8221	4
ALT5	0.6860	4	−0.0796	10	0.7669	4	50.74	4	0.7588	5
ALT6	0.4416	13	−3.5705	13	−1.7024	13	33.10	13	0.6206	13
ALT7	0.8075	1	8.1812	1	1.7439	1	57.75	1	0.8652	3
ALT8	0.6747	5	0.6544	8	0.7105	5	50.33	5	0.7571	7
ALT9	0.5912	6	2.4819	5	−0.2630	8	44.17	8	0.7413	8
ALT10	0.5331	10	−1.4601	11	−0.3757	10	42.58	10	0.6983	12
ALT11	0.7106	3	5.9283	3	1.5802	3	56.55	3	0.8701	2
ALT12	0.7196	2	6.0498	2	1.6878	2	57.32	2	0.8829	1
ALT13	0.3479	14	−8.6189	14	−3.1381	14	22.84	14	0.5407	14
ALT14	0.5377	9	−2.566	12	−0.6245	11	40.80	11	0.7006	11

由表 8-4 可以看出，5 种方法由于计算方法本身的原因，其最终排序结果虽然

具有相似性，但是并不一致。如 5 种方法中，PROMETHEE 方法与 SMART 方法的排序结果完全一致，TOPSIS、ELECTRE、PROMETHEE 和 SMART 四种模型都认为方案 7，即交通导向式的土地规划是最优的方案，应该优先实行，但 GRA 模型的结果认为方案 12，即公交车的 LPG 与 CNG 改造对于环境改善具有较好的效果且较容易实施，应优于交通导向式的土地规划。模型对最劣方案具有相同的排序，即方案 13 和方案 6 在此偏好下属于较劣的可选方案。

　　MADM 方法结果的不一致，是模型算法设计导致的，目前仍然难以判断方法之间的优劣。因此不能武断地认为某种方法或者某几个方法的排序结果是合理的，而其他方法不合理。尽管 MADM 方法的结果具有随机不可控的因素，但是从总体趋势上仍然可以得到一些结论。

　　不难发现，方案 7 无论在何种模型中（仅指本书中的 5 种模型，若模型样本数增多，结果仍然可能发生改变）其排序都比方案 5 排序靠前，同样方案 12（多数模型输出排序为 2）除方案 7 以外，优于其他所有方案。而方案 7 与方案 12 在不同的模型中输出的结果不同，难以确定其优劣。因此，根据方案间的优劣程度，定性的比较各种分析方案之间的优劣是合理的（王真等，2006）。将方案按照模型输出的结果，按照优势程度将其描绘在优势图中可以较为直观地看出其优势情况，如图 8-5 所示。

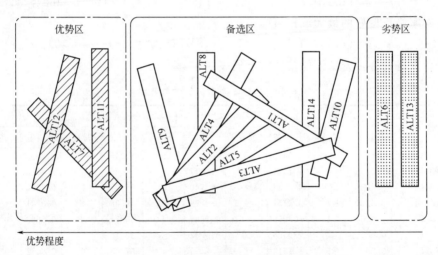

图 8-5　MADM 模型结果优势图

　　如图 8-5 优势图中箭头所示，越往左边备选方案的优势度越大，每个长条代表一个备选方案，方案越靠左优势度越大，方案之间相互交叉的，不能确定其优劣程度。根据优势程度不同可以将所有的方案分为三个区域，即优势区、备选区和劣势区。优势区中的方案优于备选区和劣势区方案；备选区方案优于劣势区方案。在同等条件下，对 14 个政策方案排序，则优先选取优势区的三个备选方案，即 ALT7、ALT11 和 ALT12。在同等级的区域中，也可以进一步地区分不同备选方案的优势，如 ALT12 与 ALT11 同属优势区的备选方案，但 ALT12 更靠左，并且不与 ALT11 相交，因而其优势度更高，在政策实施情况下可以优于 ALT11 考虑，同样在备选区中的 ALT9 与 ALT4 和 ALT10 相比也具有更高的优势。

从政策上来看，公交、出租车的电气化改造因为政策成本较低，并且都有利于环境改善，较容易实施。交通导向的土地利用规划将促进步行、自行车出行而抑制小型机动车的增长，并且在新城区具有较高的操作性，但在旧城区由于改造成本很高，较难实施。根据前文分析与最优化结果来看，当前环境污染问题主要是由于机动车保有量激增导致排放显著增加、环境恶化，因此应该控制机动车保有量的快速增长趋势，使其增长满足环境容量需求，因此抑制机动车增长的政策无其他政策替代，或其他替代政策的效果不足以控制目标时，即使成本巨大，也必须实行控制机动车增长的政策。

8.3 政策在时间尺度上的安排

8.3.1 倒推规划法

在全球交通业快速发展，机动车保有量飞速增加，交通环境日益恶化的背景下，传统的规划方法虽然在土地规划、交通流规划方面发挥了重要的作用，但因为其在时间尺度上的最优安排仍然存在难题（OECD，2000），因而许多政策虽然得到正确实施，但是已经错过了最佳时机，因而得不到预期的效果。因此应该采用何种政策？如何最优的安排政策实施顺序以解决日益恶化的交通环境问题，是 EST 优化管理需要面对的问题之一。

倒推法（OECD，2000；2001；2002）是用于弥补传统交通政策研究不足的辅助工具，其关注交通政策的最优时序安排，其原理是借助预测结果与需要达到的目标之间的对比，找出关键因素，并作出最优的调控安排。Dreborg（1996）认为，倒推法适合于：①与社会系统的多个部门、多个层次具有关联的复杂系统；②目前的政策路线不足以应对问题的发展，需要实施深刻变革的系统；③目前的发展趋势将导致不可持续甚至灾难性后果的情况；④具有明显的外部性；⑤仍有较为充足的时间用于调控管理。目前北京市交通系统已经满足上述 5 个条件，可以运用倒推法对交通政策做出最优安排。通常倒推法的过程为：①通过传统预测方法预测未来一定年限内可能出现的情景；②选定未来一定年限内需要实现的目标终点；③通过预测与目标终点的对比，得到政策差距（policy gap），以此确立调控蓝图；④确定政策包，根据倒推结果，对政策路线做出时间布局。倒推法一般的过程如图 8-6。

从图中可以看出，倒推法是一个方法框架而非方法学。因此本书以结合前述的方法学研究，提出适用于本书的倒推法研究内容，如图 8-7。

首先利用 SD 模型生成外推情景（business as usual），然后根据北京市交通管

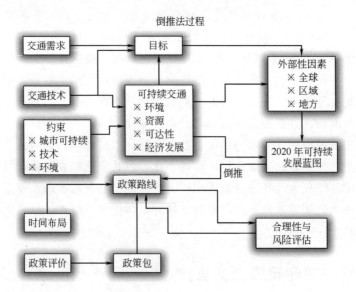

图 8-6　倒推法一般过程

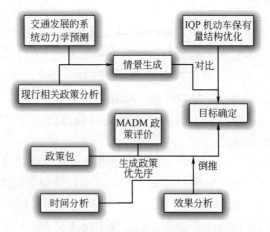

图 8-7　北京 EST 倒推方法框架

理委员会发布的《北京市交通发展纲要（2004～2020）》和《北京市"十一五"时期交通发展规划》生成基本调控情景，将这两种情景与 IQP 优化结果，即最优调控目标比较确定政策差距。选定政策包，根据 MADM 政策评价的结果确定同等条件下政策实施的优先顺序。评价每一个政策实施的所需的时间准备与政策效果，利用时间分析倒推达成目标的最优时间布局。

8.3.2　北京市交通环境政策的时间安排

　　在实际生活中，政策制定往往是同时进行的。在同等目标导向与偏好下，可以通过 MADM 优化结果优先实施某一项较优的政策，但在一定时期同时要达到多种目标的情况下，除要得到在实施效果与难度综合考量下的优先顺序外，还要考虑在时间尺度上的安排，以达到最优的政策效果。根据北京市倒推法框架，本小节将主要通过政策分析和时间分析对北京市交通政策做出优化。

2004 年，北京市交通委员会（BMCC）制定和发布了《北京市交通发展纲要（2004～2020）》和《北京市"十一五"时期交通发展规划》两个中长期纲领性文件，其中涉及城市可持续交通优化管理的相关政策如下。

① 通过公路与停车场管理控制私人汽车的增长。BMCC 对公路的管理方式主要是对私人汽车的行驶区域、时段和停车服务等方面实行差别化调控，为不同区域制定不同的停车标准与价格。

② 公交优先政策。BMCC 加大公共交通的财政支持力度，每年交通基础设施建设财政支出的 40％都投资于快速公路交通（BRT）和地铁，并逐年提高投资比例。

③ 提高机动车排放标准及其他环境改善措施。根据《纲要》，北京市于 2005 年底实施国家Ⅲ级排放标准，2008 年底实行国家Ⅳ级排放标准。此外，还要提高使用 LPG 的公交与出租车比例。

④ 差异化的交通管理政策。从城市不同区域的交通需求出发，实行差异化的交通政策，在中心城对小汽车实行相对从紧的管理政策。

⑤ 扩充中心城路网规模与停车设施，建立中心城的自行车与步行系统。

⑥ 建立交通导向式的土地利用方式，为自行车短途出行及换乘公共交通创造条件。

表 8-5　三种情景 2020 年的基本参数

项　目	2005	BAU 情景 2020	BMCC 情景 2020	IQP 情景
总人口/10^6 人	15.38	16.57	16.57	N/A
机动车保有量/10^6 辆	2.46	12.13	＞5.00	2.69～5.74
小轿车保有量/10^6 辆	1.79	10.92	＞4.30	2.47～5.34
排放标准	Ⅱ	2005 年底实行Ⅲ及标准 2008 年底实行Ⅳ级 CO_2 无标准	2005 年实行Ⅲ及标准 2008 年实行Ⅳ级标准 CO_2 无标准	总排放不超过Ⅱ 大气环境质量标准
CO_2 排放量/(10^4t/a)	1222	7616	＞3200	＜40％ of BAU
NO_x 排放量/(10^4t/a)	2.54	3.61①	＞1.50～3.38	4.95②
CO 排放量/(10^4t/a)	12.5	34.1①	＞14.2～27.5	280.1②

① 按照现行机动车报废年限平均 12 年计算得出结果。
② 取浓度分担率和排放分担率的低值的计算结果。

从 2003～2005 年机动车增长趋势来看，BMCC 的小型机动车控制政策效果不明显，机动车总保有量在小型机动车的快速增加的推动下，仍然呈指数式上升，环境类政策、差异化交通管理政策、土地利用方式优化等政策已经初现成果。结合以上实际情况分析，本书建立以 SD 模型外推情景与 BMCC 环境调控相结合的基准情景（BAU）：该情境下，假设机动车保有量控制无明显效果，而公交、排放标准、优化土地利用方式等得到顺利实施，公共交通在 2020 年负担全部出行的 45% 以上。此外根据 BMCC 在《纲要》中做出的预测，建立 BMCC 情景，与以 IQP 优化及环境容量分析相结合建立的目标情景。各个情景的结果如表 8-5。

(1) 调控目标分析 从表 8-5 中可以看出，CO 的大气环境容量远远超过 BAU 和 BMCC 两种情景的排放量，因此 CO 并不是交通排放的约束因子。NO_x 在机动车平均报废时间为 12 年时，其排放量为 $3.61 \times 10^4 t$，达到环境容量标准的 72.9%。图 8-8 显示在不同报废年限下 NO_x 的排放量，其中报废时间越短，旧型不符合排放标准的机动车被淘汰更新的时间就越短，2020 年符合Ⅲ级、Ⅳ级排放标准的机动车在总机动车保有量中占据的比例就越大，因而 NO_x 排放量越低。随着报废时间的延长，如平均报废时间达到 16 年时，NO_x 排放量将在 2020 年超过环境容量。因此，在 9 座以下私人机动车报废延期不受限制，多数车型可延迟报废年限至 15 年的情况下，仅利用现行排放政策不足以应对 NO_x 超过环境容量的风险。此外，排放标准执行后，仅对新车有效，在新旧完成交替之前，政策存在严重的滞后效应。根据 SD 预测的 BAU 情景下的保有量新旧更新情况计算，在平均更新年限 16 年情况下，2008 年后必须在 2018 年实施更高级别的排放标准，才能在此增长趋势下保证 2020 年不超过环境容量，但也仅能维持 5 年，5 年后在此增长趋势下仍将超过环境容量，新型标准实施越早，维持的年限将越长。

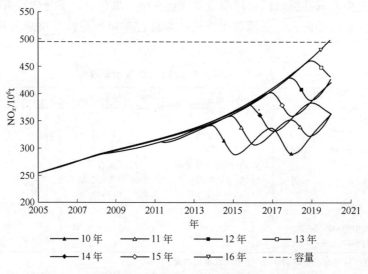

图 8-8 不同报废年限下 NO_x 在 BAU 情境中的排放量

目前在《联合国气候变化框架公约》及《京都议定书》框架下，我国还没有承担削减 CO_2 排放量的义务。截至 2009 年，北京市还没有出台减排 CO_2 的交通排放政策，在 BAU 情境下，机动车将增长约 6 倍，相应的交通 CO_2 排放量也可能增长 6 倍，即使在 BMCC 成功控制机动车增长，达到《纲要》的目标，交通 CO_2 排放量也将增长约 3 倍。在 BAU 情景下，根据前文的植树成本法估算，CO_2 在 2020

年可能造成约 $0.4\%\sim0.7\%$ 的 GDP 成本，我国将在全球气候变化框架下承担国际社会巨大的压力，因此，本书制定目标为削减 CO_2 排放量的 60% 以上，BMCC 情景的发展模式以及 IQP 情景的上限都不足以支撑此目标，因此应制定额外的 CO_2 排放政策。

由 IQP 情景可以看出，要达到既满足出行需求，又满足环境污染造成的外部性损失最小的需求，机动车的合理保有量为 $(269\sim574)\times10^4$ 辆，即与 BAU 情景相比，最少要通过调控措施控制 639×10^4 辆机动车增长，其中主要控制目标为控制小型机动车 558×10^4 辆。因此要达到满意的调控目标首要的政策是合理引导小型机动车的增长。

(2) 政策分析与倒推 综合前文及以上分析可以看出，今后 15 年的调控措施重点在以下三方面：

① 合理引导小型机动车的增长。控制机动车保有量可以减少 NO_x 和 CO_2 的调控难度，同时保证可达性需求，是一种具有综合效果的调控措施。

② 继续制定 NO_x 控制措施，巩固两次排放标准提高的调控成果，确保 NO_x 排放量在未来更长时间内不会超过环境容量。

③ 研究制定 CO_2 控制政策，减少交通 CO_2 的排放量。

从政策措施包中筛选出相关的政策如表 8-6。在所列政策表中，政策实施难度较低的政策多数已经在北京得到实施，约占总政策的一半。

表 8-6 交通政策效果表

政策措施	政策效果	案例	状态	备注
机动车控制				
交通导向式土地规划（TOD）	提高公交系统出行吸引力，提高机动车出行速度，抑制小轿车发展	巴基斯坦卡拉奇市	A	Intikhab and Lu，2007；Bergh，et al.，2007
公交优先政策	抑制私人小汽车出行	伦敦公交优先政策使公交承担约 80% 出行	A	佘世英，2007
公路、停车场供给管理	抑制机动车增长	根据 $2003\sim2005$ 年机动车供给管理状况，抑制效果不明显	A	
机动车限行	在驶量调控政策，提高最优调控目标保有量的上限，提高可达性		C	
控制牌照发放	减少本地机动车的注册量，增加外地机动车注册量	新加坡牌照发放的费用约为新车价格的 3 倍，强烈抑制私人机动车	C	Gordon，2005
NO_x 控制				
公交与出租车的电、气化改造	减少 NO_x 排放	$2001\sim2010$ 年，LPG、CNG 改造降低 0.14×10^4 t NO_x 排放	A	清华大学．2006

政策措施	政策效果	案 例	状态	备 注
NO_x 控制				
高排量车消费税	控制大排量机动车保有量,减少 NO_x、CO、VOC 等污染物的排放		B	
公路、停车收费	减少交通拥堵,减少尾气排放和燃油消耗	新加坡、加拿大	A	
机动车 V 级排放标准	减少新车 NO_x、CO、PM_{10} 排放	欧盟严格排放标准,使 2000 年 NO_x、VOC、CO、SO_2 排放比 1990 分别减少 24%、43%、42%、20%	B	Geurs and Wee, 2004
缩短机动车报废年限	影响机动车更新换代速度,间接影响机动车排放因子	1998～1999 北京报废面的 1.4×10^4 辆,其他车 2.4×10^4 辆,减排 NO_x 0.45×10^4 t	C	BMCC,2000
CO_2 控制				
CO_2 能源税	控制能源需求,减少机动车保有量,减少平均出行距离和出行需求	德国研究机动车使用的价格弹性约 −0.1	B	Storchmann,2001
CO_2 排放标准	减少新车 CO_2 排放		C	
CO_2 排污许可证	控制 CO_2 排放总量		C	

备注:A、B、C 分别表示 2005 年底前正在实施、考虑实施和未考虑实施的政策。

按照我国的政策准备时间通常为 1～3 年,立法到实施通常为 1～2 年,根据表 8-6 中政策难度的评价值,假设给予评价值大于 1 的政策准备到实施共 5 年时间,0～1 的政策准备到实施 3 年时间,−1～0 的政策给予 2 年准备时间,小于−1 的给予一年的准备时间,采取保守的原则对尚未进入考虑的政策倒推如下。

① 假设已经实施机动车每 5 日限行 1 日,则最优机动车保有量值上升约 25%,达到 (336～718)$\times 10^4$ 辆,根据 SD 的 BAU 情景,机动车保有量将分别在 2009 年和 2014 年超过其下限与上限。采用保守的策略,则当机动车增长至 336$\times 10^4$ 辆时,即 2008～2009 年开始实施机动车限行,采用激进策略则在 2014 年实施机动车限行。

② 若把 1994～2005 年小轿车家庭年均收入弹性 0.20 辆/10^4 元作为长期收入弹性,SD 预测 2020 年家庭年均可支配收入约 11.9$\times 10^4$ 元估算,若采用新加坡模式对机动车征收高额牌照拥有费用,对新增牌照,征收每年每个家庭牌照使用费 1$\times 10^4$ 元,则机动车保有量在 2020 年减少约 112$\times 10^4$ 辆,因此,要保证机动车不超过 718$\times 10^4$ 辆的上限,若仅只有限行和牌照费用两项措施,则最迟应该 2014 年对牌照费多征收约 1$\times 10^4$ 元的费用,并每年逐年增高,到 2020 年每年征收约 6$\times 10^4$ 元才能保证机动车不超过 718$\times 10^4$ 量。考虑到其他政策对机动车增长的抑制作用,实际征收年限可能会适当推迟,费用也会适当降低。

③ 从建设节约型社会的角度来看，缩短报废年限将浪费较多尚未老化的机动车，但从环境保护的角度来看，每缩短一年强制报废年限将提前新旧交替，使排污量明显降低，如图 8-8，在 2005 年开始执行 15 年的报废限制才能保证 NO_x 在 2020 年不超过环境容量（目前小型机动车可以无限延长报废时间），考虑到政策准备时间，则应该 09 年实施最长 14 年的报废年限才能满足环境容量要求。

④ 根据中国科学院研究，中国的汽油消费价格弹性与科威特接近，如图 8-9，约为 -0.1，假如征收能源税率为 100%，则机动车能源消费及能源消费造成的 CO_2 降低约 10%，若机动车控制在 718×10^4 辆，并限行时，CO_2 的排放量削减量约为 $360 \times 10^4 /a$，排放量约 $3250 \times 10^4 t/a$。若机动车控制措施无效，则 2020 年以 BAU 情景计算，减排约 $700 \times 10^4 t$。

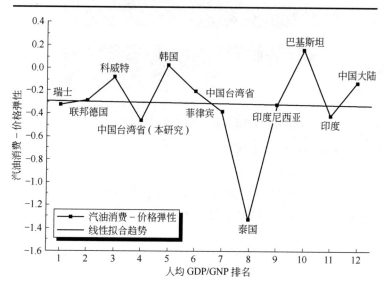

图 8-9　各国及地区的能源消费弹性

资料来源于中国科学院，网络资源：http://www.okokok.com.cn/Htmls/GenCharts/071103/4293.html

⑤ 上述能源税在成功控制机动车保有量情况下能够达到 CO_2 的减排目标，若机动车控制措施无效（如外地车辆涌入北京），要实现减排约 $3000 \times 10^4 t/a$ 的目标，则必须降低机动车的排放因子，目前北京市的小型机动车的排放因子约 220 g/km，若与欧盟同步实施 120g/km 的目标，以平均 12 年报废年限计，则 2020 年更新的车辆约占总保有量的 75%，可减排约 $2350 \times 10^4 t$。

⑥ 在 BAU 情境下，若④、⑤项都成功实施，则仍不能满足 CO_2 减排目标，根据④、⑤两项的计算方法，CO_2 排放量将在 2015 年达到 $3040 \times 10^4 t$，2016 年达到 $3260 \times 10^4 t$，超过调控目标，因此最迟应该在 2015 年实施 CO_2 排污权交易制度，以满足目标。

根据以上分析，可以做出各项政策实施的时间表，如表 8-7。

表 8-7 政策时间表

政策工具	时间				政策效果		
	2005	2010	2015	2020	T.V.	CO_2	NO_x
TOD					-	-	-
公交优先					-	-	-
公路供给					-	-	-
限行					++	--	--
持照收费					--	--	--
电气化改造					-	-	-
高排消费税					-	-	-
公路停车收费					-	-	-
V 级排放标准					-	-	-
缩短报废年限						-/N	-
能源税					-	-	-
CO_2 排放标准						-	-
CO_2 排污权交易					-	-	

　—表示减少总量或排放量，＋表示增加，－－、＋＋表示效果较强，N 表示可能无效果；T.V. 表示机动车总量（total vehicles）。灰色条表示政策准备期，黑色条表示政策执行期。

　（3）结论　北京市目前的交通发展趋势与 EST 调控的最优目标在交通结构和 CO_2 排放上具有巨大的差距，并且 NO_x 也可能在 2020 年超过大气环境容量。利用政策目标分析、政策效果分析和倒推法，能够将目前的发展趋势调控与未来需要达到的目标相结合，对政策做出时序安排，为政策调控提供依据。

后 记

　　本书经上述各章对可持续城市交通系统调控管理进行了讨论，确立了环境导向式交通、城市可持续交通的概念、理论、方法，并实现了案例分析，总结了若干结论，但是目前这方面研究尚处于起步阶段，须在基础研究支持、方法集成、模型深化、数据采集、案例推广及政策研究等方面，开展更多有效的工作，具体体现在以下6个方面。

　　(1) 在今后我国的城市交通环境管理研究和实践中，仍须进一步加强可持续城市交通系统调控与管理的基础理论和实践推广等研究。尽管城市管理者和居民均已认识到了完善交通功能和保护城市环境的重要性，但是环境导向式交通与环境可持续交通的基础研究领域仍有大量工作需要开展，否则无法满足我国快速城市化背景下严峻的交通环境形势所需的科学基础。为解决我国的城市交通环境问题，亟需将环境的研究视角纳入到城市管理及城市可持续发展的重大战略决策中，应进一步支持相关的基础研究。

　　(2) 就目前开展的城市交通-环境耦合研究而言，以城市为对象的研究虽有报道却较为分散，且未形成系统的研究思路和方法，需要在研究思路和方法上做更深入的探讨。由于可持续城市交通系统管理尚处于起步阶段，国内外均未有被广泛认可的研究方法体系。本书在分析和总结我国现存问题，并结合国际研究前沿的基础上，提出了具有前瞻性的研究方法体系，并且经案例研究证明有效，但尚需与其他相关研究的方法相结合，以促进该领域在方法上的创新。

　　(3) 可持续城市交通系统综合模型在子模型深度、尺度转换以及综合模型的关联等方面可开展进一步的研究。本书提出的模型体系，为实现城市交通的目标决策提供了良好的借鉴，但是由于受制于案例地区历史监测数据的局限性以及管理目标的导向性，在子模型的深度方面仍有进一步细化的空间。此外，城市病诊断和交通综合评价模型中，如需确立符合全国普遍意义的评价体系及评判标准，则仍需更多大量的案例城市研究与分析总结；并根据城市特性分别制定具有针对性的评价指标和标准，以便于指导城市交通环境的建设与改善。

　　(4) 完善城市基础研究的数据库建设，加强交通环境监测站点的布设，实现街道大气环境监测、道路噪声监测、交通流量实时监测等网络的联动和数据交换共享，提高城市交通管理的信息化水平。城市交通环境管理是一个综合性和系统性的过程，存在诸多不确定性，为满足对城市复合生态系统下的交通问题进行长期变化趋势模拟和评价的需要，应设立长期的综合监测计划，建立数据积累与共享机制。

　　(5) 在情景分析和政策评估的基础上，由于目前北京市尚未完全建立交通-环境一体化联动的监测监控系统，因此尚无法将交通管理的具体措施进行完全针对性的监测、评估与适应性调整，本书仅就北京市交通可持续优化调整的若干政策进行了初步的分析，尚无法对这些策略的长期有效性进行可靠的评估。此外，由于交通-环境系统的调控与管理机制须根据特定地区的实际问题而采取适当的策略，因此这方面的研究需长期研究积累、实践经验及多学科的交叉，需要在对城市交通环境系统长期监测的基础上做进一步完善。

(6) 城市交通环境管理的政策研究，本书的研究主要针对城市交通系统调控管理的基本科学问题，因此城市交通环境系统管理的政策研究应该成为未来相关研究中的重要内容，包括：交通环境管理的可持续政策、交通法规与制度、城市交通体系完善、清洁能源政策及经济激励政策等；可借助于公众与利益相关者访谈、听证会、社会分析方法、公共政策分析、政策评估等手段来完成。

参 考 文 献

陈笛. 2006. BP 神经网络在北京道路安全评价中的应用. 中国水运, 6 (12): 107-109.

陈峰, 阚叔愚. 2001. 土地利用与交通相互作用理论探讨. 中国土地科学, 15 (3): 27-30.

段宁. 2004. 城市物质代谢及其调控. 环境科学研究, 5: 75-77.

方圻. 1995. 现代内科学. 北京: 人民军医出版社: 1413.

郭红连, 陆晨刚, 余琦 等. 2004. 上海大气可吸入颗粒物中多环芳烃 (PAHs) 的污染特征研究. 复旦学报
　　(自然科学版), 43 (6): 1107-1112.

韩新辉等. 2004. 西部地区城镇体系宏观布局的生态化研究. 西北农林科技大学学报 (社会科学版), 6:
　　76-79.

郝吉明, 吴烨, 傅立新 等. 2002. 中国城市机动车排放污染控制规划体系研究. 应用气象学报, 13 (Suppl):
　　195-203.

郭秀锐, 杨居荣, 毛显强. 2002. 城市生态系统健康评价初探. 中国环境科学, 22 (6): 525-529.

胡廷兰, 杨志峰, 何孟常 等. 2005. 一种城市生态系统健康评价方法及其应用. 环境科学学报, 25 (2):
　　269-274.

胡伟, 魏复盛, Jim Zhang 等. 两步回归法研究空气污染与儿童呼吸病症率的关系. 中国环境科学, 21
　　(6): 485-489.

景国胜. 2000. 城市区域性交通改善规划与可持续发展的关系. 城市规划, 24 (3): 15-16.

李钢, 樊守彬, 钟连红 等. 2004. 北京交通扬尘污染控制研究. 城市管理与科技, 6 (4): 151-152, 158.

郎林杰. 1996. 人对城市生态系统的影响和调控. 内蒙古大学学报 (哲学社会科学版), 1: 108-112.

李本纲, 陶澍, 林健枝. 1999. 城市居住小区的公路交通噪声预测与规划. 城市环境与城市生态, 12 (2):
　　57-60.

李金娟, 肖正辉, 杨书申 等. 2004. 北京和部分奥运城市可吸入颗粒物污染特征分析. 环境科学动态, 3:
　　26-28.

李锋, 王如松. 2003. 中国西部城市复合生态系统特点与生态调控对策研究. 中国人口·资源与环境, 6:
　　72-75.

李铁柱. 2001. 城市交通大气环境影响评价及预测技术研究. 东南大学博士学位论文, 54-99.

李晓江. 1997. 中国城市交通的发展呼唤理论与观念的更新. 城市规划, 6: 44-48.

李晓燕, 陈红, 胡晗. 2008. 交通环境承载力及其定量化方法初探. 公路交通科技, 25 (1): 151-154.

陆化普, 毛其智, 李政 等. 2006. 城市可持续交通: 问题、挑战和研究方向. 城市发展研究, 13 (5):
　　91-96.

陆化普, 高嵩. 1999. 考虑可持续发展的主动引导型交通规划新理论体系的开发. 公路交通科技, 16 (4):
　　29-33.

陆化普, 王建伟, 张鹏. 2004. 基于能源消耗的城市交通结构优化. 清华大学学报 (自然科学版), 44 (3):
　　383-386.

陆化普, 石冶, 王继峰. 2007. 城市可持续交通: 演化机理与实现途径. 综合运输, 3: 5-10.

欧阳志云, 王如松, 赵景柱. 1999. 生态系统服务功能及其生态经济评价. 应用生态学报, 10 (5):
　　635-640.

彭希哲, 田文华, 梁鸿. 2002. 上海市空气污染造成人群健康经济损失的研究. 复旦学报 (社会科学版), 2:
　　105-111.

申金升, 徐一飞. 1996. 可持续交通机理构架. 系统工程, 14 (6): 1-5.

申金升, 雷黎, 徐一飞. 1997. 城市交通可持续发展的动力学机制研究. 系统工程, 1997, 15 (5): 8-12.

沈未, 陆化普. 2005. 基于可持续发展的城市交通结构优化模型与应用. 中南公路工程, 30 (1): 150-153.

史培军等. 1999. 深圳市土地利用/覆盖变化与生态环境安全分析. 自然资源学报, 14 (4): 293-299.

孙韧, 朱坦. 2000. 天津局部大气颗粒物上多环芳烃分布状态. 环境科学研究, 13 (4): 14-17.

史绍熙, 李德桃, 郑杰 等. 1996. 关于建立和完善我国汽车排放法规若干问题的探讨和建议. 内燃机学报,
　　14 (2): 111-118.

宋艳玲，郑水红，柳艳菊 等. 2005. 2000～2002 年北京市城市大气污染特征分析. 应用气象学报，16（Suppl.）：116-122.

陶星名，田光明，王宇峰 等. 2006. 杭州市生态系统服务价值分析经济地理，26（4）：665-668.

万显烈等. 2003. 大连市区大气中 PAHs 来源、分布及随季节变化分析. 大连理工大学学报，43（2）：160-163.

王智慧. 2000. 面向环境的城市交通规划方法理论. 系统工程理论与应用，9（2）：120-124.

王如松. 2000. 论复合生态系统与生态示范区. 科技导报，6：6-9.

王炜，项乔君，常玉林 等. 2002. 城市交通系统能源消耗与环境影响分析方法. 北京：科学出版社，2.

王炜，徐吉谦，杨涛等. 1999. 城市交通规划. 南京：东南大学出版社，110-111，113-114.

杨立峰. 2002. 上海城市交通拥挤收费研究. 交通与运输，5.

伊武军. 2005. 城市环境问题与生态调控. 安全与环境工程，1：1-4.

袁剑波，张起森. 公路收费标准优化及收费在交通管理中的应用研究. 中国公路学报. 15（1）：119-122.

曾凡刚，王关玉，田健 等. 2002. 北京市部分地区大气气溶胶中多环芳烃污染特征及污染源探讨. 环境科学学报，22（3）：284-288.

曾勇，沈根祥，黄沈发 等. 2005. 上海城市生态系统健康评价. 长江流域资源与环境，14（2）：208-212.

张举兵，张卫华，焦双健. 2006. 城市道路交通规划. 北京：化学工业出版社，159-161.

周华荣，海热提·涂尔逊，汤平. 2001. 乌鲁木齐景观生态功能区划及生态调控研究. 干旱区地理，4：315-320.

Bell M L, Davis D L, Gouveia N. 2006. The avoidable health effects of air pollution in three Latin American cities: Santiago, São Paulo, and Mexico City. Environmental Research, 100（3）：431-440.

Beltran B. , Carrese S. , Cipriani E. , et al. , 2006. Environment oriented transport polices and transit network design. 21th European Conference on Operational Research. Iceland.

Bergh J C J M, Leeuwen E S, Oosterhuis F H, et al. , 2007. Social learning by doing in sustainable transport innovation: Ex-post analysis of common factors behind successes and failures. Research Policy. 36: 247-259.

Canestrelli E. , Giove S. , 1991. Optimizing a quadratic function with fuzzy linear coefficients. control and cybernetics. 20: 25-44.

Carlsson-Kanyama Annika, Linden Anna-Lisa. 1999. Travel patterns and environmental effects now and in the future: implications of differences in energy consumption among socio-economic groups. Ecological Economics, 30: 405-417.

Chan C Y, Xu X D, Li Y S et al. 2005. Characteristics of vertical profiles and sources of $PM_{2.5}$, PM_{10} and carbonaceous species in Beijing. Atmospheric Environment, 39（28）：5113-5124.

Chatterjee K, Gordon A. 2006. Planning for an unpredictable future: transport in Great Britain in 2030. Transport Policy. 13: 254-264.

Chen M J, Huang G H. 2001. A derivative algorithm for inexact quadratic program—application to environmental decision-making under uncertainty. European Journal of Operational Research. 128: 570-586.

Daniels M, Dominici F, Samel J, et al. , 2000. Estmating particulate matter-mortality dose-response curves and threshold levels: an analysis of daily time-series for the 20 largest US cities. Am J Epidemiol. 152: 397-406.

Deal B, Schunk D. 2004. Spatial dynamic modeling and urban land use transformation: a simulation approach to assessing the costs of urban sprawl. Ecological Economics, 51（1-2）：79-95.

Dockery D W, Speizer F E, Stram D O, et al. 1989. Effects of inhalable particles on respiratory health of children. Am Rev Respir Dis. 139: 587-594.

Dockery D W, Pope Ⅲ C A, Xu X, et al. , 1993. An association between air pollution and mortality in six US cities. New Engl J Med. 329: 1753-1759.

Dreborg K H. 1996. Essence of backcasting. Futures. 28（9）：813-828.

Friedl B, Steininger K W. 2002. Environmentally sustainable transport: definition and long-term economic impacts for Austria. Empirica. 29: 163-180.

Geurs K T, Van Wee G P. 2000. Environmentally sustainable transport: implementation and impacts for the Netherlands for 2030. RIVM report 773002 013.

Gordon D, 2005. Fiscal policies for sustainable transportation: International best practices, prepared for the energy foundation and the Hewlett foundation.

Grove J M, *et al*. 1997. A social ecology approach and application of urban ecosystem and landscape analyses: a case study of Baltimore, Maryland. Urban Ecosystems, 1 (4): 259-275.

Hope C. 2006. The marginal impact of CO_2 from PAGE2002: an integrated assessment model incorporating the IPCC's five reasons for concern. The Integrated Assessment Journal Bridging Sciences & Policy. 6 (1): 19-56.

Huang G H, Baetz B W, Patry G. G. 1994. Waste flow allocation planning through a grey fuzzy quadratic programming approach. Civil Engineering Systems. 11: 209-243.

Huang G H, Baetz B W, Patry G G, 1995. Grey quadratic programming and its application to municipal waste management planning under uncertainty. Engineering Optimization. 23: 201-223.

Jaakkola J J K, Paunio M, Virtanen M, et al. 1991. Low-level air pollution and upper respiratory infections in children. Am J Public Health. 81: 1060-1063.

Joanna B. 2004. Making sustainable development evaluations work. Sustainable Development, 4: 200-211.

Kageson P. 1995. Control Techniques and Strategies for Regional Air Pollution form the Transport Sector the European. Water, Air and Pollution, 85 (1): 225-236.

Künzli N, Kaiser R. , Medina S, et al. 2000. Public-health impact of outdoor and traffic-related air pollution: a European assessment. The Lancet. 356: 795-801.

Kulkarni A, Rossi A, Alameda J, et al. 2007. A grid-computing framework for quadratic programming under uncertainty. Online resource: https://netfiles. uiuc. edu/akulkar3/www/grid _ stoch _ final. pdf. 2008/03/02.

Lai Lawrence W C, Ho Winky K O. 2002. An econometric study of the decisions of a town planning authority: complementary & substitute uses of industrial activities in Hong Kong. Managerial and Decision Economics, 3: 127-135.

Lau A K, *et al*. 2003. Assessment of toxic air pollutant measurements in Hong Kong, final report, 245-428.

Li T H, N J R, Ju W X. 2004. Land-use adjustment with a modified soil loss evaluation method supported by GIS. Future Generation Computer Systems, 7: 1185-1195.

Liu L. , Zhang J. , 2008. Ambient air pollution and children's lung function in China. Environment International. doi: 10. 1016/j. envint. 2008. 06. 004.

Intikhab A Q, Lu H. 2007. Urban transport and sustainable transport strategies: a case study of Karachi, Pakistan. Tsinghua Science and Technology. 12 (3): 309-317.

Matus K. J. 2003. Health impacts from urban air pollution in China: the burden to the economy and the benefits of policy. Master Thesis of Massachusetts Institute of Technology. 46.

Menzie C A, Potochi B B, Santodonato J, 1992. Exposure to carcinogenic PAHs in the environment. Environmental Science & Technology, 26 (7): 1278-1284.

Miller E. , *et al*. 1999. Integrated urban models for simulation of transit and land-use policies. Washington DC: National Academy Press. 1-55.

Neuberger M. , Moshammer H. , Kundi M. , 2002. Declining ambient air pollution and lung function improvement in Austrian children. Atmospheric Environment. 36: 1733-1736.

Nijkamp P, Ouwersloot H, Rienstra S A. 1997. Sustainable urban transport systems: An expert-based strategic scenario approach. Urban Studies, 34 (4): 693-712.

Nijs T C M, *et al*. 2004. Constructing land-use maps of the Netherlands in 2030. Journal of Environmental Management, 72 (1-2): 35-42.

Odum H T, Elisabeth C. 2000. Modeling for all scales: an introduction to system simulation. San Diego: Academic Press, 771-772.

Ostro B. , 1990. Associations between morbidity and alternative measures of particulate matter. Risk Analysis. 10: 421-427.

Pan X, Yue W, He K. , et al. , 2007. Health benefit evaluation of the energy use scenarios in Beijing, China.

    Science of the Total Environment. 374: 242-251.

Pönkä A. , 1991. Asthma and low level air pollution in Helsinki. Arch Environ Health. 46: 262-270.

Rockafellar R T, Wets R J-B. 1986. A Lagrangian finite generation technique for solving linear-quadratic problems in stochastic programming. Programming Study. 28: 63-93.

Roth A, Käberger T. 2002. Making transport system sustainable. Journal of Cleaner Production. 10: 361-371.

Samakovlis E, Huhtala A, Bellander T, et al. 2005. Valuing health effects of air pollution—focus on concentration-response functions. Journal of Urban Economics. 58: 230-249.

Storchmann K. -H. 2001. The impact of fuel taxes on public transport—an empirical assessment for Germany. Transport policy. 8: 19-28.

Sugimoto T, Fukushima M, Ibaraki T. 1995. A parallel relaxation method for quadratic programming problems with interval constraints. Journal of Computational and Applied Mathematics. 60: 219-233.

Sun Y, Zhuang G, Wang Y *et al*. 2004. The air-borne particulate pollution in Beijing: concentration, composition, distribution and sources. Atmospheric Environment, 38 (35): 5991-6004.

Vester F, et al. 1980. A. Ecology and planning in metropolitan areas sensitivity model. Berlin: Federal Environmental Agency, 48-89.

WHO. 1997. Environmental health criteria 188, Nitrogen Dioxides. Geneva.

Zerbe R. O, Croke K. 1975. Urban transportation for the environment, Cambridge, Mass USA, Ballinger Pulishing Company.